U0325642

图解畜禽科学养殖技术丛书

彩色图解

CAISE TUJIE
KEXUE YANGJI JISHU

科学养鸡技术

提金凤　主编

化学工业出版社

·北京·

根据目前养禽业的发展现状，同时结合编者多年从事养禽及禽病防治教学、科研及生产实践中积累的丰富经验及资料，最终编写了本书。本书主要从鸡的品种、繁育、饲养管理、营养饲料和鸡舍构建、鸡病防治等方面进行详细阐述，采用通俗易懂的语言，同时配备大量彩色图片，形象生动，图文并茂，充分体现科学性、先进性、系统性和实用性，便于从业者学习、理解及生产过程中参考使用。

图书在版编目（CIP）数据

彩色图解科学养鸡技术/提金凤主编. —北京：
化学工业出版社，2018.5
（图解畜禽科学养殖技术丛书）
ISBN 978-7-122-31760-5

Ⅰ.①彩… Ⅱ.①提… Ⅲ.①鸡-饲养管理-图解
Ⅳ.①S831.4-64

中国版本图书馆 CIP 数据核字（2018）第 053024 号

责任编辑：漆艳萍　　　　　　　　　装帧设计：韩　飞
责任校对：王素芹

出版发行：化学工业出版社（北京市东城区青年湖南街13号　邮政编码100011）
印　　装：北京瑞禾彩色印刷有限公司
850mm×1168mm　1/32　印张12¼　字数319千字　2018年7月北京第1版第1次印刷

购书咨询：010-64518888（传真：010-64519686）　售后服务：010-64518899
网　　址：http://www.cip.com.cn
凡购买本书，如有缺损质量问题，本社销售中心负责调换。

定　价：69.80元　　　　　　　　　　版权所有　违者必究

编写人员名单

主　　编　提金凤

副 主 编　李志杰　李　超

编写人员　提金凤　李志杰　李　超

　　　　　靖吉强　李　婧　迟灵芝

　　　　　郭瑞萍　单庆美　李兆华

　　　　　王洪利　肖发沂　闵　兰

前　言

　　我国养鸡业发展迅速，现代化和规模化程度日益提高。据统计，2017年我国肉鸡出栏总量达78.9亿只，商品蛋鸡年平均存栏量12.07亿只，鸡肉、鸡蛋产量均居世界首位。但随着养殖规模的扩大，环境污染的加剧，养鸡生产中的疫病不断发生，新发疫病不断出现，给养殖业造成严重的经济损失。因此，养鸡场必须建立严格的生物安全体系，提高鸡肉、鸡蛋的品质，保证鸡养殖产业健康、稳定发展。

　　为有效做好鸡的科学养殖及疾病防治工作，促进养鸡业的健康发展，笔者编写了本书。本书详细介绍了鸡场的规划与布局、鸡的品种、营养与饲料、种蛋孵化、蛋鸡饲养管理、肉鸡饲养管理、鸡场废弃物加工与利用、鸡场综合性防疫措施及常见鸡病的防治等方面的内容，重点突出实用性、规范性和可操作性，力图为读者提供更贴近实际生产、更全面、更实用的养鸡知识和技术。本书配有大量的图片，具有通俗易懂、形象直观、内容全面、知识丰富、科学性强等特点，是广大基层兽医工作者、鸡场养殖人员和技术人员、动物检疫检验工作者应备的工具书，也是大中专院校动物科学、动物医学、动物防疫与检疫专业师生的重要参考用书。

　　本书在编写过程中，得到了行业企业的大力支持，同时参考了一些文献资料以及生产企业的具体生产管理制度和操作流程，在此一并表示感谢。

　　由于笔者水平有限，书中难免有不妥之处，恳请读者不吝赐教，给予批评指正。

编　者

2018年5月

目　录

第一章　鸡场规划与布局

第二章 鸡的生物学特性

第三章　鸡的品种与分类

第四章　鸡的营养与饲料

第五章　种蛋的孵化

第六章 蛋鸡的饲养管理

第七章 肉鸡的饲养管理

第八章　鸡场废弃物的加工与利用

第九章　鸡病防治

第一章
鸡场规划与布局

第一节　场址的选择

鸡场场址的选择是建场养鸡的首要问题，应该从自然条件和社会条件等方面进行全面考虑。

一、自然条件

自然条件的选择包括地势、地形、水源水质、土壤等方面。

1. 地势

鸡场应选在地势较高燥、平坦、排水良好和向阳背风的地方，这样有利于鸡场的保暖、采光、通风和干燥，有利于建立场内良好的小气候（图1-1）。

图1-1　鸡场环境
（提金凤 拍摄）

平原地区建场应选择地势高燥、排水条件良好、地面有1%～3%的坡度、地下水位要低（地下水位应在2米以下）的地方。山区建场应选在平缓的坡上，坡面向阳，建筑区地面坡度以不超过3%、场区总坡度以不超过25%为宜。在靠近河流、湖泊的地区建场，要选择在较高的地方，应比当地水文资料中最高水位高1～2米，以防涨水时被淹没。

2. 地形

地形是指场地的形状范围及地物，如山岭、河流、草地、树林、道路、居民等的相对平面位置状况。场区地形要开阔、整齐和紧凑，不宜过于狭长和边角太多，尤其要避开坡底、长形谷地以及风口，这样便于合理布置场区内的建筑物和各种设施，以缩短道路和管线的长度，节约投资和便于管理。应充分利用自然存在的地形、地物，如可以利用原有的林带河川、沟渠、树木、山岭等作为场界的天然屏障等。

3. 土壤

建造鸡场时应选择透气性、透水性强，吸湿性、导热性小，抗压性、自净能力强，毛细管作用弱，质地均匀的土壤。从建筑学和家禽环境卫生等观点来看，沙壤土是建造鸡场的理想土壤。但在一定地区内，由于受到某些客观条件的限制，很难选择最理想的土壤来建造鸡舍。这就要求在鸡舍的设计、施工、使用以及其他日常的管理上，应尽量设法弥补当地土壤的缺陷和不足，以选择较理想的土壤。

4. 水源水质

鸡场的水源应符合一定要求，即水量要充足、水质要好、取用方便以及便于防护。鸡场用水包括鸡的饮用水、消毒洗涤用水，以及饲料调制、环境绿化、夏季降温和职工用水等，因此鸡场必须保证有充足、可靠的水源，水质必须符合卫生条件和标准（图1-2）。

5. 气候因素

建场时需了解拟建地区与建筑设计、鸡场小气候有关的气

彩色图解科学养鸡技术

象资料和常年气象变化，包括平均气温、绝对最高气温与最低气温、土壤冻结深度、降水量与积雪深度、最大风力、常年主导风向、日照情况等。

二、社会条件

社会条件是指鸡场与其周围环境的联系，如位置、交通、电力、环境等。

图1-2 符合条件的饮水
（提金凤 拍摄）

1.位置

鸡场应建在居民区的下风处，地势低于居民区，远离居民区污水排放口。与居民区之间要保持适当距离，一般在3000米以上。新建规模化鸡场与其他鸡场距离不少于5000米。

2.交通

鸡场要求交通便利、路基坚固、路面平坦、排水性好，以免车辆颠簸造成种蛋破损。噪声干扰要少，鸡场应距铁路、公路干线、航运河道1000米以上，距普通公路500米以上。

3.电力

了解供电位置与鸡场的距离，最大供电允许量，是否供电正常，有无可能双路供电等。鸡场可自备发电机，以保证场内供电稳定性和可靠性。

4.环境

考虑到养殖污染，为了将畜禽养殖废弃物综合利用和无害化处理，保护和改善环境，禁止在下列区域内建设鸡场：饮用水水源保护区、风景名胜区、自然保护区的核心区和缓冲区；城镇居民区、文化教育科学研究区等人口集中区域；法律、法规规定的其他禁止养殖区域。新建、改建、扩建鸡场，应当符合畜牧业发展规划、畜禽养殖污染防治规划，满足动物防疫条件，并进行环境影响评价。

总之，合理科学地选择鸡场场址，为鸡场安全高效的生产奠定坚实的基础。

第二节　鸡场的布局

一、鸡场的布局原则

① 建筑物分布要合理，节约用地。

② 全面考虑粪尿、污水的处理利用。

③ 合理利用地势地形，有效利用原有的道路、供水、供电线路及原有建筑物等，以减少投资，降低成本。

④ 为场区今后的发展留有余地。

二、鸡场各建筑物的布局

目前，我国鸡场建设逐渐趋于专业化，大型养鸡场分种鸡场、孵化厂、商品蛋鸡场、肉用仔鸡场等，各场均单独建立，相互之间有一定的距离。

鸡场按功能不同分为办公生活区、生产区、生产辅助区、隔离区等，各功能区配备相应的建筑设施。

1. 生产区

生产区要与办公生活区分开。行政管理人员会成为某些传染病的中间传播者，因为他们与外来人员接触机会比较多，一旦外来人员带有病原微生物，再加上消毒不严格，就会将病原带入生产区。

生产区入口设有消毒室和消毒池（图1-3、图1-4）。消毒池的深度一般为30厘米左右，长度以车辆前后轮均能没入并能转动一周为宜。车辆进场必须进行喷雾消毒，人员进场必须经过消毒室、更衣室，换上消毒后的干净工作服、帽、靴才能进入

彩色图解科学养鸡技术

图1-3 生产区入口消毒池
（提金凤 拍摄）

图1-4 厂区大门口消毒池
（提金凤 拍摄）

鸡舍。消毒室可配置消毒池、紫外线灯等。

2. 生产辅助区

包括饲料加工车间、蛋库（图1-5、图1-6）、兽医室、消毒更衣室、供电房、物品库等。

图1-5 蛋库中的种蛋
（提金凤 拍摄）

图1-6 蛋库

3. 办公生活区

办公生活区（图1-7、图1-8）包括办公室、财务室、门卫值班室，以及食堂、宿舍、活动室、浴室等，与生产区相连，以围墙相隔开。

图1-7　生活区（提金凤 拍摄）

图1-8　行政管理区
（提金凤 拍摄）

4.隔离及粪污处理区

包括粪场、粪库、污水池、化粪池（粪污处理设备）（图1-9）等。

图1-9　粪污处理设备
（提金凤 拍摄）

三、鸡场的生产流程

鸡场内有两条主要的生产流程，一条为饲料（库）—鸡群（舍）—产品（库），另一条为饲料（库）—鸡群（舍）—粪污（场）。饲料库、产品库及粪场要靠近生产区，但不能在生产区内。

四、鸡场的道路

鸡场内道路的设置是鸡场总体布局的一个组成部分，是场区建筑物之间、建筑物与建筑设施之间以及场内外之间联系的重要纽带。道路的设置不仅关系到场内运输、组织生产活动的正常进行，而且对卫生防疫、提高工作效率等都具有重要的作用。因此，鸡场内的道路要求直、线路短，以保证场内各生产环节保持最方便的联系。

彩色图解科学养鸡技术

鸡场道路分净道（图1-10）和污道（图1-11），净道是场区的主干道，宜用水泥混凝土路面，也可用平整石块或条石路面，是饲料和产品的运输通道。污道是粪便、病死鸡、淘汰鸡及废弃设备的专用道，路面可同净道，也可用碎石或砾石路面或石灰渣土路面。净道和污道两者分开，互不交叉，不得混用。

图1-10 净道（提金凤 拍摄）　　**图1-11** 污道（提金凤 拍摄）

鸡场道路，主干道因与场外运输线路相连接，其宽度要保证顺利错车，以3.5～6.0米为宜。支干道与饲料库、鸡舍、兽医治疗室、储粪场等连接，此类道路一般不行驶载重车，其宽度一般以2.0～3.5米为宜。场内道路应坚实，路面断面应有一定坡度，其坡度以1%～3%为宜，利于排水。

五、鸡场的绿化

鸡场的绿化越来越受到人们的重视，绿化不仅可以美化环境，而且可以改善场内小气候、防暑降温、防火等。场内规划时，应划出绿化带，发挥各种林木的功能作用。

1. 防风林带

种植防风林带的目的是降低场内风速，防低温气流，防风沙对场区和鸡舍的侵袭。冬季林带应设在主风的上风向，沿围墙内外分布，防风林带宽度以5～8米为宜（图1-12）。树种最好选择落叶树和常年绿树搭配，高矮树种搭配。

2. 隔离林带

主要设在各场区之间及围墙内外，场界周边种植乔木混合林带。夏季上风向的隔离林带，应选择树干高、树冠大的乔木，行株距应稍大些。

3. 遮阴绿化林

遮阴绿化林既要注意遮阴效果，又要注意不影响通风排污。近舍绿化能为鸡舍墙壁、屋顶、门窗等遮阴，可根据树种特点和当地太阳的高度角，合理确定植树的位置及树木类别。可以选择柿、核桃、枣等枝条长、树冠大、透风性好的树种，这样夏季不会阻碍通风，冬季又不会遮挡阳光（图1-13）。

图1-12 防风林带
（提金凤 拍摄）

图1-13 遮阴绿化林
（提金凤 拍摄）

第三节　鸡场的建设

一、鸡舍的建筑

1. 地基与基础

（1）地基　天然地基的土层必须坚实、干燥、压缩性小，地下水位在2米以下，建筑物下沉不超过2～3厘米。一般沙砾、碎石、岩性土层、沙质土层是良好的天然地基。黏土、黄土不适宜作天然地基。

（2）基础 基础是建筑物深入土层的部分，是墙的延伸。基础要求坚固耐久，有适当的抗机械能力及抗震、防潮、抗冻能力。一般基础比墙宽10～15厘米，深度为50厘米左右。北方地区应将基础深入当地最大冻结层（冻结层厚度20～30厘米）以下，还应加强基础的防潮和防水。目前，国外鸡舍建造中广泛采用石棉水泥板和彩钢夹芯板，以加强鸡舍基础的防潮和保温。

2. 屋顶

屋顶要求耐久、坚固、光滑、防水、保温、不透气、不透水、结构简单、有一定的坡度，是鸡舍上部的外围护结构，有利于雨水、雪水的排除及防火安全等。

屋顶形式（图1-14）种类繁多，如双坡式、联合式、平顶式、拱顶式、平拱顶式、钟楼式和半钟楼式等。目前我国鸡场的屋顶常见的有双坡式（图1-15）、拱顶式（图1-16）和平顶式。双坡式是最基本的鸡舍形式，利于鸡舍保温和通风，易于建造，建造时要保留一定的坡度，一般为20%～50%。这种屋顶目前应用最广泛，且比较经济。

3. 墙壁

墙壁是鸡舍的主要结构，是鸡舍与外部空间隔离的主要外围护体，对鸡舍内的温度、湿度状况发挥着重要作用。墙壁的

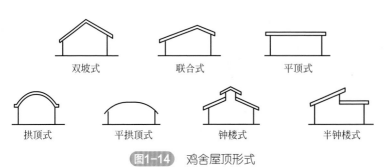

双坡式　　　　联合式　　　　平顶式

拱顶式　　平拱顶式　　钟楼式　　半钟楼式

图1-14 鸡舍屋顶形式

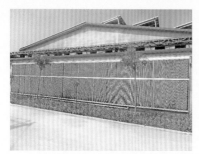

彩色图解科学养鸡技术

图1-15 双坡式屋顶
（提金凤 拍摄）

图1-16 拱顶式屋顶
（提金凤 拍摄）

要求是坚固、耐久、严密、防水、抗震、结构简单、便于清扫和消毒，还应具有良好的保温隔热性能。

建舍时应采用防水好、耐久、具有良好保温隔热性能的材料抹面，同时沿外墙四周做好排水。为加强防潮和隔热能力，应用防水好且耐久的材料抹面。舍内墙的下部设墙围，下半部挂1米多高的水泥裙，这对加强墙的坚固性、防止水汽渗入墙体、提高墙的保温性均具有重要意义。为增强反光能力和保持清洁卫生，墙的内表面抹平粉刷成白色。

4.地面和天棚

（1）地面　地面（图1-17）应坚实、致密、平坦、有弹性、不硬、不滑，有足够的抗机械能力，导热性小、不透水，便于消毒、清扫、不渗水。地面最好为水泥的，这对舍内保持清洁有较好的作用。

图1-17 鸡舍水泥地面
（提金凤 拍摄）

（2）天棚　36%～44%的热量是通过天棚和屋顶散失的，因此天棚必须具备保温、隔热、不透气、不透水、坚固耐久、防潮、不滑、结构轻便、简单等特点。通常在建造时可以采用聚苯乙烯泡沫塑料、玻璃棉等材料。鸡舍内的高度通常以净高（地面到天棚的高）表示，净高一般为2.6米，在多层笼养的鸡舍，上层笼面与天棚应保持1.1～1.3米的高度。

图1-18 鸡舍大门
（提金凤 拍摄）

5. 门和窗

（1）门 鸡舍门（图1-18）一般宽1.5米，高2.0米左右；人行门宽0.7米，高1.8米。寒冷地区应设置门斗，门斗深度应为2米，宽度比门大1～2米。

（2）窗 开放式鸡舍的窗户应设在前后墙上，前窗窗下框距地面1.0～1.2米，窗上框距地面2.0～2.2米。后窗约为前窗面积的1/3～2/3，离地面可高些，利于夏季通风。密闭式鸡舍不设窗户，只设应急窗和通风进气孔（图1-19、图1-20）。

图1-19 通风进气孔（一）
（提金凤 拍摄）

图1-20 通风进气孔（二）
（李超 拍摄）

6. 鸡舍跨度

笼养鸡舍跨度大小是由鸡笼安装的组数、排列方式和通道宽度决定。如三层全阶梯蛋鸡笼（浅笼）整架宽度为2.1米左右，若2组排列，跨度以6米为宜，若3组则采用9米，若4组必须采用12米。平养鸡舍跨度，密闭式鸡舍为12～17米，开放式鸡舍为6～9米。

7. 鸡舍长度

平养鸡舍不要太长，笼养鸡舍可适当加大长度；若为跨度6～9米的鸡舍，长度一般为30～60米；若为跨度12～17米的鸡舍，长度一般为70～120米。

8. 鸡舍高度

平养鸡舍屋檐高度为2.2～2.5米。多层笼养鸡舍高度以3米左右为宜，或者最上层鸡笼距屋顶1～1.3米为宜。

9. 舍内过道

图1-21 笼养鸡舍内过道
（提金凤 拍摄）

舍内过道设置必须便于饲养人员行走、工作操作和观察鸡群。跨度较小的平养鸡舍，过道可设在鸡舍一侧，宽度1～1.2米；跨度大于9米，过道设中间，宽度1.5～1.8米。笼养鸡舍过道宽度为0.8～1米（图1-21）。

10. 舍内间隔

通常将地面平养鸡群分为若干小群，利于饲养管理。网上平养鸡舍最好用铁网或丝网作为间隔材料。鸡舍跨度9米以内，每两自然间一隔，跨度12米的3间为一隔。笼养鸡舍不必隔间。

11. 操作间

操作间是饲养员进行操作和存放工具的地方，可设在鸡舍一端（图1-22）。

彩色图解科学养鸡技术

二、鸡舍的朝向和间距

1. 鸡舍的朝向

鸡舍朝向的选择与鸡舍采光、通风等密切相关，选择合理的朝向，有利于改善舍内的环境。太阳光具有良好的杀菌消毒作用，对鸡场的排污、环境的净化等发挥

图1-22 操作间（提金凤 拍摄）

重要作用，对舍内温度的变化影响也很大。各地太阳高度角因季节和地理纬度不同而略有差异，但总的看来，冬季日光斜射，太阳高度角小；夏季日光直射，特别是炎热地区，应避免建造西晒太阳的鸡舍。

我国绝大部分地区处于北纬20°～50°，确定鸡舍适宜的朝向，应遵循有利于采光、改善舍内温度状况、取得冬暖夏凉的效果为原则。鸡舍一般采用东西走向，可根据当地情况向东或向西偏转10°～15°。

2. 鸡舍的间距

鸡舍的间距是指两幢鸡舍间的距离，不仅关系到鸡场的占地面积，还影响到场区小气候的改善。鸡舍的间距应以防疫、排污、防火三方面要求为主，要首先满足以上三方面的距离要求。密闭式鸡舍间距一般为10～15米（图1-23），开放式鸡舍间距应根据冬季日照高度角的大小和运动场及通道的宽度来决定，一般为鸡舍高度的3～5倍。

图1-23 密闭式鸡舍的间距
（提金凤 拍摄）

三、鸡舍的设备和用具

1. 供温设备

供温设备包括电热保温伞、红外线灯、暖气、热风炉、火炕、烟道、煤炉子等形式，可根据实际情况选用。

图1-24 电热保温伞

（1）电热保温伞　电热保温伞（图1-24）是平面育雏常采用的辅助加热设备，由热源、伞罩等组成。保温伞可以悬挂在房梁上，以便调节离地面的高度。使用保温伞时，要求室温达到20～27℃。保温伞一般离地面10厘米左右，伞下所容鸡的数量可根据伞罩直径大小而定（表1-1）。最初几天，为方便雏鸡进行采食和饮水，应在伞外100厘米处设置50～60厘米高的护栏，7～10天后再撤除（图1-25）。

表1-1　电热伞育雏容纳雏鸡数

伞罩直径/厘米	100	130	150	180	240
15日龄内容鸡量/只	300	400	500	600	1000

电热保温伞的优点是干净卫生，雏鸡可在伞下自由进出，寻找适宜的温度区域。

（2）红外线灯　一般开始时离地面35～50厘米，随着鸡日龄的增大，逐渐提高灯泡高度或减少灯泡数量，以降低温度。红外线灯也是辅助加热设备，一个功率为250瓦的灯泡，可为100～250只雏鸡保温。这种方法的优点是室内清洁，垫料干燥；缺点是耗电多，灯泡易损。此法与火炉或地下烟道供温方法结合使用，效果更好。

（3）火炕和烟道　火炕或烟道分地上和地下两种，这是我国农村普遍使用的一种育雏供暖方法，可就地取材，投资少，简单易行。地上式烟道砌在地面上，操作不方便，消毒困难，一般用于地下水位较高的地区。地下式烟道埋在地面以下，便

图1-25　保温伞外的围栏

于操作，散热慢，保温时间较长，燃料消耗少，热量从地下向上升，地面和垫料暖和干燥，适合于雏鸡伏卧地面休息的习性，育雏效果好。

（4）火炉　常用的有铸铁或铁皮火炉，用管道将煤烟排出室外。此法适合于各种育雏方式，但室内较脏，空气质量不佳，尤其应注意适当通风，防止煤气中毒。

（5）热风炉　将火炉设在房舍一端，采用正压通风，经过加热的空气通过管道上的小孔散发进入舍内，空气温度可以自动控制，适合育雏保暖（图1-26、图1-27）。

图1-26　热风炉

图1-27　热风炉自动控制柜

（6）热水或热气供暖　水暖型是以热水经过管网进行热交换，升温缓慢，但保温时间长，鸡舍内温湿度适宜，操作安全。

气暖型以气体通过管网进行热交换，升温快，鸡舍内空气较干燥，降温也快。育雏舍供温一般采用水暖型，温度稳定，空气新鲜，适用于较大规模的鸡场。

2. 通风、降温设备

（1）通风设备　主要有轴流式风机和离心式风机两种类型。

① 轴流式风机。风机（图1-28、图1-29）主要由外壳、叶片和电动机组成，叶片直接安装在电动机转轴上。轴流式风机具有结构简单、风量大、噪声低、耗能少、安装维修方便、运行可靠等特点，多用于负压通风。

图1-28　轴流式风机（一）
（提金凤 拍摄）

图1-29　轴流式风机（二）
（李超 拍摄）

② 离心式风机。离心式风机主要由蜗牛形外壳、工作轮和机座组成，在鸡舍的通风换气过程中，多用于正压通风，为鸡舍输送热风和冷风。该种类型的风机不具备逆转性，产生的压力较大。

（2）降温设备　常用的降温设备有湿帘风机降温系统、喷雾降温系统等。

① 湿帘（或湿垫）风机降温系统。该系统由湿帘（或湿垫）、风机、循环水路与控制装置等组成（图1-30）。国内应用最多的是纸质湿帘，具有设备简单、降温效果好、安装方便、使用寿命长、便于维护及运行经济等优点。湿帘风机降温系统

降温适合于高温干燥地区。

降温原理：风机吸入舍外的空气，通过多孔的湿帘迅速进入舍内。由于湿帘上的水分蒸发，从而吸收空气的热量，致使进入鸡舍的热空气变凉，以达到降温的目的。湿帘降温效果的大小，与空气温度和相对湿度有关。

使用时应注意的问题：湿帘每干、湿1次，就会对其使用年限有所损害。因此，不可昼夜连续使用湿帘，应只在炎热的时间内使用，最好在每天鸡舍温度开始升高之前使用，这样鸡舍内就会一直处于凉爽状态。风机不能停止转动，这样可以保持良好的通风。为防止藻类在湿帘中生长和堵塞，可在水中按照0.2～0.5毫克/千克的剂量添加硫酸铜。每晚要彻底干燥湿帘1次，循环水的水质要得到保证，防止沙砾、金属粒、油污、毛等堵塞湿帘。

② 低压喷雾降温系统。该系统主要由喷头（图1-31）、水泵、水箱、过滤器、管路和控制装置组成，高压水泵通过喷头将水喷成直径小于100微米的雾滴，雾滴迅速汽化，借助汽化吸热效应达到机体散热和降温作用。采取喷雾降温时，水温愈低、空气愈干燥，降温效果愈好。湿热天气不宜使用这种降温方法。鸡舍雾化不全时，易淋湿羽毛影响生产性能。

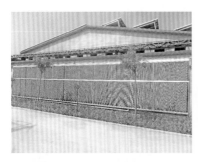

图1-30 湿帘（提金凤 拍摄）

图1-31 自动喷雾系统喷头
（李超 拍摄）

③ 喷雾风机系统。在进风口处设置高压喷嘴风罩，将低温水喷成雾状，当空气经过时，温度就会降低。

四、光照设备

目前鸡舍使用的灯具主要有白炽灯、荧光灯和LED灯三种。鸡舍使用荧光灯较多，一般10瓦、15瓦、20瓦的灯泡便使舍内照度均匀。LED灯一般为单色光，在养鸡生产中逐渐应用推广。

灯的功率直接影响地面的光照强度，在生产中可通过调节灯的功率或灯的数量来达到要求的光照强度。通常灯高2.0米、灯距3.0米左右。在使用白炽灯时，每0.37平方米鸡舍1瓦或每平方米鸡舍2.7瓦，便可获得10.76勒克斯的照度。多层笼养鸡舍为使底层有足够的照度，设计时，照度应适当提高一些，一般为3.3～3.5瓦/米^2。

五、笼养设备

1.鸡笼的种类

按用途不同可分为育雏鸡笼、育成鸡笼、蛋鸡鸡笼、种鸡笼和肉鸡笼，按组装形式不同可分为单层平置式、阶梯式（图1-32）、半阶梯式、叠层式（图1-33）和阶梯叠层综合式。

图1-32　阶梯式育雏鸡笼

图1-33　四层叠层式鸡笼

（1）育雏鸡笼 生产中多采用叠层式鸡笼，适用于养育1～60日龄的雏鸡。一般笼架为4层8格，长180厘米、深45厘米、高165厘米。每个单笼长87厘米、深45厘米、高24厘米。每个单笼可养雏鸡10～15只。

（2）育成鸡笼 主要用于饲养61～140日龄的青年母鸡。笼体由前网、顶网、后网、底网及隔网组成，笼体高度为30～35厘米，笼深45～50厘米，大笼长度不超过2米，每个大笼隔成2～3小笼或者不分隔。笼体组合方式多采用3～4层半阶梯式或单层平置式。

（3）蛋鸡鸡笼 包括轻型蛋鸡笼（如海兰白鸡、迪卡白鸡等）、中型蛋鸡笼（如海兰褐壳蛋鸡、伊莎褐壳蛋鸡）等。蛋鸡鸡笼（图1-34）多为3层全阶梯或半阶梯组合方式。

（4）种鸡笼 可分为自然交配和人工授精两种类型的鸡笼，多采用2层半阶梯式或单层平置式。小群笼养法采用鸡笼的形式是为长2米、宽1米、前网高度0.72～0.73米、后网高度0.62～0.63米，中间不设隔网，笼中公鸡、母鸡按一定比例混养。人工授精的种鸡笼分为公鸡笼和母鸡笼，母鸡笼结构与蛋鸡笼相同，每个单笼只养3～4只母鸡；公鸡笼中没有护蛋板底网、滚蛋角和滚蛋间隙，其余结构与蛋鸡笼相同。

（5）肉鸡笼 常采用多叠层式，目前以无毒塑料为主要原料制作的鸡笼，价格比同类铁丝鸡笼降低30%左右。具有使用方便、易消毒、耐腐蚀、节约垫料等优点，

图1-34 蛋鸡鸡笼
（提金凤 拍摄）

降低了鸡胸囊肿病的发生率。

2. 鸡笼的组合形式及特点

鸡笼组成有半阶梯式、全阶梯式、叠层式、阶梯叠层综合式（两重一错式）和单层平置式等。无论采用哪种形式的鸡笼都要从减少投资与材料消耗、提高饲养密度、有效利用鸡舍面积、便于操作和饲养管理、各层笼内的鸡都能得到良好的光照和通风等方面进行考虑。

（1）半阶梯式 上下层笼部分重叠，重叠部分有承粪板。喂料多用链式喂料机或轨道车式定量喂料机，饮水可采用杯式、乳头式或水槽式饮水器。

（2）全阶梯式 上下层笼体相互错开，基本上没有重叠或稍有重叠，重叠部分不超过护蛋板的宽度。鸡笼下面设粪槽，用刮板式清粪器清粪。若是高床鸡舍，鸡粪用铲车在鸡群淘汰时铲除。

（3）叠层式 上下层鸡笼完全重叠，多为3～4层。喂料可采用链式喂料机，饮水可采用长槽式或乳头式饮水器，层间可用刮板式清粪器或带式清粪器。

（4）阶梯叠层综合式 最上层鸡笼与下层鸡笼形成阶梯式，而下两层鸡笼完全重叠，下层鸡笼在顶网上面设置承粪板，承粪板上的鸡粪需用手工或机械刮粪板清除。配套的喂料、饮水设备与阶梯式鸡笼相同。我国目前生产的鸡笼多为2～3层。

（5）单层平置式 鸡笼摆放在一个平面上，各层笼组之间不留通道，管理鸡群等一切操作依靠运行于鸡笼上面的天车来完成。

六、喂料设备

1. 储料塔

储料塔（图1-35）上部为圆柱形，下部为圆锥形，多用1.5毫米厚的镀锌薄钢板冲压组合而成。储料塔放在鸡舍的一端或侧面，储装的饲料应不少于2天的饲喂量。给鸡群喂料时，输料机将饲料运送至鸡舍内的喂料机,再由喂料机将饲料送至饲槽,供鸡自由采食。

2. 输料机

生产中常见的输料机有螺旋蛟龙式输料机、螺旋弹簧式输料机等。螺旋蛟龙式输料机(图1-36)的叶片是一个整体,生产效率高,但只能作直线输送,输送距离不能太长。从储料塔向各喂料机运送饲料时,需分成两段,使用两个螺旋蛟龙式输料机。螺旋弹簧式输料机可以在弯管内送料,可以直接将饲料从储料塔底送到喂料机,不必分成两段。

图1-35 储料塔(提金凤 拍摄)

图1-36 螺旋蛟龙式输料机
(闵兰 拍摄)

3. 料槽和料桶

要求数量充足、结构合理、采食方便、高低大小适当等,制作材料可选用木板、镀锌铁皮及硬质塑料等。育雏期每只雏鸡占的料槽宽度为3~6厘米,料槽(图1-37~图1-39)上边缘比鸡背高2厘米。雏鸡开食时,可按80~100只鸡共用一个

图1-37 料槽（提金凤 拍摄）

图1-38 盘筒式料槽

图1-39 圆形吊桶式料槽

长60厘米、宽40厘米的开食料盘。

4. 链式喂料机

链式喂料机多用于笼养和平养，其组成包括长饲槽、料箱、链片（图1-40）、转角轮和驱动器等。驱动功率为0.75千瓦，减速器的减速比为1：（80～100），链条线速度为6～7米/分钟，输料量为200千克/小时左右，喂料线长度最长可达300米。

5. 螺旋弹簧式喂料机

螺旋弹簧式喂料机（图1-41）主要由料箱、盘筒式饲槽、输料管、螺旋弹簧、带料位器的饲槽、传动装置等组成，其中螺旋弹簧是主要的输送部件，具有结构简单，可水平、垂直和倾斜输送等特点。螺旋弹簧式喂料机多用于平养的商品蛋鸡、种鸡和育成鸡的喂料。

七、饮水设备

饮水器有多种，每只雏鸡占水槽宽度为1～2厘米，高度比

图1-40 链式喂料机的饲槽和链片（李超 拍摄）

图1-41 螺旋弹簧式喂料机（李超 拍摄）

鸡背高2厘米。

（1）槽式饮水器　主要有常流水式、浮子阀门式、弹簧阀门式等形式。

（2）真空式饮水器　真空式饮水器（图1-42）由水罐和饮水盘两部分组成，饮水盘上开一个水槽，饮水盘中始终保持一定量的水。

（3）吊塔式饮水器　吊塔式饮水器吊挂在鸡舍内，不妨碍鸡的活动，多用于平养鸡，其组成分饮水盘和控

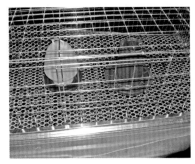

图1-42 真空式饮水器

制机构两部分。饮水盘是塔形的塑料盘，中心是空心的，边缘有环形槽供鸡饮水。

（4）乳头式饮水器　乳头式饮水器（图1-43、图1-44）采用全封闭管道，水管前面装有配套的净水过滤器，保证了水质

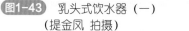

图1-43　乳头式饮水器（一）　　　图1-44　乳头式饮水器（二）
（提金凤 拍摄）　　　　　　　　（李超 拍摄）

的清洁。该饮水器安装、拆卸、清洗方便，免去胶水、粘接的费用。乳头式饮水器能360°全方位出水，灵敏度高；而且不漏水、不渗水，能保证鸡粪的干燥，维持鸡舍的空气清新，饲养环境大大改善。肉鸡、蛋鸡、种鸡，笼养、平养均可采用。乳头饮水器安装在鸡头上方处，鸡抬头喝水，是目前养鸡生产中使用较多的一种饮水器，安装时要随鸡的大小变化高度，可安装在笼内，也可安装在笼外。

（5）杯式饮水器　杯式饮水器形状像一个小杯，与水管相连。杯内有一个触板，平时触板上总是存留一些水，鸡啄动触板时，将阀门打开，水流入杯内。借助水的浮力作用使触板恢复原位，水就不再流出。

八、集蛋设备

鸡舍内的集蛋方式分为人工拣蛋和机械集蛋。小规模平养鸡和笼养鸡可采取人工拣蛋；网上平养种鸡，产蛋箱靠墙安置于舍内两侧，安装水平集蛋带，再人工装箱。

笼养鸡使用自动集蛋设备（图1-45、图1-46），自动集蛋设备及其系统包括集蛋台、导入装置、捡蛋装置、导出装置、缓

彩色图解科学养鸡技术

图1-45 全自动集蛋设备（一）（提金凤 拍摄）　**图1-46** 全自动集蛋设备（二）

冲装置、输送装置、扣链齿轮以及升降链条。集蛋带宽度通常为95～110毫米，运行速度为0.8～1.0米/分钟。由人工或吸蛋器装箱，适用于大型养鸡场。

九、清粪设备

鸡舍内的清粪方法有分散式和集中式两种。分散式除粪每天清粪2～3次，集中式除粪每隔数天、数月或一个饲养期清粪1次。目前养鸡主要采用阶梯式笼养，多用刮板清粪方式。

1. 刮板式清粪机

刮板式清粪机（图1-47）用于网上平养、阶梯式笼养，一台电动机可负载单列、双列或多列。此清粪机的优点是结构简单，安装、调试和日常维修保养方便；工作噪声小、消耗功率小、清粪效果好，清洁度可达97.3%；工作可靠，涂塑钢丝绳耐腐蚀性强，使用效果好。缺点是要求粪池底面是平滑的，不能

图1-47 刮板式清粪机

有凹凸不平的现象；行程开关离刮粪板较近，易受粪便影响出现失灵。

2. 带式清粪机

带式清粪机（图1-48、图1-49）只用于叠层式笼养，其承粪和清粪均由输送带完成。排粪处设有刮板，以免输送带粘粪。生产中常在出口处向输送带洒水，这样刮板刮得干净，但影响鸡粪的处理，鸡舍内湿度增加，易使传动机构生锈。

图1-48 带式清粪机的输送带
（提金凤 拍摄）

图1-49 带式清粪机排粪处
（提金凤 拍摄）

输送带长度一般为50～70米（使用长度最好不超过100米），宽度为0.74～0.76米，输送带运行速度为5～12米/分钟，驱动功率0.75～1.5千瓦。50米长的上下四层鸡笼输送带需用的功率为0.75千瓦。

输送带常由橡胶带、涂胶亚麻带、涂塑锦纶带和玻璃纤维带等不同材质构成。目前，国内常用的是双面涂塑锦纶带。为了将鸡粪排出鸡舍外，应在鸡舍尽头横向地沟内安装横向排粪机，常见者为螺旋式。

第二章
鸡的生物学特性

在动物分类学上，鸡属于鸟纲、鸡形目、雉科的一个物种，具有鸟类生物学特性，但绝大多数已失去了飞翔能力。在人类的长期驯养和选育下，鸡在体形大小、羽毛色泽与斑纹上出现了多种类型。

第一节　鸡的外貌

图2-1　鸡的外貌
（李志杰 拍摄）

鸡的外貌因品种、性别、年龄差异而有所不同，但体表各部分的名称基本一致，可分为头、颈、躯干、尾、翼和后肢（图2-1）。

一、头部

鸡的头部包括冠、喙、脸、眼、耳叶、肉髯等。

冠位于头顶，是皮肤的衍生物。常见的鸡冠类型有单冠、豆冠、玫瑰冠、草莓冠四种，冠的颜色大多数为红色，外观肥润、组织柔软光滑，多数品种的鸡冠为单冠。冠的发育受雄性激素控制，公鸡比母鸡发达；去势鸡与休产鸡的冠萎缩而无血色。为防止冻伤或作为标记，初生雏鸡可以剪冠。

喙是表皮衍生的角质化物，具有啄食和自卫的功能，喙的颜色因品种而异，颜色一般与脚颜色一致，健壮鸡的喙短粗，稍微弯曲。鼻孔位于上喙的基部，左右对称。

脸为眼周围的裸露部分，健壮鸡要求皮薄、毛少而无皱褶。强健鸡的脸呈鲜红色，颜色润泽而无皱纹，老弱鸡苍白而有皱纹。眼位于脸的中央，虹膜的颜色因品种而异，常见的有淡青色、橙黄色和黑色等。耳孔位于眼的后下方，周围有卷毛覆盖。耳叶位于耳孔下方，椭圆形或圆形，无毛，颜色因品种不同而有差异，常见的有红、白两种。

肉髯又称肉垂，是从下颌长出的皮肤衍生物，左右相称。

二、颈部

鸡颈部较长，活动灵活，头部能向后转动。颈部羽毛具有第二性征特征：母鸡颈羽的端部为圆钝形；公鸡颈羽的端部为尖形，铺展得像梳子的齿一样，因此又称梳羽。

三、体躯

体躯可分为胸部、腹部和背腰部。其中，腹部较大，容纳消化器官和生殖器官等。鸡的腰部又叫做鞍部，因此腰部的羽毛称为鞍羽，母鸡鞍羽短而钝，公鸡鞍羽长而尖，像蓑衣一样披在鞍部，又称蓑羽。蛋用品种的鸡背腰部较长，肉用品种的鸡背腰部较短。

四、尾

尾部羽毛分主尾羽和覆尾羽两种。主尾羽位于尾部末端，在两侧成对排列。覆尾羽是覆盖在主尾羽上的羽毛，公鸡的覆尾羽发达，覆盖第一对主尾羽的大覆羽叫大镰羽，其余相对较小的叫小镰羽。蛋用品种鸡尾长，肉用品种鸡尾较短。

五、翼

翼由前肢演化而来。翼羽中央有一较短的羽毛称为轴羽。由轴羽向外侧数，有10根羽毛，称主翼羽；向内侧数，一般有11根羽毛，称副翼羽。在每根主翼羽、副翼羽上覆盖着一短羽，分别称覆主翼羽、覆副翼羽。

六、后肢

后肢包括股、胫、飞节、跖、趾和爪等，跖、趾和爪合称脚。蛋用品种鸡腿较细长，肉用品种鸡腿较粗短。公鸡在跖内侧生有距，距随年龄的增长而增长，可根据其长短来判定公鸡的年龄。跖部、趾部覆盖鳞片，为皮肤衍生物，可从鳞片软硬程度及鳞片是否突起来判断鸡的年龄大小，年幼鸡鳞片柔软，成年后角质化，年龄越大，鳞片越硬，甚至向外突起。

第二节 鸡的生活习性

经过人类的驯养，大多数鸡不再具有飞翔的能力或飞行能力较差，但鸟类的主要生活习性仍保留着。

一、卵生性

鸡是卵生动物，胚胎发育分为母体内和母体外两个阶段。母体内阶段是在蛋的形成过程中，卵子排出卵巢后，在输卵管漏斗部与精子相遇开始受精过程；当蛋产出时，胚胎发育到了囊胚期或原肠胚早期。蛋产出体外后，胚胎进入休眠状态，停止发育，当环境条件适宜时（如母鸡抱窝或人工孵化时），胚胎在体外孵化成雏鸡，破壳而出（图2-2、图2-3）。雏鸡为早成雏，体表被覆稠密的绒羽，两眼睁开，听觉敏锐，脚趾强健，能随本亲奔跑觅食。

图2-2　雏鸡破壳而出（一）　　图2-3　雏鸡破壳而出（二）
　　　　（李超　拍摄）　　　　　　　　（李超　拍摄）

　　鸡无繁殖季节性，只要饲料营养充足、环境适宜，除换羽期外均可产蛋。

二、就巢性

　　就巢性俗称抱窝，表现为愿意做窝、孵蛋和育雏。人工孵化技术应用之前，都是通过母鸡抱窝孵化雏鸡的。母鸡抱窝时停止产蛋，采食饮水减少。

　　就巢性受激素的调控，是由催乳素引起的，注射雌激素可使其停止。除此之外，还可以将母鸡放入笼内，置于通风良好和光照强的地方，使其醒抱。

　　由于抱窝的鸡不产蛋，现代养鸡生产中，经过系统选育能使鸡的就巢性减弱或消失。目前，白壳蛋鸡基本上无就巢性，褐壳蛋鸡、白羽肉用种鸡偶尔表现弱的就巢性，土种鸡的就巢性比较明显。

三、换羽习性

舍饲的成年鸡在经历一个产蛋年度后，随着产蛋率的降低逐渐换羽，在自然光照条件下，成年鸡在秋季进行自然换羽，一般需要3～4个月。换羽期间，鸡体代谢功能减弱，抗病力降低，产蛋休止。在生产中，对鸡进行强制换羽以缩短休产期。

四、怕热耐寒习性

鸡体表被覆羽毛，具有良好的隔热性能，因体热的散发受到阻止，并且无汗腺，所以当夏季高温时，若无降温散热措施，会出现热应激，导致采食减少、饮水增多、生长减慢、产蛋减少或停产，甚至死亡。因此，夏季防暑降温在鸡生产中非常重要。在冬季，羽毛能够阻挡冷空气对皮肤的刺激，因此其耐寒性比较强；但在寒冷的冬季还应注意保温，温度低会影响鸡群的生产性能，导致饲料利用率降低、生产性能下降等。

刚出壳的雏鸡虽被覆绒毛，但保温能力弱，低温时易"打堆"取暖，所以必须做好育雏保温工作。

五、合群习性

鸡是群居性动物，可大群饲养，并相处融洽。但将陌生个体放入鸡群时，会受到大多数鸡的攻击，直到几天后才会平安相处。在鸡生产中，不能经常调群，以免被调群的鸡进入另一鸡群后受到攻击。公鸡在混群后打斗的现象尤为突出。

六、沙浴习性

鸡喜欢沙浴，在舍外活动时，会用爪、喙在沙土地上刨坑，卧在里面并将疏松的沙土揉到羽毛中，过会再抖动羽毛将沙土抖下。通过沙浴，可以梳理羽毛，驱除体表寄生虫，还会啄食一些沙砾以增强消化功能。

彩色图解科学养鸡技术

第三节　鸡的解剖生理特点

鸡的品种繁多，外貌各异，但解剖生理特点相同。

一、被皮系统

被皮系统由皮肤和皮肤的衍生物组成，具有保护体内器官和组织、调节体温、排泄代谢废物、感受外界环境刺激等作用。

1. 皮肤

鸡皮肤薄而柔软，由表皮和真皮两部分构成，容易从机体上剥离下来。皮肤大部分覆盖羽毛，着生羽毛的区域称羽区，没有羽毛着生的区域称裸区。

2. 皮肤的衍生物

皮肤的衍生物包括羽毛、喙、爪、尾脂腺等。

（1）羽毛　根据羽的形状、构造及功能不同，羽一般可分成正羽、绒羽和纤羽三种类型。

正羽是覆盖在皮肤表面的一类大型羽毛，由羽轴和羽片两部分组成。羽轴的上半部着生羽片，该部分的羽轴实心，称羽茎；下端不具羽片的部分称为羽根，羽根插入皮肤中。根据生长的部位不同，正羽可以分为颈羽、翼羽、鞍羽、尾羽等。

绒羽是一种蓬松絮状的羽毛，密生在正羽的下方，主要起保温作用。绒羽羽茎很短，有的羽茎完全消失，仅存短的羽根，羽枝细长呈丝状，簇生在羽茎或羽根的顶端。

纤羽又称毛状羽，外形如毛发，杂生于正羽和绒羽之间。

（2）喙、爪、距、鳞片　鸡的喙呈圆锥形，分为上喙和下喙，是包在颌前骨、下颌骨外面高度角质化的皮肤套，因高度钙化而坚硬，适于摄取细小的饲料。爪位于每一趾趾端，呈弓形。距位于鸡的距部内侧，公鸡的明显。鳞片是分布在距部、趾部的高度角质化皮肤。

（3）尾脂腺　鸡的尾综骨背侧皮肤上有一对尾脂腺，鸡无汗腺和其他皮脂腺。尾脂腺呈豌豆状，较小，不发达，分泌物中含卵磷脂、麦角固醇等，麦角固醇在紫外线的作用下，能转变成维生素D，供皮肤吸收利用。

二、运动系统

运动系统包括骨骼和肌肉两部分。

1. 骨骼

鸡全身骨骼按部位可分为头骨、躯干骨和四肢骨，大部分骨是中空的，含气，重量较轻。

头骨呈圆锥形，以眼眶为界，分为颅骨和面骨。颅骨大部分愈合，颅腔小。在下颌骨和颞骨之间有方形骨，可使口腔开张较大，便于吞食较大的食物。

躯干骨由椎骨、肋骨和胸骨构成。颈椎数目较多，一般有13～14块，可使颈部运动灵活，便于啄食、警戒、啄取尾脂腺的分泌物以及梳理羽毛等；尾椎5～7块，愈合成尾综骨，支持尾羽和尾脂腺。胸骨又称龙骨，非常发达，构成胸腔的底壁，胸骨腹侧正中有纵行的隆起称龙骨突；胸骨末端和耻骨末端的距离称龙耻间距。

后肢骨发达，支持体重。两侧耻骨、坐骨分离，骨盆底部不结合，为开放式骨盆，便于产蛋。龙耻间距以及左右耻骨之间耻骨间距的大小是衡量母鸡产蛋率的一个标志，这两个距离大，表示正在产蛋期或产蛋性能良好。

2. 肌肉

鸡肌肉的肌纤维较细，无脂肪沉淀，眼观可分为红肌、白肌两种。红肌呈暗红色，血液供应丰富，肌纤维细；白肌颜色较淡，血液供应较少，肌纤维较粗。腿部肌肉以红肌为主；胸肌以白肌为主，特别发达，约占全身肌肉重的1/2。

彩色图解科学养鸡技术

三、消化系统

鸡的消化系统可分为消化管和消化腺两部分，消化管包括口咽、食管、嗉囊、腺胃、肌胃、小肠、大肠、泄殖腔、泄殖孔，消化腺包括唾液腺、肝和胰等。

1. 消化管

消化管是鸡体内代谢与外界环境相联系的通道。鸡的消化管短，饲料通过消化管的时间，雏鸡和产蛋鸡为4小时，休产鸡为8小时。

（1）口咽、食管和嗉囊　鸡的口与咽没有明显的界限，口腔没有唇、齿，颊不明显，上颌、下颌形成喙。

鸡食管宽大，能扩张，便于吞咽较大的食物。食管的长度随鸡颈部长短而异，包括颈部食管和胸部食管两部分，颈部食管在进入胸腔之前形成的膨大称嗉囊。嗉囊位于胸腔入口、锁骨和胸肌的右前方的皮下，具有暂时储存、浸泡和软化食物的作用。

（2）腺胃、肌胃　鸡的胃包括腺胃和肌胃（图2-4、图2-5）。腺胃为食管末端的膨大，位于肝左右两叶之间的背侧，呈纺锤形，前以贲门连胸段食管，后以峡与肌胃相接。腺胃黏

图2-4 腺胃、肌胃外侧观
（李志杰 拍摄）

图2-5 腺胃、肌胃内侧观
（李志杰 拍摄）

膜上分布有30～40个腺乳头，为胃腺的开口，分泌的胃液含有胃蛋白酶和盐酸，有消化蛋白质和溶解矿物质的作用。

肌胃呈扁圆形或椭圆形，前部连腺胃，下部以幽门接十二指肠。肌胃由两对厚而坚实的肌肉组成，呈暗红色，内有黄色的角质膜。肌胃不分泌消化液，主要依靠胃壁强有力的收缩和沙砾间的相互摩擦，机械性地磨碎粗硬饲料。

（3）肠　鸡的肠管包括小肠和大肠，总长度约为体长的6倍。

图2-6　十二指肠、胰
（李志杰 拍摄）

小肠分为十二指肠、空肠、回肠。十二指肠与肌胃相连，形成"U"字形肠袢，将胰夹在中间（图2-6）；空肠形成许多环状肠袢，在空肠的中部有一小的突起，叫卵黄囊憩室，是卵黄囊柄的遗迹；回肠较短，以系膜与两盲肠相连。小肠内的消化液主要有胰液、胆汁和小肠液，是消化吸收的主要部位。

大肠分为盲肠和直肠。盲肠位于小肠后段与大肠的交界处，有两条伸向两旁的盲管状分支，故称为盲肠，盲肠内富含微生物，可分解发酵饲料中的纤维素，产生挥发性脂肪酸，在盲肠吸收。与盲肠后端相连的是直肠，直肠无消化作用，可吸收水分。

（4）泄殖腔　泄殖腔是消化、泌尿和生殖的共同腔道，被两个环行黏膜褶分为粪道、泄殖道和肛道三部分。粪道直接与直肠相连，输尿管和输精管（或输卵管）开口于泄殖道，肛道是最后一段，以泄殖孔开口于体外。

2. 消化腺

（1）唾液腺　鸡唾液腺较发达，能分泌大量唾液，润滑口腔黏膜，并润滑食团，便于吞咽。

（2）肝　肝位于腹腔前下部，是鸡体内最大的消化腺，分左右两叶，右叶略大（图2-7），有胆囊。肝的颜色因年龄和育

彩色图解科学养鸡技术

肥程度差异而不同，刚出壳的雏鸡肝呈黄色，成年鸡的肝呈红褐色，肥鸡的肝因储存脂肪而呈黄褐色或土黄色。肝右叶分泌的胆汁先储存于胆囊，消化时，再经胆囊管运送至十二指肠；左叶分泌的胆汁由肝管直接排入十二指肠。

图2-7 肝（李志杰 拍摄）

（3）胰 胰位于十二指肠肠袢内，呈淡黄色或淡红色，长条分叶状，有2～3条胰管将胰液运送至十二指肠。

四、呼吸系统

鸡的呼吸系统由鼻腔、喉、气管、鸣管、支气管、肺和气囊等组成。

鼻腔较窄，鼻孔位于上喙的基部，有膜质性鼻瓣。在眼球的前下方有三角形的眶下窦，与鼻腔相通，在患呼吸道疾病时，眶下窦往往也会发生病变。

喉位于咽的底部，舌根的后方，由环状软骨和勺状软骨形成支架，喉口呈裂缝状（图2-8）。鸡的喉内无声带，发出的啼鸣音来源于气管分叉处的鸣管（图2-9）。

气管与食管伴行，从颈部进入胸腔后，在心基部的上方分支，形成鸣管和支气管。支气管入肺后分为初级支气管，初级支气管又分为次级支气管，再分为三级支气管，这些细支气管常与相

图2-8 喉（李志杰 拍摄）

彩色图解科学养鸡技术

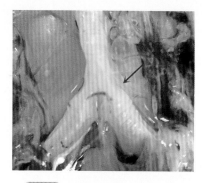

图2-9 鸣管（李志杰 拍摄）

邻的细支气管互相连通，形成一种循环相通的管道。

鸡的肺呈海绵状，鲜红色，质地柔软，不分叶（图2-10）。位于第1～6肋间，背侧面嵌入肋骨间，形成肋沟（图2-11）。

气囊是禽类特有的呼吸器官，是初级支气管或次级支气管出肺后形成的黏膜囊，多数与含气骨相通。鸡有八个气囊，即一个颈气囊、一个锁骨间气囊、两个前胸气囊、两个后胸气囊和两个腹气囊。气囊有储存空气、增加空气的利用率、调节体温、增加浮力等作用。

图2-10 肺的腹侧面
（李志杰 拍摄）

图2-11 肺的背侧面
（李志杰 拍摄）

鸡的呼吸频率高，每分钟15～30次，随品种和性别的不同而有所差异。同一品种中，雌性比雄性高；此外，随环境温度、湿度以及安静程度的不同而有较大差异。鸡对缺氧很敏感，尤其是快速生长期的幼龄肉鸡，由于机体需氧量增加，会导致相对供氧不足，常常由此而诱发腹水综合征。

五、泌尿系统

鸡的泌尿系统由肾和输尿管组成，没有膀胱和尿道。

肾呈暗褐色，长豆荚状（图2-12），分前、中、后三叶，无肾盂，嵌于椎骨和髋骨形成的陷窝内，质软而脆。肾是排泄体内代谢废物的器

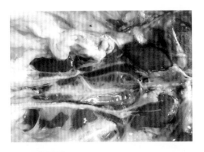

图2-12 肾（李志杰 拍摄）

官，对调节体液酸碱平衡、维持渗透压平衡起着关键作用。

输尿管是运送尿液的肌质性管道。左右输尿管分别从两肾的中部发出，末段无膀胱，直接开口于泄殖腔顶壁的两侧。尿液在肾内生成后，经输尿管直接排入泄殖腔，其中的水分被泄殖腔重新吸收，留下灰白色的尿酸和部分尿随粪便一起排出体外。因此，通常只看见鸡排粪，而不见排尿。

六、生殖系统

1. 雄性生殖系统

公鸡的生殖系统由睾丸、附睾、输精管和交配器官组成。

公鸡的睾丸成对，呈豆形（图2-13），位于腹腔内，以短的系膜悬吊于肾前叶的腹侧，被腹气囊所包围。小公鸡的睾丸很小，如米粒大，呈黄色；成年的明显增大，在性成熟后的繁殖季节睾丸体积最大，如鸽蛋大小，呈黄白色或白色。公鸡的精液呈弱碱性，每次射精量较少，但精子浓度很高。公鸡在12周龄开始生成精子，直到

图2-13 睾丸（李志杰 拍摄）

22～26周龄才产生受精率较高的精液，1～2岁的公鸡精液质量最佳。

附睾附着于睾丸的背内侧缘，具有储存精子、分泌精清等作用。输精管是一对弯弯曲曲的细管，具有分泌精清、储存精子、运输精液的作用。公鸡的交配器官是3个并列的小突起，称阴茎体，位于泄殖孔腹唇的内侧，在未伸出交配时，隐藏在泄殖腔内，交配时勃起伸出。

2. 雌性生殖系统

母鸡的生殖系统由卵巢和输卵管组成，仅左侧的卵巢和输卵管发育正常，右侧的在早期胚胎发育过程中发育停滞并逐渐退化。

卵巢位于左侧腹腔，左肾前叶前下方，以短的卵巢系膜挂在腰部背侧壁上。幼鸡卵巢小，呈扁椭圆形，黄白色或白色，表面呈颗粒状；随着年龄的增长和性活动的出现，卵泡逐渐成熟，由于卵泡内储积大量卵黄，突出于卵巢表面，至排卵前仅以卵泡蒂与卵巢相连，因而卵泡呈葡萄串状；进入产蛋期，卵泡迅速生长，卵巢常见4～5个体积较大的卵泡，最大的充满卵黄的卵泡直径可达4厘米。排卵时，卵泡膜在薄的无血管的卵泡斑处破裂，排出卵子，卵泡没有卵泡腔和卵泡液，排出后不形成黄体。停产时，卵巢又恢复到静止时的形状和大小。

输卵管是一条长而弯曲的管道，在产蛋期，输卵管长达60～70厘米，孵化期回缩至30厘米，换羽期只有18厘米。输卵管由前向后可分为五个部分，即漏斗部、蛋白分泌部（膨大部）、峡部、子宫部和阴道部。漏斗部位于卵巢后方，是摄取卵子及受精的场所，其边缘有游离的黏膜褶，称输卵管伞，中央有输卵管的腹腔口。蛋白分泌部长而弯曲，长30～50厘米，管径大，管壁厚，该部密生腺管，具有分泌蛋白的作用。峡部短而窄，长8～10厘米，黏膜内有腺体，能分泌角质蛋白，形成内外卵壳膜。子宫部呈袋状，管壁厚，长约10厘米。子宫部黏膜上有壳腺，分泌钙质、角质和色素，形成蛋壳。阴道部为输卵管末端，开口于泄殖腔背侧壁的左侧，阴道部的黏膜呈白色，形成皱褶，能储存精子；黏膜内有腺体，其分泌物在卵壳表面形成一薄层角质膜。

七、心血管系统

心血管系统包括心脏、血管和血液。

鸡的心脏为圆锥形的肌质性器官（图2-14），位于胸腔前下部的心包内，上部为心基，下部为心尖。鸡的心率高，平均心率为每分钟300次，血液循环快。心率除了因品种、性别、年龄不同而有差别外，同时还受环境的影响，环境温度提高、惊扰、噪声等都将使鸡的心率加快。

图2-14 心脏（李志杰 拍摄）

翼部的尺深静脉是前肢最大的静脉，是鸡采血和静脉注射的常用部位。

雏鸡血液占体重的5%，成年鸡为9%，由血细胞和血浆组成。血细胞包括红细胞、白细胞和凝血细胞。红细胞呈卵圆形，有细胞核；白细胞分为异嗜性粒细胞、嗜酸性粒细胞、嗜碱性粒细胞、淋巴细胞、单核细胞；鸡血液无血小板，但有凝血细胞，凝血细胞呈卵圆形，有核，多三五个聚集在一起，参与血液凝固。

八、免疫系统

鸡的免疫系统主要由淋巴器官、淋巴组织组成。

1. 淋巴器官

胸腺（图2-15）位于颈部两侧的皮下，沿颈静脉延伸到胸

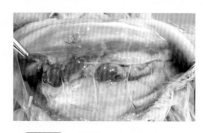

彩色图解科学养鸡技术

前部，黄色或红灰色，呈不规则的串状小叶，每侧7叶。胸腺在性成熟时最大，随后开始由前向后逐渐退化，成年时仅留下痕迹。胸腺主要与细胞免疫有关。

图2-15 胸腺（李志杰 拍摄）

腔上囊（图2-16）又称法氏囊，是禽类特有的淋巴器官，位于泄殖腔背侧，开口于肛道。鸡的腔上囊在4～5月龄时最发达，呈球形或椭圆形，性成熟后开始退化。腔上囊主要与体液免疫有关。

脾（图2-17）位于腺胃的右侧，红褐色，是血液循环通路上的淋巴器官，具有造血、滤血、免疫功能。

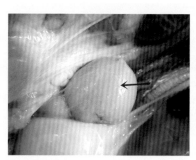

图2-16 腔上囊（李志杰 拍摄）

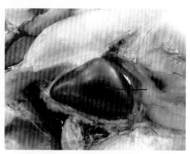

图2-17 脾（李志杰 拍摄）

图2-18 盲肠扁桃体
（李志杰 拍摄）

2. 淋巴组织

鸡无真正的淋巴结，仅在消化道壁上存在淋巴小结。在盲肠基部的淋巴集结又称盲肠扁桃体（图2-18），是抗体的重要来源，发挥局部免疫的作用。

九、感觉器官

鸡的视觉发达，眼较大，位于头部两侧，视野宽广，并能通过头颈部的灵活运动，弥补眼球运动范围的不足；但对颜色的区别能力较差，只对红光、黄光、绿光等敏感。在瞬膜内有瞬腺，又称哈德腺，能分泌黏液性分泌物，具有清洁、湿润角膜的作用，哈德腺还是禽的淋巴器官。

鸡的听觉发达，能迅速辨别声音。味觉和嗅觉不发达，但对食盐却很敏感。

十、体温

鸡新陈代谢旺盛，体温高，一般在39.6～43.6℃。雏鸡刚出壳时体温较低，在30℃以下，随着雏鸡的生长发育，体温逐渐升高，2～3周龄时可达成年鸡水平。

成年鸡适宜的环境温度是16～26℃。若环境温度低于7.8℃或高于30℃时，则超出鸡的体温调节能力，出现一系列不良反应，尤其对高温的反应明显。由于鸡的皮肤没有汗腺，当鸡处于持续高温环境中，会张口喘气，依靠呼吸排出水蒸气来散发热量、调节体温；当鸡的体温高到42.5℃时，则出现张嘴喘气、翅膀下垂、咽喉颤动的症状，若不及时降温，就会影响其生长发育和生产；当鸡的体温升高到46～47℃时，会导致死亡。

第四节　鸡的繁殖

繁殖配种方式包括自然交配和人工授精，不同饲养方式的种鸡可采取不同的配种方式。

一、鸡的自然交配

自然交配是公、母鸡自主进行交配的一种配种方式，主要

图2-19 肉用种鸡大群配种（提金凤 拍摄）

应用于平养的种鸡。

1. 大群配种

大群配种是在一个数量较大的母鸡群中放入一定比例的公鸡，进行随机配种（图2-19）。鸡群的大小应根据品种、鸡舍面积而定，一般为1000～10000只。规模过大会对管理有影响，公母配比最大不能超过1∶15，否则，影响种蛋受精率。在生产中，数只公鸡放于一群，常会相互争斗而影响交配，有条件的应事先让它们互相熟悉。

大群配种方式管理方便，可实现双重配种，种蛋的受精率高；但采用这种方式，种蛋来源不明确，无法辨认后代血缘，不能作谱系记录，仅适用于种禽繁育场。青年公鸡配种能力强，3年以上的种公鸡体质弱、性欲差，不宜用于大群配种。

2. 小群配种

小群配种又称单间配种，是在一小群母鸡中放入一只公鸡，母鸡群的大小根据品种而定，一般为10～15只。要求有小间配种舍，自闭产蛋箱，公、母鸡均佩戴脚环。

小群配种方式管理麻烦，常因公鸡的偏爱，往往使种蛋的受精率低于大群配种；但采用这种方式，种蛋来源清晰，能辨别后代血缘，可作谱系记录，适用于育种场。

二、鸡的人工授精

人工授精是采集公鸡的精液，按一定要求输入母鸡生殖道内的一种配种方法，主要应用于笼养种鸡。

1. 人工授精的意义

人工授精可扩大公母配比。在自然交配方式下，每只公鸡只能配10～15只母鸡；采用人工授精后，每只公鸡可负担

彩色图解科学养鸡技术

30～50只母鸡。这样可以减少公鸡的饲养量，节省饲料，降低生产成本。

人工授精可提高种蛋的受精率。自然交配时，种蛋的受精率前期比较高，达90%以上，但后期受精率会降低至70%～80%；采用人工授精技术，种蛋的受精率后期依然较高。

人工授精还可以克服公鸡的择偶问题，充分利用优秀种源，克服公、母鸡体重相差悬殊、不同品种间鸡的杂交等问题。

人工授精操作简单易行，便于推广。

2. 人工授精的方法

（1）采精

① 采精前的准备。在配种前3～4周，对种公鸡实行单笼饲养，便于熟悉环境和管理人员。在配种前2～3周内开始采精训练，每天或隔天1次。为防止污染，在训练开始前，先将泄殖腔周围的羽毛剪掉（图2-20），尾基部的鞍羽也应剪去一部分。在采精前3～4小时禁食，防止采精时排出粪便。大部分公鸡要经过3～4次训练才能建立性条件反射，采集到精液，一旦训练成功，应坚持隔日采精。对多次训练但不能建立条件反射或射精量过少及精液品质差的公鸡应淘汰。

图2-20　剪掉泄殖腔周围的羽毛（李超 拍摄）

② 采精方法。目前生产中常用按摩采精法。

双人采精法：一人保定、一人采精（图2-21）。保定者双手握住鸡的双腿并固定双翅，使公鸡背部朝上、头部向后、尾部朝前，保持水平位置或尾部稍高。采精者左手中指与无名指夹持采精杯，

图2-21　双人采精（李超 拍摄）

杯口向外，拇指和食指分开，放于泄殖孔下方的腹部柔软处；右手拇指和其他四指分开，掌心向下，从鸡的背部向后至尾根处按摩数次，当按摩至尾根处时稍增加压力。当出现性反射时，右手迅速按压尾羽，拇指、食指放于泄殖孔上方做好挤压准备；左手协同右手进行高频率的抖动按摩，使泄殖腔外翻，此时右手适当用力挤压，夹持采精杯的左手迅速翻转，收集精液。

单人采精法：采精人员坐在凳子上，用腿将公鸡的两腿夹住，使头部朝左。右手的中指和无名指夹持采精杯，拇指和手掌由腹部向尾部按摩；左手由背部向尾部按摩数次，公鸡翘起尾巴对按摩产生反应，生殖器勃起，此时迅速用左手的拇指和食指挤压生殖器外侧的泄殖腔，并将集精杯对准泄殖孔，收集精液。

③ 采精时应注意的问题。要保持采精场所的安静与卫生；采精前要停饲，防止吃得过饱而因排粪污染精液；采精人员要相对固定；正常情况下，采用隔日采精制度，也可连续采精2天、休息1天，若配种任务大，可连续采精3～5天、休息2天，但要注意公鸡的营养状况和体重变化；采集的精液可暂时保存在30～35℃的环境中，在30分钟内用完为宜。

（2）精液的常规检查

① 外观检查。正常精液为乳白色、不透明的乳状液体，精子的密度越高，乳白色越浓。若出现异常颜色说明精液受到了污染：精液呈黄褐色提示被粪便污染，呈粉红色提示混入血液，呈白色棉絮状提示混入了尿酸盐。被污染的精液品质下降，不能用于输精。

② 精液量的检查。一般蛋用型种公鸡的射精量为0.3～0.5毫升/次，肉用型种公鸡的射精量为0.5～0.8毫升/次。公鸡每次射精量因季节、年龄、品种及个体差异而不同，采精方法、技术水平、采精频率都会影响射精量。公鸡射精量少，可能是营养物质缺乏、采精频率高、采精者技术水平差、人员不固定或环境条件不适宜等造成的。

彩色图解科学养鸡技术

③ 精子活力检查。在采精后20～30分钟内进行。取精液和生理盐水各一滴，置于载玻片一端混匀，放上盖玻片，置于200～400倍显微镜下检查。

精子的运动形式有三种：直线前进运动、原地转圈运动和原地颤动，只有做直线前进运动的精子才具有受精能力。根据做直线前进运动精子所占的比例将精子活力评为0.1～0.9级，视野中90%以上的精子做直线前进运动，评为0.9；80%～90%的精子做直线前进运动，评为0.8；以此类推，10%以下的精子做直线前进运动，评为0.1。良好精液的精子活力不应低于0.7。

④ 精子密度检查。可使用血细胞计数板来计数，此法精确，但因操作较麻烦，所以一般采用估测法。操作时，取原精液一滴置于载玻片上，盖上盖玻片，在放大400倍的显微镜下观察，根据精液中精子的疏密程度将精子密度分为密、中、稀三等。若整个视野布满精子，精子间几乎无间隙，则判断为"密"，每毫升精液含精子40亿个以上；若精子之间有1～2个精子的空隙，则判断为"中"，每毫升精液含精子20亿～40亿个；若精子间有较大的空隙，则判断为"稀"，每毫升精液含精子20亿个以下。

⑤ pH值检查。用精密试纸或酸度计测定，鸡的精液pH值一般为6.2～7.4。

（3）精液的稀释　若生产中配种任务大，公鸡数量不足，精液量不够，可通过精液的稀释扩量来解决。因鸡的精液密度大，稀释后的精液可以增加输精母鸡的数量，提高种公鸡的利用率。一般在采精后10分钟内稀释。

将新鲜精液和稀释液（可用生理盐水或专用的稀释液）分装于不同试管中，置于35～37℃保温瓶或恒温箱中，使精液和稀释液的温度相近。然后将稀释液沿试管壁缓缓加入精液中，轻轻转动，充分混匀。精液稀释的比例根据精液品质、稀释液质量、保存温度及时间而定，生产中稀释比例多为1∶1。精液稀释好后立即给母鸡输精，应在20～30分钟内输完。

（4）输精

① 输精方法。采用泄殖腔外翻输精。输精操作可两人一组，一人翻肛、一人输精；也可三人一组，两人翻肛、一人输精。翻肛者左手伸入笼内抓住母鸡双腿，将鸡的尾部拉出笼门口外，右手拇指按压泄殖孔左下部，其他四指向背腰部按压尾羽。拇指向下稍施加压力，泄殖腔便可外翻，露出输卵管口（图2-22）。此时，输精者手持输精管，对准输卵管口中央，插入输精管2～3厘米，注入精液。在注入精液的同时，翻肛者立即松手解除对母鸡腹部的压力，输卵管口便可缩回而将精液吸入。

图2-22 母鸡翻肛（李超 拍摄）

也可将母鸡从笼中取出，在笼外保定后操作。

② 输精要求。输精量的多少应根据精液品质而定。精液品质好，输精量可少一些；反之，输精量应多一些。正常情况下，使用原精液输精，每只鸡一次输精量为0.025～0.03毫升或有效精子数为0.8亿～1.0亿个，才能保证有效的受精率。当给母鸡首次输精时，输精量应加倍。随着种公鸡周龄的增加，其体重和腹脂也增加而导致精液品质变差，在母鸡产蛋后期，为保证有效精子数，保证种蛋受精率，也应适当增加输精量。

输精应选择在大部分母鸡产完蛋后进行，一般鸡的产蛋时间集中在上午，下午2:00之后很少产蛋，因此，一般在下午3:00～6:00进行输精。

输精间隔时间为一般每4～5天1次，即可保持较高的受精率。

③ 输精应注意的问题。注意检查并淘汰停产母鸡。在翻肛操作手法正确的前提下，母鸡输卵管口难以翻出，或即使翻出，

但输卵管口颜色发白、形状扁平，此类情况多属停产鸡，应予以淘汰。

减少对母鸡的不良刺激。抓取母鸡动作要轻缓；插入输精管时须对准输卵管口中央，动作要轻，防止损伤输卵管壁；如果发现输卵管子宫部有硬壳蛋，翻肛员不能过于用力按压，输精时也不能硬插，应将输精管偏向一侧慢慢插入，动作要轻以免弄破蛋壳。

勿将空气或气泡输入输卵管内。若输入了空气或气泡，当翻肛者解除对母鸡腹部的压力时，精液往往会溢出，影响受精率。

要防止交叉感染。同精液接触的所有用具均要做消毒处理，每只母鸡单独使用一只输精管，一鸡一管；并配备用专用套袖，净管放套袖一侧，污管放套袖另一侧（图2-23）。人工授精结束，应立即清洗输精管（图2-24），但在实际生产中很难做到。至少应保证每输一只母鸡用干净的脱脂棉球擦拭一下输精管，并要经常更换输精管。

图2-23 一鸡一管、专用套袖
（李超 拍摄）

图2-24 清洗输精管
（李超 拍摄）

第三章
鸡的品种与分类

第一节　鸡的品种分类

一、标准品种分类法

从19世纪80年代至20世纪50年代初，按国际标准品种分类法，把家禽按4级条目进行分类，即类、型、品种和品变种。

1. 类

主要是依据鸡的原产地所在区域划分，如亚洲类、美洲类、地中海类和英国类等。

2. 型

依据鸡的经济用途划分为蛋用型、肉用型、兼用型和观赏型等。

3. 品种

品种是指经过系统选育而形成的具有共同来源、相似外貌特征、相近生产性能、遗传性能稳定、达到一定数量规模的禽群，如来航鸡、洛克鸡、科尼什鸡等品种。

4. 品变种

品变种是在一个品种内，依据鸡冠形状、羽毛颜色等外貌特征方面的差异而区分的群体，如单冠白来航、玫瑰冠白来航等。

二、现代分类法

在现代养鸡生产中，主要是依据生产性能和产品特征分类，将鸡分为蛋鸡系和肉鸡系。蛋鸡系产蛋性能高，按照所产蛋壳的颜色可分为白壳蛋鸡、褐壳蛋鸡、粉壳蛋鸡等。肉鸡系根据早期生长速度和肉质分为快大型肉鸡和优质型肉鸡。

第二节　鸡的品种

一、标准品种

标准品种是经过人类系统选育、按照育种组织制定的标准鉴定承认的、并收录入《美国家禽志》和《不列颠家禽标准品种志》的鸡品种，是国际上公认的鸡品种。我国的九斤黄鸡、狼山鸡、丝毛鸡被列为标准品种。标准品种在20世纪80年代以前是普遍作为商品生产使用的品种，但自从鸡的配套品系应用于商业生产后，大多数的标准品种只用来培育高产品系。与育成现代商品杂交鸡有关的主要标准品种有来航鸡、洛岛红鸡、科尼什鸡、洛克鸡等。

1. 来航鸡

原产于意大利，是世界著名的蛋用型鸡品种。1835年，由意大利的来航港输入美国，现分布于世界各地。来航鸡按冠形和羽色划分为16个品变种。其中，单冠白来航鸡生产性能最高，分布最广，其外貌特点是全身羽毛白色，轻巧紧凑；耳叶白色、喙、胫、趾、皮肤黄色，胫无毛；冠大鲜红，公鸡的冠较厚而直立，母鸡的冠较薄而倒向一侧。白来航鸡性情活泼，适应性强，神经敏感，易受惊吓。性成熟早，无就巢性，产蛋量高而饲料消耗少，5月龄开产，年产蛋220～260枚，蛋壳白色，蛋重54～60克。成年公鸡体重2.0～2.5千克，母鸡1.5～1.75千克。

现代生产白壳蛋的配套商品杂交鸡，均是先利用白来航鸡育成具有不同特点的品系，然后进行品系间的杂交，经过配合力测定，筛选出的优秀配套商品杂交鸡组合。

2. 洛岛红鸡

原产于美国，属兼用型鸡品种，有单冠、玫瑰冠2个品变种。其外貌特点是羽毛深红色，尾羽黑色带有光泽；冠、耳叶、肉垂及脸部均呈鲜红色，皮肤、胫、趾为黄色；体形中等，体躯长方形，背部宽平，体质健壮，成年公鸡体重3.6～3.8千克、母鸡2.2～3.0千克。产蛋量高，有就巢性，6月龄开产，年产蛋170～250枚，蛋壳褐色，蛋重60～65克。

现代养鸡生产中，多用洛岛红鸡作父本与其他兼用型鸡或来航鸡杂交，育成高产的褐壳蛋商品鸡。并利用其特有的伴性金黄色羽基因，通过特定杂交形式，实现后代雏鸡自别雌雄。

3. 科尼什鸡

原产于英国，属肉用型鸡品种。本品种有深红色（暗红色）、白色、红羽白边和浅黄色4个品变种。目前最普遍的是白科尼什鸡，其羽毛短而紧密，呈白色；豆冠，耳垂红色，喙、胫、趾、皮肤为黄色；体躯坚实，头较小，胸宽而深，胸肌、腿肌特别发达，成年公鸡体重4.5～5.0千克、母鸡3.5～4.0千克。该鸡性成熟较迟，8～9月龄开产，年产蛋量120枚左右，蛋壳浅褐色，平均蛋重56克。

现代养鸡生产主要是用白科尼什鸡作父系与母系白洛克鸡杂交生产肉用仔鸡。

4. 洛克鸡

原产于美国，属兼用型鸡品种。洛克鸡按毛色分为横斑

（芦花）、白色、浅黄色等7个品变种，早年以横斑洛克鸡最普遍，近年来以白羽洛克鸡为主。白洛克鸡全身羽毛白色，单冠，冠、肉垂、耳叶呈红色，喙、胫、皮肤黄色，鸡体形大，呈椭圆形，成年公鸡体重为4.0～4.5千克，母鸡为3.0～3.5千克。6～7月龄开产，年产蛋170～180枚，蛋壳褐色，平均蛋重60克。

白洛克鸡早期生长快，胸部、腿部肌肉发达，饲料利用率高，肉质优良，现代肉用仔鸡生产多用白洛克鸡作母系。

5. 狼山鸡

狼山鸡是我国古老的优良地方品种，并在世界家禽品种中负有盛名，原产于我国江苏南通，属兼用型鸡品种。19世纪输入英国、美国等国，1883年被确定为标准品种，有黑色和白色2个品变种，以黑羽居多。黑狼山鸡羽毛纯黑，富有光泽，单冠直立，耳叶红色，喙、眼、胫黑色，皮肤白色。其体形、外貌最大特点是颈部挺立，尾羽高耸，背呈"U"字形。胸部发达，体高腿长，成年公鸡体重3.5～4.0千克、母鸡2.5～3.0千克。7～8月龄开产，年产蛋量160～170枚，蛋壳褐色，平均蛋重56克。

该鸡在国外经过进一步选育，与当地鸡杂交培育成新的品种，如著名的黑奥品顿鸡、澳洲黑鸡等。

二、地方品种

地方品种是在育种技术水平较低的情况下，无明确的育种目标、没经过有计划的系统选育、在某一地区长期饲养而形成的品种。我国饲养鸡的历史悠久，由于各地不同的风俗习惯、自然环境等，形成了丰富的鸡品种资源。地方品种生产性能较低，但具有抗逆性强、耐粗饲、蛋肉品质优良等优点。了解地方鸡种有助于促进地方品种资源的保存和利用。我国部分地方鸡品种见表3-1。

表3-1　我国部分地方鸡品种基本情况一览表

品种	原产地	经济类型	主要外貌特征	成年鸡平均体重/千克		产蛋性能			
				公鸡	母鸡	开产月龄	蛋壳颜色	年平均产蛋量/枚	平均蛋重/克
仙居鸡	浙江仙居	蛋用	体形轻巧紧凑，昂首挺胸、尾羽高翘，腿高颈长、背部平直。羽毛以黄色居多，喙、胫、皮肤黄色	1.44	1.25	5	褐色	213	42
萧山鸡	浙江萧山	兼用	体形较大，单冠红色，耳叶、肉垂红色，喙、胫黄色。公鸡体格健壮，昂头翘尾，全身羽毛有红、黄两种，尾羽多呈黑色；母鸡体格较小，全身羽毛基本黄色，也有麻色	2.76	1.94	6~7	褐色	141	58
寿光鸡	山东寿光	兼用	全身羽毛黑色闪绿色光泽，喙、脚灰黑色，皮肤白色（图3-1）。分为大型和中型2种	3.3	2.3	8	深褐色	135	65
庄河鸡	辽宁庄河	兼用	体高颈长，胸深背长。羽色多为麻黄色，尾羽黑色，喙、胫黄色	2.9	2.3	7	深褐色	160	62
固始鸡	河南固始	兼用	体形中等，喙短、呈青黄色，眼大有神，单冠为多，脸、冠、肉垂、耳叶均为红色，胫靛青色，皮肤白色。羽毛丰满，公鸡呈深红色、黄色；母鸡以黄色、麻黄色为主，佛手尾或直尾	2.5	1.8	6	深褐色	141	52

品种	原产地	经济类型	主要外貌特征	成年鸡平均体重/千克		产蛋性能			
				公鸡	母鸡	开产月龄	蛋壳颜色	年平均产蛋量/枚	平均蛋重/克
北京油鸡	北京	肉用	体形中等，羽色美观，主要分黄色和红褐色2种。黄色的体形大、红褐色的体形较小。北京油鸡具有冠羽和胫羽，有的个体还有趾羽，不少个体下颌或颊部有髯须。通常将这"三羽"（凤头、毛腿和胡子嘴）作为北京油鸡的主要特征	2.1	1.7	7	褐色	110	56
桃源鸡	湖南桃源	肉用	体形高大，羽毛蓬松，呈长方形。公鸡体羽呈金黄色或红色，主翼羽和尾羽呈黑色，母鸡羽色有黄色和麻色2个类型。喙、胫青灰色，皮肤白色	3.4	3.0	6.5	浅褐色	100	54

三、现代鸡种

现代鸡种是在标准品种或地方品种基础上，采用先进育种方法培育出来的、具有特定商业代号的鸡群，现代鸡种都是配套品系，又称杂交商品系。由于育种的商业化，配套系脱离了原来标

图3-1 寿光鸡（李义 拍摄）

准品种或地方品种的名称，现代鸡种多以育种公司的专有商标来命名。

1. 蛋鸡系

（1）白壳蛋鸡　主要是以单冠白来航鸡作为育种素材培育的配套品系，产白壳蛋。因体形较小，故又称轻型蛋鸡。

①"京白904"。京白蛋鸡是北京市种禽公司在引进国外白壳蛋鸡的基础上培育成功的系列优良蛋用型鸡，目前主要有"京白904"、"京白938""京白823"等配套品系。其中，"京白904"（图3-2）是北京白鸡系列中目前产蛋性能最佳的配套杂交鸡。京白蛋鸡体形小、清秀，全身被覆白色的羽毛，喙、胫、趾和皮肤黄色，耳叶白色，公鸡的冠厚而直立、母鸡的冠薄而

图3-2　京白904（闵兰　拍摄）

倒向一侧，环境适应能力较强，当前国内多数地区都有养殖。"京白904"商品代蛋鸡主要生产性能：鸡群23周龄开产，72周龄入舍母鸡产蛋280～291枚，蛋重59～60克，料蛋比2.3∶1，育成期存活率97%，产蛋期存活率95%。

② 海兰W-36白壳蛋鸡。海兰W-36白壳蛋鸡是由美国海兰国际公司育成的配套杂交鸡。该鸡种体形小、全身羽毛白色，单冠，喙、胫、趾黄色，商品代雏鸡可通过羽速自别雌雄。海兰W-36蛋鸡商品代主要生产性能：24周龄开产，72周龄入舍母鸡产蛋270～290枚，平均蛋重62克，料蛋比2.2∶1，育成期存活率96%，产蛋期存活率92%。

③ 尼克白鸡。尼克白鸡是由美国辉瑞公司育成的配套杂交鸡。该鸡体形小、紧凑，羽毛纯白，单冠，皮肤、喙黄色；商品代初生雏鸡可以根据快慢羽辨别雌雄。尼克白鸡商品代主要生产性能：25周龄开产，80周龄入舍母鸡产蛋325～347枚，蛋重60～62克，料蛋比（2.1～2.3）∶1，育成期存活率95%，产蛋期存活率92.5%。

④罗曼白蛋鸡。罗曼白蛋鸡是德国罗曼公司育成的配套杂交鸡。该鸡全身羽毛白色，体形较小。罗曼白蛋鸡商品代主要生产性能：22～23周龄开产，72周龄入舍母鸡产蛋290～300枚，蛋重62～63克，料蛋比2.35∶1，育成期存活率98%，产蛋期存活率95%。

⑤ 海赛克斯白鸡。该鸡是由荷兰优利布里德公司育成的配套杂交鸡。该鸡羽毛白色，喙、胫、皮肤黄色，商品代适应性好，产蛋性能较高，雏鸡可通过羽速鉴别雌雄。商品代蛋鸡主要生产性能：22～23周龄开产，72周龄入舍母鸡平均产蛋284枚，平均蛋重60.7克，料蛋比2.34∶1，育成期存活率96%，产蛋期存活率91.5%。

⑥ 迪卡白鸡。迪卡白鸡是由美国迪卡公司培育成的配套杂交鸡，该鸡开产日龄早，产蛋持续时间长。商品代主要生产性能：21周龄开产，72周龄入舍母鸡平均产蛋293枚，平均蛋重61.7克，

料蛋比2.17∶1，育成期存活率96%，产蛋期存活率92%。

⑦ 巴布考克B-300白壳蛋鸡。该鸡是由美国巴布考克公司育成的四系配套杂交鸡，巴布考克公司已被法国伊萨公司兼并，该鸡现又称"伊萨巴布考克B-300"。该鸡的特点是产蛋量高，蛋重适中，饲料报酬高。商品代主要生产性能：23周龄开产，72周龄入舍母鸡平均产蛋275枚，平均蛋重64.6克，料蛋比2.45∶1，育成期存活率98%，产蛋期存活率94.5%。

（2）褐壳蛋鸡　主要是以洛岛红鸡、芦花鸡等兼用品种为育种素材培育的配套品系，产褐壳蛋。因体形比来航鸡大、比肉用鸡小，故又称中型蛋鸡。

① 海兰褐壳蛋鸡。海兰褐壳蛋鸡（图3-3、图3-4）是由美国海兰国际公司培育而成的配套杂交褐壳蛋鸡，商品代雏鸡可根据绒毛颜色鉴别雌雄，公雏白色、少数个体背部有浅褐色条纹，母雏褐色、少数个体背部有深褐色条纹，成年母鸡羽毛

图3-3　海兰褐壳蛋鸡商品代（一）（闵兰 拍摄）

彩色图解科学养鸡技术

图3-4 海兰褐壳蛋鸡商品代（二）（闵兰 拍摄）

棕红色，尾部上端大都带有少许白色。商品代主要生产性能：22～23周龄开产，72周龄入舍母鸡平均产蛋281枚，平均蛋重60.1克，料蛋比2.5：1，育成期存活率97%，产蛋期存活率94%。

② 罗曼褐壳蛋鸡。罗曼褐壳蛋鸡是由德国罗曼动物育种公司培育而成的配套褐壳蛋鸡，商品代雏鸡可根据羽色鉴别雌雄，公雏白色、母雏褐色。父母代的羽色与商品代相反，公鸡褐色、母鸡白色（图3-5、图3-6）。商品

图3-5 罗曼褐壳蛋鸡父母代母鸡（闵兰 拍摄）

图3-6 罗曼褐壳蛋鸡父母代公鸡（闵兰 拍摄）

代主要生产性能：23 ～ 24周龄开产，72周龄入舍母鸡平均产蛋275枚，平均蛋重62.8克，料蛋比（2.3 ～ 2.4）：1，育成期存活率97%，产蛋期存活率95%。

③ 伊萨褐壳蛋鸡。伊萨褐壳蛋鸡是由法国伊萨公司培育而成的配套褐壳蛋鸡。商品代雏鸡可根据羽色鉴别雌雄，公雏白色，母雏褐色。父母代的羽色与商品代相反，公鸡褐色，母鸡白色（图3-7）。

图3-7 伊萨褐壳蛋鸡父母代（杜飞 拍摄）

成年母鸡羽毛深褐色间或有少量白斑，体形中等。商品代主要生产性能：24周龄开产，72周龄入舍母鸡平均产蛋280枚，平均蛋重63克，料蛋比（2.4～2.5）∶1，育成期存活率98%，产蛋期存活率93%。

④ 迪卡褐壳蛋鸡。迪卡褐壳蛋鸡是由美国迪卡公司培育而成的杂交鸡。该鸡体形小，商品代雏鸡可根据羽色鉴别雌雄，公雏白色、母雏褐色。该鸡具有早熟、耐高热及适应性强等特点。商品代主要生产性能：22～23周龄开产，72周龄入舍母鸡产蛋290～310枚，平均蛋重63～64克，料蛋比（2.07～2.28）∶1，育成期存活率99%，产蛋期存活率95%。

⑤ 尼克褐壳蛋鸡。尼克褐壳蛋鸡是由德国罗曼家禽育种公司所属尼克公司培育而成。商品代雏鸡可根据羽色鉴别雌雄，成年母鸡羽毛棕红色。商品代主要生产性能：23周龄开产，76周龄入舍鸡产蛋数295～315枚，平均蛋重68.8克，料蛋比（2.35～2.45）∶1，育成期存活率98%，产蛋期存活率94%。

⑥ 宝万斯高兰蛋鸡。宝万斯高兰蛋鸡是由荷兰汉德克家禽育种公司培育而成。该鸡体形中等，脸部清秀鲜红，鸡冠较小，单冠，肉垂较短，有椭圆形白色耳叶，腿短而粗。商品代母鸡羽毛红色，初生雏鸡可根据羽色鉴别雌雄。商品代主要生产性能：20～21周龄开产，72周龄入舍鸡平均产蛋321枚，平均蛋重62.5克，料蛋比2.24∶1，育成期存活率98%，产蛋期存活率93%～94%。

⑦ "农大褐3号"蛋鸡。"农大褐3号"蛋鸡是中国农业大学培育而成的配套杂交鸡。这种鸡腿短，体形小，体重比一般蛋鸡小约25%。商品代雏鸡都可根据羽速鉴别雌雄，快羽雏鸡为母鸡、慢羽雏鸡为公鸡。商品代主要生产性能：21～22周龄开产，72周龄入舍鸡平均产蛋281枚，蛋重53～58克，料蛋比2.1∶1，育成期存活率96%以上，产蛋期存活率95%以上。

⑧ 海赛克斯褐壳蛋鸡。海赛克斯褐壳蛋鸡是由荷兰优利布里德育种公司培育的一个优秀褐壳蛋鸡品种。商品代雏鸡可根据羽色鉴别雌雄。商品代生产性能：23～24周龄开产，72周龄

入舍鸡平均产蛋271枚，平均蛋重64克，料蛋比2.5：1，育成期存活率97%，产蛋期存活率95.5%。

（3）粉壳蛋鸡　由洛岛红和白来航品种的品系间正交或反交而培育出的杂种鸡，蛋壳颜色呈浅褐色。

① 京白939粉壳蛋鸡。京白939粉壳蛋鸡是北京市种禽公司选育成的粉壳蛋鸡配套系，杂交商品雏鸡可根据羽速鉴别雌雄，快羽雏鸡为母鸡、慢羽雏鸡为公鸡，成年母鸡为白色、褐色不规则相间的花鸡，有少量为纯白色或纯褐色羽。商品代生产性能：21～22周龄开产，72周龄入舍鸡平均产蛋302枚，蛋重60.5～63克，料蛋比2.2：1，育成期存活率97%，产蛋期存活率93%～95%。目前京白939粉壳蛋鸡已得到广泛的推广应用。

② 尼克珊瑚粉壳蛋鸡。尼克珊瑚粉壳蛋鸡是由德国罗曼家禽育种公司所属尼克公司培育而成，商品代雏鸡可根据羽速鉴别雌雄，成年母鸡白色羽，产粉壳蛋。商品代生产性能：21～22周龄开产，76周龄入舍鸡平均产蛋329枚，蛋重64～65克，料蛋比2.2：1，育成期存活率97%以上，产蛋期存活率93%～96%。

③ 罗曼粉壳蛋鸡。罗曼粉壳蛋鸡是德国罗曼家禽育种有限公司培育的粉壳蛋鸡配套系。商品代羽毛白色，抗病力强，产蛋量高，高峰期持续时间长。商品代生产性能：21～22周龄开产，72周龄入舍鸡产蛋300～310枚，蛋重63～64克，料蛋比（2.1～2.2）：1，育成期存活率96%～98%，产蛋期存活率94%～96%。

④ 宝万斯粉壳蛋鸡。宝万斯粉壳蛋鸡是荷兰汉德克家禽育种有限公司培育的粉壳蛋鸡配套系。商品代雏鸡可根据羽速鉴别雌雄，快羽雏鸡为母鸡、慢羽雏鸡为公鸡。商品代主要生产性能：20～21周龄开产，80周龄入舍鸡产蛋324～336枚，平均蛋重62克，料蛋比（2.15～2.25）：1，育成期存活率96%～98%，产蛋期存活率93%～95%。

⑤ 海兰灰蛋鸡。海兰灰蛋鸡（图3-8）是美国海兰国际公

图3-8 海兰灰蛋鸡商品代（闵兰 拍摄）

司培育的粉壳蛋鸡配套系。商品代初生雏鸡全身羽毛鹅黄色、有小黑点分布全身，可通过羽速鉴别雌雄。成年鸡背部羽毛呈浅灰红色，翅间、腿部和尾部呈白色，皮肤黄色。商品代生产性能：21～22周龄开产，74周龄入舍鸡平均产蛋305枚，平均蛋重62克，料蛋比2.16∶1，育成期存活率98%，产蛋期存活率95%。

2. 肉鸡系

（1）快大型肉鸡　白羽快大型肉鸡是目前世界上肉鸡生产的主要类型，父系大多采用生长速度快的白科尼什鸡，母系主要采用产蛋量高、肉质性能好的白洛克鸡。商品代仔鸡生长速度快，饲料转化率高。

① AA肉鸡。AA肉鸡（图3-9）又称爱拔益加肉鸡，是由美国爱拔益加种鸡公司育成的白羽肉用杂交鸡配套系。该鸡体形较大，商品代肉用仔鸡羽毛白色，可根据羽速鉴别雌雄。该鸡生长发育速度快，饲养周期短，饲料转化率高，耐粗饲，适应性和抗病力强。商品肉用仔鸡6周龄平均体重1.863千克，料肉比为1.78∶1；7周龄平均体重2.306千克，料肉比为

图3-9 AA肉鸡父母代

1.96∶1，8周龄平均体重2.739千克，料肉比为2.14∶1；成活率在98%以上。

② 艾维茵肉鸡。艾维茵肉鸡是美国艾维茵国际家禽育种有限公司培育的白羽肉鸡良种。商品代肉仔鸡羽毛白色，宽胸、短腿，皮肤黄色。商品肉用仔鸡6周龄平均体重1.859千克，料肉比为1.85∶1；7周龄平均体重2.287千克，料肉比为1.97∶1；8周龄平均体重2.722千克，料肉比为2.12∶1；成活率在98%以上。

③ 罗斯308肉鸡。罗斯308肉鸡（图3-10、图3-11）是英国罗斯育种公司培育的优良白羽肉用鸡种，体质健壮，成活率高，增重速度快，出肉率高。商品代雏鸡可根据羽速鉴别雌雄，育雏成活率可达98%以上。商品肉用仔鸡6周龄平均体重1.94千克，料肉比为1.83∶1；7周龄平均体重2.37千克，料肉比为1.97∶1；8周龄平均体重2.82千克，料肉比为2.12∶1。

④ 星布罗肉鸡。星布罗肉鸡是加拿大雪弗公司培育的肉用型配套品系杂交鸡。星布罗肉鸡羽毛白色，耳叶红色，喙、胫、趾和皮肤黄色。星布罗肉鸡生长快，饲料利用率高，生活力强。商品肉用仔鸡6周龄平均体重1.49千克，料肉比为1.81∶1；7

图3-10 罗斯308肉鸡（李超 拍摄）

图3-11 罗斯308肉种鸡（闵兰 拍摄）

周龄平均体重1.84千克，料肉比为1.92∶1，8周龄平均体重2.17千克，料肉比为2.04∶1。

⑤ 科宝500。科宝500是美国泰臣食品国际家禽育种公司培育的白羽肉鸡品种，该品种鸡体形大，胸深背阔，单冠直立，冠髯鲜红，脚高且粗，全身白羽。生长速度快，饲料报酬高，适应性与抗病力较强，全期成活率高。商品肉用仔鸡6周龄平均体重达2.186千克，料肉比为1.8∶1。

⑥ 狄高肉鸡。狄高肉鸡是澳大利亚狄高公司培育的黄羽肉鸡配套系，商品肉用仔鸡6周龄平均体重1.82千克，料肉比为1.84∶1；7周龄平均体重2.24千克，料肉比为1.96∶1；8周龄平均体重2.66千克，料肉比为2.09∶1。

（2）优质型肉鸡　优质型肉鸡又称精品肉鸡，我国的优质型肉鸡强调风味、滋味和口感。而国外肉鸡强调的是生长速度，但快速生长会使肌肉的品质下降。优质型肉鸡一般是指包括黄羽肉鸡在内的所有有色羽肉鸡。

① 石岐杂鸡。石岐杂鸡是香港的有关部门用惠阳鸡、清远麻鸡和石岐鸡为主要改良对象，与引进的新汉县鸡、白洛克鸡、科尼什鸡等外来鸡种杂交改良而成的，具有三黄鸡的黄毛、黄皮、黄脚，单冠、短脚、圆身、薄皮、细骨、肉厚、味浓等特点。石岐杂鸡属于中等体型肉用种鸡，具有耐粗饲、耐热、耐潮湿以及抗病力强等优点。饲养至110～120天，母鸡平均体重在1.75千克以上，公鸡平均体重在2.0千克以上，母鸡年产蛋120～140个，全期料肉比（3.2～3.4）∶1。

② 康达尔黄鸡。康达尔黄鸡是深圳市康达尔养鸡公司选育而成的优质三黄鸡配套系，公鸡羽毛金黄色，单冠鲜红，胸广背平，颈粗短，体形呈圆桶状；母鸡全身羽毛黄色至浅黄色，背毛、颈羽、主翼羽呈部分黑色的麻黄色羽，体躯丰满。公、母鸡均具有毛黄、脚黄、皮黄"三黄"特征，肉质鲜嫩，就巢性弱，繁殖性能好。商品代鸡16周龄上市，公鸡平均体重2.3千克，母鸡平均体重1.68千克，料肉比3.2∶1；快大型公、母鸡

彩色图解科学养鸡技术

12周龄上市，公鸡平均体重1.98千克，母鸡平均体重1.79千克，料肉比3：1。

③ 817杂交肉鸡。817杂交肉鸡（图3-12）源于山东鲁西地区，是具有地方特色的小型肉用鸡品种，简称"小肉杂"。817杂交肉鸡是采用大型肉鸡父母代的公鸡（AA+、罗斯308等）与常规商品代褐羽、粉羽蛋鸡（海兰鸡、罗曼鸡、尼克鸡等）进行人工授精获取受精蛋，再进行孵化，产出817杂交肉鸡苗。一般饲养5～7周，体重达到1.3～1.8千克即可出栏。该鸡环境适应能力强，抗病力强，肉质口感好，符合我国人的饮食口味，一些地方的特色鸡制品（如扒鸡、烤鸡、熏鸡等）均采用817杂交肉鸡。

图3-12 817杂交肉鸡（朱慧芳 拍摄）

第四章
鸡的营养与饲料

第一节　鸡的营养需要

　　科学的饲养管理是养鸡生产中的重要环节。通过了解鸡的营养需求和饲料特性，根据其生理特点和生活习性科学合理地配制日粮，满足鸡的生长和生产需求，才能创造更大的经济效益。

　　鸡的营养需求主要包括能量、蛋白质、矿物质、维生素和水5个方面。

一、能量

　　动物机体的一切生理活动，如呼吸、循环、消化、吸收、排泄、体温调节、运动、生长发育和生产等都需要能量。配制鸡的日粮时，首先要确定适宜的能量水平，然后确定其他营养成分的需要量。鸡的能量来源主要是日粮中的碳水化合物和脂肪。

　　碳水化合物主要包括淀粉和粗纤维，是鸡生理和生产活动的主要能量来源。鸡的代谢旺盛，需要能量较多，淀粉是热能来源价格最便宜的饲料成分，因此可饲喂淀粉含量较多的饲料。鸡对粗纤维的消化能力较差，在日粮中不宜多给。

脂肪含有较高的能量，其热能价值为碳水化合物的2.25倍。高温条件下，鸡的采食量下降，饲料的适口性降低，或能量供给不足时，可在日粮中添加1%～5%的脂肪，提高饲料的适口性和日粮的能量水平，对提高肉鸡的生产水平、蛋鸡的产蛋量及饲料的利用率都有很好的效果。

日粮中的能量大部分消耗在维持需要上，包括基础代谢和非生产活动的能量需要。基础代谢的能量受鸡体重、产蛋率高低、蛋重大小、环境温度等影响，鸡有维持恒定体温的本能，低温比适温时维持需要的能量多。产蛋鸡和育成鸡都能适应一定日粮能量范围，日粮能量水平高时，产蛋量、生长速度、饲料效率均可提高。配制日粮时应考虑生产业绩、经济效益，选择合适的能量水平。通常情况下，肉仔鸡需要的能量水平高，可在日粮中添加适量的脂肪。蛋鸡育雏期和育成期需要较高的能量水平，适当提高日粮水平，可减少生产单位重量鸡蛋的饲料消耗。肉用种鸡育成期水平应低于规定的需要量，可控制其采食量或光照时间；肉用种鸡产蛋期用低能量日粮或限制采食量，以防过肥引起产蛋量下降。

我国肉仔鸡采用三阶段饲养（表4-1），即0～3周龄、4～6周龄和7周龄以上，日粮代谢能水平分别为12.54兆焦/千克、12.96兆焦/千克和13.17兆焦/千克。若营养水平过高，肉仔鸡生长速度太快，在饲养管理条件差、通风不良的情况下，肉仔鸡易发生猝死症和腹水症。因此，实践生产中应根据饲料原料和成本情况，适当降低营养水平，使饲料能量保持在12.13～13.99兆焦/千克。

开产前蛋鸡分为三阶段饲养，即1～8周龄、9～18周龄和19周龄至开产，当环境温度适宜、营养均衡时，三个阶段分别需要的代谢能为11.91兆焦/千克、11.70兆焦/千克、11.50兆焦/千克。

二、蛋白质

蛋白质是生命活动的基础，在动物体内发挥着重要的生理功能。蛋白质是形成机体各种酶、激素、某些抗体等主要原料，也是构成神经、肌肉、皮肤、血液、结缔组织、内脏器官、羽毛、爪、喙、蛋等的重要成分。蛋白质是组织更新、补修的主要原料，当体内营养不足时可分解供能，维持机体的代谢活动。蛋白质不能由其他物质代替。

当日粮中蛋白质含量不足时，雏鸡生长缓慢，食欲下降，羽毛生长不良，性成熟晚，产蛋少，蛋小。严重缺乏时，采食量减少，体重下降，卵巢功能退化。为了维持鸡的生命，保证其健康生长及生产性能，必须提供足够量的蛋白质。鸡采食饲料蛋白质后，进入胃、肠经蛋白酶作用，分解为氨基酸被机体吸收。因此，蛋白质营养也就是氨基酸营养。蛋白质的营养水平由其所含氨基酸的种类和数量决定，可分为必需氨基酸和非必需氨基酸两大类。

1. 必需氨基酸

必需氨基酸是指鸡自身不能合成，或虽能合成但合成的数量与速度不能满足需求，必须从饲料中获得。鸡的必需氨基酸有赖氨酸、蛋氨酸、色氨酸、苯丙氨酸、亮氨酸、异亮氨酸、缬氨酸、苏氨酸、组氨酸、精氨酸、甘氨酸。

必需氨基酸中一种或几种含量不足时，会使蛋白质的营养受到限制，影响鸡对日粮的利用率，这类氨基酸又称为限制性氨基酸。鸡饲养过程中必须注意氨基酸的平衡，尤其是赖氨酸、蛋氨酸、色氨酸等，它们能限制鸡利用其他氨基酸合成蛋白质。实际生产中，饲料种类可以多一些，注意补充动物蛋白质饲料或添加人工合成的蛋氨酸和赖氨酸，保证氨基酸的平衡。

2. 非必需氨基酸

非必需氨基酸是指鸡体内能够合成或需求较少、不必从饲

彩色图解科学养鸡技术

料中获取的氨基酸。但非必需氨基酸中的胱氨酸要由蛋氨酸合成，酪氨酸要由苯丙氨酸合成，因此饲料中胱氨酸、酪氨酸的量要与蛋氨酸、苯丙氨酸合并考虑。若日粮中胱氨酸和酪氨酸充足，蛋氨酸和苯丙氨酸的用量可减少。

3. 提高饲料蛋白质营养价值应采取的措施

鸡对蛋白质、氨基酸需要量的影响因素有多种，如饲养水平（氨基酸摄取量与采食量）、生产水平（生长速度和产蛋强度）、遗传性（品种或品系）、饲料因素（日粮氨基酸是否平衡）等。要提高饲料蛋白质的营养价值可采取以下措施。

① 配制蛋白质水平适宜的日粮。日粮中蛋白质水平过低，会影响鸡的生长和产蛋率，引起免疫功能下降，引发疾病。蛋白质水平过高会造成饲料成本提高，增加鸡肝、肾负担，易引发痛风甚至瘫痪。

② 饲料中添加蛋氨酸、赖氨酸等限制性氨基酸，配比适宜，提高饲料中蛋白质的品质。

③ 调整日粮中能量与蛋白质、氨基酸的比值，比值过高或过低，都会影响饲料中蛋白质的利用率。

④ 除去饲料中的营养拮抗因子，如生大豆中的胰蛋白酶抑制因子、植物皂素等，高粱中的鞣质等，这些物质会影响饲料中蛋白质的吸收利用，可通过加热的方法去除。

⑤ 添加剂。饲料中添加一些活性物质（如蛋白酶制剂、代谢调节剂、促生长因子、维生素等）能改善饲料蛋白质的品质，提高蛋白质的利用率。

4. 鸡对蛋白质的需要量

美国国家科学研究委员会（NRC）标准中，不同年龄鸡对蛋白质的需要量常用粗蛋白质（CP）的百分数表示。温度也能影响采食量，饲养鸡时应注意每日耗料量，以便根据鸡的采食量合理调配日粮。日粮中每单位能量蛋白质和氨基酸的需要量，肉用仔鸡和种用雏鸡育雏阶段最多，随着雏鸡的生长逐渐减少；产蛋鸡从初产到产蛋高峰需要量最大，而后随产蛋量下降相应减少。

产蛋鸡对蛋白质的需要主要是用于鸡蛋的形成，对蛋白质数量和质量要求较高，2/3用于生产需要，1/3用于维持需要。体重1.8千克的母鸡，每天需3克左右蛋白质维持需要，产1枚蛋需要蛋白质6.5克左右，当产蛋率100%时，维持和产蛋的饲料中蛋白质的利用率为57%，故每天需17克左右的蛋白质。实际生产中，产蛋率不可能达到100%，所以，蛋白质实际需要量低于17克。

肉仔鸡最重要的必需氨基酸是蛋氨酸和赖氨酸。肉仔鸡在三阶段饲养中，蛋氨酸的需要量分别为0.50%、0.40%、0.34%，赖氨酸的需要量分别为1.15%、1.00%、0.87%。其他氨基酸的需要量可参考肉鸡饲养标准（表4-1）。饲料中的能量水平影响肉仔鸡的采食量，因而也影响日粮的蛋白质水平。但无论蛋白质水平如何变化，都应该保证上述氨基酸的比例及种类。

三、矿物质

矿物质在维持鸡的正常生活、生产中发挥着重要作用，它不仅是构成鸡骨骼、羽毛、蛋壳、血红蛋白、甲状腺素等的主要成分，而且具有调节机体渗透压、保持酸碱平衡、激活酶系统、维持正常代谢等功能。如果矿物质缺乏或不足，会导致鸡代谢障碍，生产力降低，甚至死亡。如果饲喂过量，会导致鸡代谢紊乱、中毒或死亡。因此，日粮中矿物质元素含量必须符合鸡的营养需要。鸡体内的矿物质元素有十几种，根据含量不同分为常量元素和微量元素。常量元素包括钙、镁、钾、钠、磷、氯、硫，微量元素包括铁、锌、铜、钴、锰、碘、硒等。

1. 常量元素

（1）钙和磷 钙和磷是鸡需要量最多的矿物质。钙是构成骨骼和蛋壳的主要成分，在维持肌肉和神经功能、促进血液凝固、促进多种酶激活等方面发挥重要作用。磷在骨骼形成，碳

彩色图解科学养鸡技术

水化合物和脂肪代谢、维持细胞生物膜的功能和机体酸碱平衡方面发挥重要作用。

糠麸和谷物中含钙量少，必须注意补充。雏鸡缺钙易患软骨症，腿骨弯曲或瘫痪，胸骨呈"S"形；产蛋鸡缺钙导致产软壳蛋、畸形蛋或薄壳蛋，产蛋率和孵化率下降。钙含量过多，能影响雏鸡镁、锰、锌的吸收，育雏—育成期钙量不超过0.8%～1.0%。蛋壳上有白垩状沉积、两端粗糙，可能是产蛋鸡摄入钙量过多的结果。

鸡缺磷时出现食欲减退，生长缓慢，关节硬化，骨骼易碎。谷物、糠麸中含磷较多，但鸡对植酸磷利用率低，雏鸡为10%，成鸡为50%。鸡对无机磷利用率高，可视为100%。因此，日粮中必须添加无机磷，占总磷量1/3以上。产蛋鸡日用磷不超过0.35%，否则破蛋增多。饲养鸡时，除满足钙和磷需要外，还应按饲养标准调节钙、磷比例。一般情况下雏鸡以1.2：1为宜，（1.1～1.5）：1为允许范围；产蛋鸡4：1或钙更多些为宜。

补充钙或磷的饲料种类有骨粉、石灰石粉、贝壳粉、磷酸氢钙、沸石、麦饭石等。

（2）钠、氯和钾　这些矿物质元素主要分布于鸡体液和软骨组织，具有维持机体渗透压和酸碱平衡，控制水盐代谢、参与神经组织冲动的传递、刺激食欲、提高饲料适口性等作用。

钠缺乏，引起鸡采食量减少，食欲下降，生长缓慢，产蛋率下降，易发生啄癖。通常在饲料中添加食盐来补充氯和钠，添加量不宜过多，一般为0.25%～0.5%，否则会引起食盐中毒。添加食盐时要考虑饲料中鱼粉、贝壳粉的含盐量。钠与钾有拮抗作用，两者比例以（2～3）：1为宜。一般条件下不必另外添加钾元素。

2. 微量元素

（1）铁和铜　铁在动物体内占0.004%，是血红蛋白、肌红蛋白、细胞色素及多种氧化酶的重要组成成分，不足时易发生贫血。铜与铁的代谢有关，参与机体血红蛋白形成，促进红细胞成熟。日粮中缺铜时铁也吸收不良，会引起贫血。缺铜还会引起食欲不振、异食癖、生长缓慢、运动失调、影响骨骼发育、易发生腿病等。鸡的铁、铜缺乏症可在日粮中添加硫酸亚铁、氯化铁、硫酸铜等来防治。蛋鸡每千克饲料中铁的需要量为50～80毫克，肉仔鸡每千克饲料中铁的需要量为80毫克。

（2）锰　锰是鸡生长、繁殖和骨骼发育的必需元素。锰缺乏时，雏鸡生长受阻，骨骼发育不良，易发生"溜腱症"和骨短粗症；成年鸡缺锰出现产蛋率下降，产软壳蛋或薄壳蛋，种蛋孵化率降低，死胚增多。锰在麸皮中含量较多。

（3）锌　锌在鸡体内分布广泛，骨、毛、肝、胰、肾、肌肉、酶类中都有。缺锌时雏鸡表现为生长缓慢，羽毛发育不良，跗骨短粗、表面鳞片样；产蛋鸡产软壳蛋，种蛋孵化率降低。

（4）碘　动物体内70%～80%的碘存在于甲状腺内，是构成甲状腺素的重要成分。鸡缺碘时出现生长发育受阻、羽毛发育不良、繁殖力下降、种蛋孵化率下降等。

（5）硒　硒与维生素E之间有协同作用，有助于机体对维生素E的吸收，具有清除体内过氧化物、保护细胞脂质膜的完整、维持胰腺正常功能等作用。鸡缺硒时易发生脑软化病、白肌病及渗出性素质。种鸡缺硒表现为产蛋率和孵化率下降，精液品质和受精率下降，免疫功能低下等。硒的毒性强，安全范围小，易发生中毒，在日粮配制时应计量准确，混合均匀。

其他一些微量元素在自然条件下一般不易缺乏，无须补充。

四、维生素

维生素是一类具有高度生物学活性的低分子有机化合物。它既不形成动物机体各种组织、器官、细胞，也不能提供能量。鸡对维生素的需要量很低，但它们在鸡生命活动中起重要作用。维生素多以辅酶和催化剂的形式参与代谢过程中的各种生化反应。维生素缺乏，造成鸡体内物质代谢紊乱，甚至发病死亡，

彩色图解科学养鸡技术

种鸡和雏鸡对维生素的要求更严。

根据维生素的溶解性可分为脂溶性维生素和水溶性维生素两大类。鸡必须从日粮中摄取的维生素有13种，其中脂溶性维生素有4种，分别是维生素A、维生素D、维生素E、维生素K；水溶性维生素有9种，包括硫胺素、核黄素、烟酸、泛酸、生物素、胆碱、叶酸和维生素B_{12}等。其中维生素A、维生素B_2、维生素D_3最容易缺乏，硫胺素、维生素C只在高温逆境时少量补充。现代禽场，维生素均以添加剂形式补充。

1. 脂溶性维生素

（1）维生素A 维生素A又称抗干眼病维生素，具有保护黏膜上皮组织的完整和神经组织的正常功能、促进机体和骨骼生长的作用。维生素A缺乏时易患夜盲症和干眼病，生长发育受阻、食欲下降、羽毛蓬乱、抵抗力降低，种蛋孵化率低等。维生素A主要存在于鱼肝油、蛋黄、肝粉、鱼粉中。青绿饲料、胡萝卜等富含胡萝卜素，水解后变成维生素A。

（2）维生素D 维生素D与鸡体内钙、磷吸收和代谢有关，维生素D缺乏主要引起钙、磷代谢障碍和营养不良。雏鸡出现喙、脚、胸部弯曲，踝关节肿大；成鸡产软壳蛋、薄壳蛋，产蛋率和孵化率降低。鸡对维生素D_3的利用力强，且维生素D_3比维生素D_2功效高40倍。日粮中钙、磷比例与维生素D需要量有关，钙、磷比例与机体需要相符率越高，维生素D的需要量越少。鱼肝油、酵母、蛋黄、肝脏中维生素D含量较高，日粮中通常添加维生素D_3。

（3）维生素E 维生素E又称生育酚，在鸡体内主要发挥生物催化剂及抗氧化功能，维护生物膜完整，保护机体生殖功能，增强机体免疫力和抗应激能力，与神经和肌肉的代谢有关。缺乏时，雏鸡易发生脑软化症、渗出性素质和白肌病；种鸡表现为繁殖功能紊乱，产蛋率和受精率下降，死胚增多。维生素E与硒具有协同作用，硒能促进机体对维生素E的吸收。维生素E在谷实胚芽、青绿饲料、蛋黄中含量较多。

（4）维生素K 维生素K的主要作用是促进动物肝脏中凝血酶原及凝血活素的合成，维持正常的血液凝固时间。缺乏时，导致血流不止或凝血时间延长，雏鸡皮下组织及胃肠道易出血形成紫斑，种蛋的孵化率和健雏率降低等。维生素K在青绿饲料和鱼粉等动物性饲料中含量较多。生产中，当发生饲料霉变、长期使用抗生素和磺胺类药物或发生一些疾病时，会导致鸡对维生素K的需要量增加。

2. 水溶性维生素

（1）维生素B_1（硫胺素） 维生素B_1是动物体内糖类代谢的必需物质，若缺乏，鸡会出现食欲缺乏、衰弱、生长发育受阻、体重减轻等症状。尤其是雏鸡对维生素B_1缺乏较敏感。维生素B_1主要来源于谷类饲料、糠麸、啤酒酵母等。

（2）维生素B_2（核黄素） 维生素B_2作为辅酶主要参与动物体内蛋白质、脂肪和核酸的代谢。缺乏时，缺乏时雏鸡生长不良，软腿，有时关节触地走路，出现蜷爪麻痹症，趾爪向内卷曲。成鸡产蛋率下降，种蛋孵化率降低，死胚增加。维生素B_2主要来源于青绿饲料、饼粕类饲料、苜蓿粉、糠麸、酵母及动物性饲料中。

（3）维生素B_3（泛酸） 维生素B_3参与鸡体内糖、脂肪和蛋白质的代谢。缺乏时，鸡发生皮炎，生长受阻，羽毛粗乱，骨短粗，喙、眼、肛门边、爪间及爪底皮肤出现裂口发炎，形成痂皮。种蛋孵化率降低。维生素B_3存在于动植物饲料中，酵母、米糠、麦麸、油饼等含量丰富。

（4）维生素B_4（胆碱） 胆碱是鸡体内卵磷脂的组成成分，参与磷脂代谢，对脂肪肝能防治。雏鸡需要量大，缺乏时生长缓慢，发生屈腱病；成年鸡出现脂肪代谢障碍，形成脂肪肝，产蛋率下降。小麦胚芽、鱼粉、豆饼、糠麸、甘蓝等作物中胆碱含量丰富。

（5）维生素B_5（烟酸） 烟酸又名尼克酸，与烟酰胺统称为维生素PP。烟酸在蛋白质、脂肪和碳水化合物代谢方面发挥

彩色图解科学养鸡技术

重要作用，具有保护皮肤黏膜和维持消化器官正常功能的作用。雏鸡需要量高，缺乏时出现食欲减退，生长停滞，羽毛脱落，踝关节肿大，腿骨弯曲；成年鸡缺乏时产蛋量和孵化率下降。烟酸主要来源于酵母、豆类、青绿饲料、糠麸、鱼粉、麦类等。

（6）维生素B_6（吡哆素）　维生素B_6包括吡哆醇、吡哆胺和吡哆醛，参与蛋白质、脂肪、碳水化合物代谢，在色氨酸和无机盐代谢中发挥重要作用。缺乏时，鸡食欲缺乏，生长受阻，皮下水肿，脱毛，中枢神经紊乱，痉挛，常衰竭而死。种鸡产蛋率和孵化率下降。

（7）维生素B_7（生物素）　生物素主要以辅酶形式参与体内三大营养物质代谢。缺乏时，雏鸡生长发育迟缓，易出现滑腱症，爪底、喙及眼睑周围发炎结痂；种蛋孵化率降低，胚胎骨骼畸形，呈鹦鹉嘴。鸡蛋白中有一种抗生物素蛋白，有啄蛋癖的母鸡易发生生物素缺乏症。生物素在鱼肝油、酵母、青饲料、鱼粉、谷物和糠麸中含量较多。

（8）维生素B_{11}（叶酸）　叶酸与蛋白质和核酸代谢有关，对促进红细胞和血红蛋白的合成有重要作用。缺乏时，雏鸡生长缓慢，羽毛脱色，贫血，易出现骨短粗症；种鸡产蛋率、孵化率下降。苜蓿粉、青饲料、酵母、大豆饼、麸皮和小麦胚芽中富含叶酸。

（9）维生素B_{12}（氰钴素）　维生素B_{12}主要参与核酸、碳水化合物、蛋白质、脂肪的生物合成，维持正常的造血功能。维生素B_{12}缺乏时，雏鸡生长不良，贫血，羽毛粗乱，母鸡产蛋率、孵化率下降。维生素B_{12}在鱼粉、骨肉粉、羽毛粉等动物性饲料中含量丰富，苜蓿中也较多。

（10）维生素C（抗坏血酸）　维生素C与血凝有关，具有抗氧化作用，能增强机体的免疫力和抗应激能力。缺乏时，鸡易发生坏血病，毛细血管通透性增大，黏膜自发性出血，代谢紊乱。青绿饲料中富含维生素C，机体自身也能利用葡萄糖合成维生素C。

五、水

水是最重要的营养物质，在养分的消化吸收与转运及代谢产物的排泄、电解质代谢与体温调节上均发挥着重要作用，必须给鸡提供良好品质的水。雏鸡身体含水分约70%，成鸡50%，蛋含水分70%。饮水不足，会影响饲料的消化吸收，阻碍分解产物的排出，导致血液黏稠，体温升高，影响鸡的生长和产蛋。鸡体失水10%时，可造成死亡。鸡的饮水量依季节、产蛋水平而不同，1只鸡1天饮水150～250克。

鸡对水的需要量受环境温度、年龄、体重、采食量、饲料成分和饲养方式等因素影响。气温高时饮水量增加，产蛋量高时饮水量增加，笼养比平养多，限制饲养饮水量增加。一般情况下，成鸡的饮水量约为采食量的2倍，雏鸡的比例更大些。

温度对鸡饮水量的影响最大。当气温高于20℃时饮水量开始增加，35℃时饮水量为20℃时的1.5倍。0～20℃时饮水量变化不大，0℃以下时饮水量减少。夏季气温高，鸡饮水量增加。笼养鸡粪便过稀，适当限制饮水或间歇给水可避免这种现象而不影响鸡的产蛋量。

第二节　鸡的饲料配合

一、鸡的饲养标准

饲养标准是根据鸡的品种、用途、年龄、性别、生理状态、生产水平、环境条件等，科学的规定每只鸡每天应给予的能量与各种营养物质的最低数量，它既要满足营养需要，充分发挥它们的生产性能，又要降低饲料消耗，获得最大的经济收益。

1. 肉鸡的饲养标准

肉鸡的饲养标准是肉鸡生产计划中安排饲料供给、设计饲料配方和实行标准化饲养的技术指南和科学依据，但饲养标准的影响因素有很多，因此实际生产中应结合具体情况对饲养标准灵活应用、适当调整。

饲养标准是根据科学实验和生产实践经验制定的，具有普遍的指导意义。很多国家都有自己的饲养标准，以下是我国（表4-1～表4-3）、美国NRC（表4-4）及育种公司制定的肉鸡饲养标准（表4-5、表4-6）。

表4-1　我国肉用仔鸡饲养标准

（代谢能、粗蛋白质、氨基酸、钙、磷的需要量）

项　　目	0～3周龄	4～6周龄	7周龄以上
代谢能/（兆焦/千克）	12.54	12.96	13.17
粗蛋白质/%	21.5	20.0	18.0
蛋白能量比/（克/兆焦）	17.14	15.43	13.67
钙/%	1.00	0.90	0.80
总磷/%	0.68	0.65	0.60
非植酸磷/%	0.45	0.40	0.35
蛋氨酸/%	0.50	0.40	0.34
蛋氨酸+胱氨酸/%	0.91	0.76	0.65
赖氨酸/%	1.15	1.00	0.87
色氨酸/%	0.21	0.18	0.17
精氨酸/%	1.20	1.12	1.01
亮氨酸/%	1.26	1.05	0.94
异亮氨酸/%	0.81	0.75	0.63
苯丙氨酸/%	0.71	0.66	0.58
苯丙氨酸+酪氨酸/%	1.27	1.15	1.00
苏氨酸/%	0.81	0.72	0.68
缬氨酸/%	0.85	0.74	0.64
组氨酸/%	0.35	0.32	0.27
甘氨酸+丝氨酸/%	1.24	1.10	0.96

注：本标准2004年9月1日起施行，是我国正式颁布的第二个关于鸡的饲养标准。

79

表4-2　　我国肉用仔鸡饲养标准

（维生素、亚油酸及微量元素的需要量）

营养成分 （每千克饲粮中含量）	0～3 周龄	4～6 周龄	7周龄 以上
维生素A/国际单位	8000	6000	2700
维生素D/国际单位	1000	750	400
维生素E/国际单位	20	10	10
维生素K/毫克	0.5	0.5	0.5
硫胺素/毫克	2.0	2.0	2.0
核黄素/毫克	8	5	5
泛酸/毫克	10	10	10
烟酸/毫克	35	30	30
吡哆醇/毫克	3.5	3.0	3.0
生物素/毫克	0.18	0.15	0.10
胆碱/毫克	1300	1000	750
叶酸/毫克	0.55	0.55	0.50
维生素B_{12}/毫克	0.010	0.010	0.007
铜/毫克	8	8	8
碘/毫克	0.70	0.70	0.70
铁/毫克	100	80	80
锰/毫克	120	100	80
锌/毫克	100	80	80
硒/毫克	0.30	0.30	0.30
亚油酸/%	1.0	1.0	1.0

注：本标准2004年9月1日起施行，是我国正式颁布的第二个鸡的饲养标准。

彩色图解科学养鸡技术

表4-3　地方品种肉用黄鸡代谢能、粗蛋白质的需要量

周　　龄	母鸡：0～4周龄	5～8周龄	＞8周龄
	公鸡：0～3周龄	4～5周龄	＞5周龄
代谢能/（兆焦/千克）	12.12	12.54	12.96
代谢能/（兆卡/千克）	2.90	3.00	3.10
粗蛋白质/%	21.0	19.0	16.0
蛋白质能量比/（克/兆焦）	17.33	15.15	12.34
蛋白质能量比/（克/兆卡）	72.41	63.3	51.61

表4-4　　美国NRC肉用仔鸡饲养标准

营养成分	前期	中期	后期
代谢能/（兆焦/千克）	13.39	13.39	13.39
粗蛋白质/%	23.00	20.00	18.00
精氨酸/%	1.25	1.10	1.00
甘氨酸+丝氨酸/%	1.25	1.14	0.97
组氨酸/%	0.35	0.32	0.27
异亮氨酸/%	0.80	0.73	0.62
亮氨酸/%	1.20	1.09	0.93
赖氨酸/%	1.10	1.00	0.85
蛋氨酸/%	0.50	0.38	0.32
蛋氨酸+酪氨酸/%	0.90	0.72	0.60
苯丙氨酸/%	0.72	0.65	0.56
苯丙氨酸+酪氨酸/%	1.34	1.22	1.04
脯氨酸/%	0.60	0.55	0.46
苏氨酸/%	0.80	0.74	0.68
色氨酸/%	0.20	0.18	0.16
缬氨酸/%	0.90	0.82	0.70
亚油酸/%	1.00	1.00	1.00

营养成分	前期	中期	后期
钙 /%	1.00	0.90	0.80
氯 /%	0.20	0.15	0.12
镁 /（毫克 / 千克）	600	600	600
非植酸磷 /%	0.45	0.35	0.30
钾 /%	0.30	0.30	0.30
钠 /%	0.20	0.15	0.12
铜 /（毫克 / 千克）	8	8	8
碘 /（毫克 / 千克）	0.35	0.35	0.35
铁 /（毫克 / 千克）	80	80	80
锰 /（毫克 / 千克）	60	60	60
硒 /（毫克 / 千克）	0.15	0.15	0.15
锌 /（毫克 / 千克）	40	40	40
维生素 A/（国际单位 / 千克）	1500	1500	1500
维生素 D_3/（国际单位 / 千克）	200	200	200
维生素 E/（国际单位 / 千克）	10	10	10
维生素 K/（毫克 / 千克）	0.50	0.50	0.50
维生素 B_{12}/（毫克 / 千克）	0.01	0.01	0.007
生物素 /（毫克 / 千克）	0.15	0.15	0.12
胆碱 /（毫克 / 千克）	1300	1000	750
叶酸 /（毫克 / 千克）	0.55	0.55	0.50
烟酸 /（毫克 / 千克）	35	30	25
泛酸 /（毫克 / 千克）	10	10	10
吡哆醇 /（毫克 / 千克）	3.5	3.5	3.0
核黄素 /（毫克 / 千克）	3.6	3.6	3.0
硫胺素 /（毫克 / 千克）	1.80	1.80	1.80

注：1. 代谢能含量为典型日粮浓度，当地饲料来源和价格不同时可做适当调整。

2. 粗蛋白质建议值是基于玉米—豆粕型提出的，添加合成氨基酸时可下调。

彩色图解科学养鸡技术

表4-5 爱拔益加（AA）商品肉鸡营养标准（高于2.25千克肉鸡）

营养成分		育雏料	中期料	后期料	后期料Ⅱ号
粗蛋白质/%		20.0	20.0	18.5	18.0
代谢能/（兆焦/千克）		11.75	13.4	13.4	13.4
粗脂肪/%		5.0～7.0	5.0～7.0	5.0～7.0	5.0～7.0
亚油酸/%		1.0	1.0	1.0	1.0
抗氧化剂/（毫克/千克）		120	120	120	120
抗球虫剂		+	+	+	+
钙/%		0.90～0.95	0.85～0.90	0.80～0.85	0.78～0.80
可利用磷/%		0.45～0.47	0.42～0.45	0.40～0.43	0.37～0.40
盐/%		0.30～0.45	0.30～0.45	0.30～0.45	0.30～0.45
钠/%		0.18～0.22	0.18～0.22	0.18～0.22	0.18～0.22
钾/%		0.70～0.90	0.70～0.90	0.70～0.90	0.70～0.90
镁/%		0.06	0.06	0.06	0.06
氯/%		0.20～0.30	0.20～0.30	0.20～0.30	0.20～0.30
氨基酸（最低百分含量）	精氨酸/%	1.15	1.20	0.96	0.95
	赖氨酸/%	1.00	1.01	0.94	0.90
	蛋氨酸/%	0.40	0.44	0.38	0.36
	蛋氨酸+胱氨酸/%	0.78	0.82	0.77	0.72
	色氨酸/%	0.20	0.19	0.18	0.17
	苏氨酸/%	0.68	0.76	0.70	0.68
锰/（毫克/千克）		100	100	100	75
锌/（毫克/千克）		75	75	75	60
铁/（毫克/千克）		100	100	100	75
铜/（毫克/千克）		8	8	8	6
碘/（毫克/千克）		0.45	0.45	0.45	0.45
硒/（毫克/千克）		0.30	0.30	0.30	0.30

营养成分	育雏料	中期料	后期料	后期料 II 号
维生素 A /（国际单位/千克）	9000	9000	7500	5000
维生素 D_3 /（国际单位/千克）	3300	3300	2500	2000
维生素 E/（国际单位/千克）	30.0	30.0	30.0	20.0
维生素 K_3/（毫克/千克）	2.2	2.2	1.65	1.0
硫胺素/（毫克/千克）	2.2	2.2	1.65	1.0
核黄素/（毫克/千克）	8.0	8.0	6.0	5.0
泛酸/（毫克/千克）	12.0	12.0	9.0	7.5
烟酸/（毫克/千克）	66.0	66.0	50.0	30.0
吡哆酸/（毫克/千克）	4.4	4.4	3.0	2.0
叶酸/（毫克/千克）	1.00	1.00	0.75	0.5
胆碱/（毫克/千克）	550	550	440	300
维生素 B_2/（毫克/千克）	0.022	0.022	0.015	0.012
生物素/（毫克/千克）	0.20	0.20	0.15	0.10

表4-6 爱拔益加（AA）商品肉鸡营养标准（低于2.25千克肉鸡）

营养成分	育雏料	中期料	后期料
粗蛋白质/%	23.0	20.0	18.5
代谢能/（兆焦/千克）	13.0	13.4	13.4
粗脂肪/%	5.0 ～ 7.0	5.0 ～ 7.0	5.0 ～ 7.0
亚油酸/%	1.0	1.0	1.0
抗氧化剂/（毫克/千克）	120	120	120
抗球虫剂	+	+	+
钙/%	0.90 ～ 0.95	0.80 ～ 0.90	0.80 ～ 0.85
可利用磷/%	0.45 ～ 0.47	0.40 ～ 0.45	0.40 ～ 0.43

彩色图解科学养鸡技术

营养成分		育雏料	中期料	后期料
盐 /%		0.30 ～ 0.45	0.30 ～ 0.45	0.30 ～ 0.45
钠 /%		0.18 ～ 0.22	0.18 ～ 0.22	0.18 ～ 0.22
钾 /%		0.70 ～ 0.90	0.70 ～ 0.90	0.70 ～ 0.90
镁 /%		0.06	0.06	0.06
氯 /%		0.20 ～ 0.30	0.20 ～ 0.30	0.20 ～ 0.30
氨基酸（最低百分含量）	精氨酸/%	1.28	1.20	0.96
	赖氨酸/%	1.20	1.01	0.94
	蛋氨酸/%	0.47	0.44	0.38
	蛋氨酸＋胱氨酸/%	0.92	0.82	0.77
	色氨酸/%	0.22	0.19	0.18
	苏氨酸/%	0.78	0.76	0.70
锰/（毫克/千克）		100	100	100
锌/（毫克/千克）		75	75	75
铁/（毫克/千克）		100	100	100
铜/（毫克/千克）		8	8	8
碘/（毫克/千克）		0.45	0.45	0.45
硒/（毫克/千克）		0.30	0.30	0.30
维生素A/（国际单位/千克）		9000	9000	7500
维生素D$_3$/（国际单位/千克）		3300	3300	2500
维生素E/（国际单位/千克）		30.0	30.0	30.0
维生素K$_3$/（毫克/千克）		2.2	2.2	1.65
硫胺素/（毫克/千克）		2.2	2.2	1.65
核黄素/（毫克/千克）		8.0	8.0	6.0
泛酸/（毫克/千克）		12.0	12.0	9.0
烟酸/（毫克/千克）		66.0	66.0	50.0

营养成分	育雏料	中期料	后期料
吡哆酸/（毫克/千克）	4.4	4.4	3.0
叶酸/（毫克/千克）	1.00	1.00	0.75
胆碱/（毫克/千克）	550	550	440
维生素B₂/（毫克/千克）	0.022	0.022	0.015
生物素/（毫克/千克）	0.20	0.20	0.15

2. 蛋鸡的饲养标准

蛋鸡的饲养标准规定了蛋鸡对各种营养物质的需要量，在实际生产中可结合具体情况进行适当调整。饲养标准不是一成不变的，随着科学和生产实践的发展，需要不断修订、充实和完善。美国国家科学研究委员会（NRC）颁布的蛋鸡饲养标准比较权威，被广泛采用。1986年我国正式颁布了鸡的饲养标准，2004年颁布了修订完善后的版本。以下是我国（表4-7、表4-8）和美国NRC（表4-9、表4-10）制定的蛋鸡饲养标准，供参考。

表4-7　蛋鸡生长期营养标准

营养指标		0～8周龄	9～18周龄	19周龄至开产
代谢能	兆焦/千克	11.91	11.70	11.50
	兆卡/千克	2.85	2.80	2.75
粗蛋白质/%		19.0	15.5	17.0
蛋白能量比	克/兆焦	15.95	13.25	14.78
	克/兆卡	66.67	55.30	61.82
赖氨酸能量比	克/兆焦	0.84	0.58	0.61
	克/兆卡	3.51	2.43	2.55
赖氨酸/%		1.00	0.68	0.70
蛋氨酸/%		0.37	0.27	0.34
蛋氨酸+胱氨酸/%		0.74	0.55	0.64
苏氨酸/%		0.66	0.55	0.64

彩色图解科学养鸡技术

营养指标	0～8周龄	9～18周龄	19周龄至开产
色氨酸/%	0.20	0.18	0.19
精氨酸/%	1.18	0.98	1.02
亮氨酸/%	1.27	1.01	1.07
异亮氨酸/%	0.71	0.59	0.60
苯丙氨酸/%	0.64	0.53	0.54
苯丙氨酸+酪氨酸/%	1.18	0.98	1.00
组氨酸/%	0.31	0.26	0.27
脯氨酸/%	0.50	0.34	0.44
缬氨酸/%	0.73	0.60	0.62
甘氨酸+丝氨酸/%	0.82	0.68	0.71
钙/%	0.90	0.80	2.00
总磷/%	0.70	0.60	0.55
非植物磷/%	0.40	0.35	0.32
钠/%	0.15	0.15	0.15
氯/%	0.15	0.15	0.15
铁/（毫克/千克）	80	60	60
铜/（毫克/千克）	8	6	8
锌/（毫克/千克）	60	40	80
锰/（毫克/千克）	60	40	60
碘/（毫克/千克）	0.35	0.35	0.35
硒/（毫克/千克）	0.30	0.30	0.30
亚油酸/%	1	1	1
维生素A/（国际单位/千克）	4000	4000	4000
维生素D/（国际单位/千克）	800	800	800
维生素E/（国际单位/千克）	10	8	8
硫胺素/（毫克/千克）	1.8	1.3	1.3

营养指标	0～8周龄	9～18周龄	19周龄至开产
核黄素/（毫克/千克）	3.6	1.8	2.2
泛酸/（毫克/千克）	10	10	10
烟酸/（毫克/千克）	30	11	11
吡哆醇/（毫克/千克）	3	3	3
生物素/（毫克/千克）	0.15	0.10	0.10
叶酸/（毫克/千克）	0.55	0.25	0.25
维生素B$_{12}$/（毫克/千克）	0.010	0.003	0.004
胆碱/（毫克/千克）	1300	900	500

注：根据中型体重鸡制定，轻型鸡可酌情减10%，开产日龄按5%产蛋率计算。

表4-8　产蛋鸡营养标准

营养指标		开产至高峰期（>85%）	高峰后（<85%）	种鸡
代谢能	兆焦/千克	11.29	10.87	11.29
	兆卡/千克	2.70	2.65	2.70
粗蛋白质/%		16.5	15.5	18.0
蛋白能量比	克/兆焦	14.61	14.26	15.94
	克/兆卡	61.11	58.49	66.67
赖氨酸能量比	克/兆焦	0.64	0.61	0.63
	克/兆卡	2.67	2.54	2.63
赖氨酸/%		0.75	0.70	0.75
蛋氨酸/%		0.34	0.32	0.34
蛋氨酸+胱氨酸/%		0.65	0.56	0.65
苏氨酸/%		0.55	0.50	0.55
色氨酸/%		0.16	0.15	0.16
精氨酸/%		0.76	0.69	0.76
亮氨酸/%		1.02	0.98	1.02

彩色图解科学养鸡技术

营养指标	开产至高峰期（>85%）	高峰后（<85%）	种鸡
异亮氨酸/%	0.72	0.66	0.72
苯丙氨酸/%	0.58	0.52	0.58
苯丙氨酸+酪氨酸/%	1.08	1.06	1.08
组氨酸/%	0.25	0.23	0.25
缬氨酸/%	0.59	0.54	0.59
甘氨酸+丝氨酸/%	0.57	0.48	0.57
可利用赖氨酸/%	0.66	0.60	—
可利用蛋氨酸/%	0.32	0.30	—
钙/%	3.5	3.5	3.5
总磷/%	0.60	0.60	0.60
非植物磷/%	0.32	0.32	0.32
钠/%	0.15	0.15	0.15
氯/%	0.15	0.15	0.15
铁/（毫克/千克）	60	60	60
铜/（毫克/千克）	8	8	6
锌/（毫克/千克）	80	80	60
锰/（毫克/千克）	60	60	60
碘/（毫克/千克）	0.35	0.35	0.35
硒/（毫克/千克）	0.30	0.30	0.30
亚油酸/%	1	1	1
维生素A/（国际单位/千克）	8000	8000	10000
维生素D/（国际单位/千克）	1600	1600	2000
维生素E/（国际单位/千克）	5	5	10
维生素K/（国际单位/千克）	0.5	0.5	1.0
硫胺素/（毫克/千克）	0.8	0.8	0.8

第四章 鸡的营养与饲料

营养指标	开产至高峰期（>85%）	高峰后（<85%）	种鸡
核黄素/（毫克/千克）	2.5	2.5	3.8
泛酸/（毫克/千克）	2.2	2.2	10
烟酸/（毫克/千克）	20	20	30
吡哆醇/（毫克/千克）	3.0	3.0	4.5
生物素/（毫克/千克）	0.10	0.10	0.15
叶酸/（毫克/千克）	0.25	0.25	0.35
维生素 B_{12}/（毫克/千克）	0.004	0.004	0.004
胆碱/（毫克/千克）	500	500	500

注："—"表示未测值。

表4-9　未成年来航蛋鸡的营养标准（1994年美国NRC）

营养指标		白壳蛋鸡				褐壳蛋鸡			
		0～6周	6～12周	12～18周	18至开产	0～6周	6～12周	12～18周	18至开产
终体重/克		450	980	1375	1475	500	1100	1500	1600
代谢能/（兆焦/千克）		11.92	11.92	12.13	12.13	11.72	11.72	11.92	11.92
蛋白质和氨基酸	粗蛋白质/%	18.00	16.00	15.00	17.00	17.00	15.00	14.00	16.00
	精氨酸/%	1.00	0.83	0.67	0.75	0.94	0.78	0.62	0.72
	甘氨酸+丝氨酸/%	0.70	0.58	0.47	0.53	0.66	0.54	0.44	0.50
	组氨酸/%	0.26	0.22	0.17	0.20	0.25	0.21	0.16	0.18
	异亮氨酸/%	0.60	0.50	0.40	0.45	0.57	0.47	0.37	0.42
	亮氨酸/%	1.10	0.85	0.70	0.80	1.00	0.80	0.65	0.75
	赖氨酸/%	0.85	0.60	0.45	0.52	0.80	0.56	0.42	0.49
	蛋氨酸/%	0.30	0.25	0.20	0.22	0.28	0.23	0.19	0.21

彩色图解科学养鸡技术

营养指标		白壳蛋鸡				褐壳蛋鸡			
		0～6周	6～12周	12～18周	18至开产	0～6周	6～12周	12～18周	18至开产
蛋白质和氨基酸	蛋氨酸+胱氨酸/%	0.62	0.52	0.42	0.47	0.59	0.49	0.39	0.44
	苯丙氨酸/%	0.54	0.45	0.36	0.40	0.51	0.42	0.34	0.38
	苯丙氨酸+酪氨酸/%	1.00	0.83	0.67	0.75	0.94	0.78	0.63	0.70
	苏氨酸/%	0.68	0.57	0.37	0.47	0.64	0.53	0.35	0.44
	色氨酸/%	0.17	0.14	0.11	0.12	0.16	0.13	0.10	0.11
	缬氨酸/%	0.62	0.52	0.41	0.46	0.59	0.49	0.38	0.43
脂肪	亚油酸/%	1.00	1.00	1.00	1.00	1.00	1.00	1.00	1.00
常量元素	钙/%	0.90	0.80	0.80	2.00	0.90	0.80	0.80	1.80
	非植物磷/%	0.40	0.35	0.30	0.32	0.40	0.35	0.30	0.35
	钾/%	0.25	0.25	0.25	0.25	0.25	0.25	0.25	0.25
	钠/%	0.15	0.15	0.15	0.15	0.15	0.15	0.15	0.15
	氯/%	0.15	0.12	0.12	0.15	0.12	0.11	0.11	0.11
	镁/（毫克/千克）	600.00	500.00	400.00	400.00	570.00	470.00	370.00	370.00
微量元素	锰/（毫克/千克）	60.00	30.00	30.00	30.00	56.00	28.00	28.00	28.00
	锌/（毫克/千克）	40.00	35.00	35.00	35.00	38.00	33.00	33.00	33.00
	铁/（毫克/千克）	80.00	60.00	60.00	60.00	75.00	56.00	56.00	56.00
	铜/（毫克/千克）	5.00	4.00	4.00	4.00	5.00	4.00	4.00	4.00
	碘/（毫克/千克）	0.35	0.35	0.35	0.35	0.33	0.33	0.33	0.33

营养指标		白壳蛋鸡				褐壳蛋鸡			
		0～6周	6～12周	12～18周	18至开产	0～6周	6～12周	12～18周	18至开产
微量元素	硒/（毫克/千克）	0.15	0.10	0.10	0.10	0.14	0.10	0.10	0.10
脂溶性维生素	维生素A/（国际单位/千克）	1500.00	1500.00	1500.00	1500.00	1420.00	1420.00	1420.00	1420.00
	维生素D/（国际单位/千克）	200.00	200.00	200.00	300.00	190.00	190.00	190.00	280.00
	维生素E/（国际单位/千克）	10	5	5	5	9.50	4.70	4.70	4.70
	维生素K/（国际单位/千克）	0.50	0.50	0.50	0.50	0.47	0.47	0.47	0.47
水溶性维生素	核黄素/（毫克/千克）	3.60	1.80	1.80	2.20	3.40	1.70	1.70	1.70
	泛酸/（毫克/千克）	10	10	10	10	9.40	9.40	9.40	9.40
	烟酸/（毫克/千克）	27	11	11	11	26	10.30	10.30	10.30
	硫胺素/（毫克/千克）	1.0	1.0	0.8	0.8	1.0	1.0	0.8	0.8
	吡哆醇/（毫克/千克）	3.0	3.0	3.0	3.0	2.8	2.8	2.8	2.8
	生物素/（毫克/千克）	0.15	0.10	0.10	0.10	0.14	0.09	0.09	0.09
	叶酸/（毫克/千克）	0.55	0.25	0.25	0.25	0.52	0.23	0.23	0.23

彩色图解科学养鸡技术

营养指标		白壳蛋鸡				褐壳蛋鸡			
		0～6周	6～12周	12～18周	18至开产	0～6周	6～12周	12～18周	18至开产
水溶性维生素	维生素B$_{12}$/(毫克/千克)	0.009	0.003	0.003	0.004	0.009	0.003	0.003	0.003
	胆碱/(毫克/千克)	1300	900	500	500	1225	850	470	470

注：1. 鸡不需要粗蛋白质本身，但必须保证足够的粗蛋白质用于非必需氨基酸的合成。建议值是根据豆粕日粮确定的，使用合成氨基酸时日粮中粗蛋白质的水平可降低。

2. 若日粮中含大量的非植物磷时，应提高钙的需要量。

表4-10　成年产蛋母鸡的营养标准（1994年美国NRC）

营养指标		不同采食量下的日粮营养浓度			需要量/[千克/（只·天）或国际单位/（只·天）]		
					白壳种鸡	白壳蛋鸡	褐壳蛋鸡
采食量/克		80	100	120	100	100	110
代谢能/(兆焦/千克)		12.13	12.13	12.13	12.13	12.13	12.13
蛋白质和氨基酸	粗蛋白质/%	18.8	15.0	12.5	15000	15000	16500
	精氨酸/%	0.88	0.70	0.58	700	700	770
	组氨酸/%	0.21	0.17	0.14	170	170	190
	异亮氨酸/%	0.81	0.65	0.54	650	650	715
	亮氨酸/%	1.03	0.82	0.68	820	820	900
	赖氨酸/%	0.86	0.69	0.58	690	690	760
	蛋氨酸/%	0.38	0.30	0.25	300	300	330
	蛋氨酸+胱氨酸/%	0.73	0.58	0.48	580	580	645
	苯丙氨酸/%	0.59	0.47	0.39	470	470	520

营养指标		不同采食量下的日粮营养浓度			需要量/［千克/（只·天）或国际单位/（只·天）］		
					白壳种鸡	白壳蛋鸡	褐壳蛋鸡
蛋白质和氨基酸	苯丙氨酸+酪氨酸/%	1.04	0.83	0.69	830	830	910
	苏氨酸/%	0.59	0.47	0.39	470	470	520
	色氨酸/%	0.20	0.16	0.13	160	160	175
	缬氨酸/%	0.88	0.70	0.58	700	700	770
脂肪	亚油酸/%	1.25	1.0	0.83	1000	1000	1100
常量元素	钙/%	4.06	3.25	2.71	3250	3250	3600
	非植物磷/%	0.31	0.25	0.21	250	250	275
	钾/%	0.19	0.15	0.13	150	150	165
	钠/%	0.19	0.15	0.13	150	150	165
	氯/%	0.16	0.13	0.11	130	130	145
	镁/（毫克/千克）	625	500	420	50	50	55
微量元素	锰/（毫克/千克）	25	20	17	2.0	2.0	2.2
	锌/（毫克/千克）	44	35	29	4.5	3.5	3.9
	铁/（毫克/千克）	56	45	38	6.0	4.5	5.0
	碘/（毫克/千克）	0.044	0.035	0.029	0.010	0.004	0.004
	硒/（毫克/千克）	0.08	0.06	0.05	0.006	0.006	0.006

彩色图解科学养鸡技术

营养指标		不同采食量下的日粮营养浓度			需要量/[千克/（只·天）或国际单位/（只·天）]		
					白壳种鸡	白壳蛋鸡	褐壳蛋鸡
脂溶性维生素	维生素A/（国际单位/千克）	3750	3000	2500	300	300	330
	维生素D/（国际单位/千克）	375	300	250	30	30	33
	维生素E/（国际单位/千克）	6	5	4	1.0	0.5	0.55
	维生素K/（国际单位/千克）	0.6	0.5	0.4	0.1	0.05	0.055
水溶性维生素	核黄素/（毫克/千克）	3.1	2.5	2.1	0.36	0.25	0.28
	泛酸/（毫克/千克）	2.5	2.0	1.7	0.7	0.2	0.22
	烟酸/（毫克/千克）	12.5	10.0	8.3	1.0	1.0	1.1
	硫胺素/（毫克/千克）	0.88	0.70	0.60	0.07	0.07	0.08
	吡哆醇/（毫克/千克）	3.1	2.5	2.1	0.45	0.25	0.28
	生物素/（毫克/千克）	0.13	0.10	0.08	0.01	0.01	0.011
	叶酸/（毫克/千克）	0.31	0.25	0.21	0.035	0.025	0.028
	维生素B_{12}/（毫克/千克）	0.004	0.004	0.004	0.008	0.0004	0.0004

营养指标		不同采食量下的日粮营养浓度			需要量/[千克/(只·天)或国际单位/(只·天)]		
					白壳种鸡	白壳蛋鸡	褐壳蛋鸡
水溶性维生素	胆碱/(毫克/千克)	1310	1050	875	105	105	115

注：1. 日粮营养浓度中蛋白质和氨基酸的单位是%，每只鸡需要量中蛋白质和氨基酸的单位是国际单位/(只·天)。

2. 日粮营养浓度中常量元素的单位是%，每只鸡需要量中常量元素的单位是千克/(只·天)。

3. 日粮营养浓度中微量元素的单位是毫克/千克，每只鸡需要量中微量元素的单位是千克/(只·天)。

4. 日粮营养浓度中维生素A、维生素D、维生素E的单位是国际单位/千克，每只鸡需要量中维生素A、维生素D、维生素E的单位是国际单位/(只·天)。

5. 日粮营养浓度中维生素K和水溶性维生素的单位是毫克/千克，每只鸡需要量中维生素K和水溶性维生素的单位是千克/(只·天)。

二、鸡饲料的配合原则

1. 配合饲料的分类

按照饲料所含营养物质的不同可分为能量饲料、蛋白质饲料、矿物质饲料、青绿饲料、粗饲料、维生素饲料和饲料添加剂等。为了更好地满足不同种类、不同品系、不同日龄鸡的营养需要，可将上述饲料按照一定的比例进行混合，以获得营养价值全面的配合饲料。

（1）按营养成分分类

① 全价配合饲料。又称全价料，是由蛋白质饲料、能量饲料、粗饲料和添加剂按照一定比例组成的配合料。能够满足鸡对各种营养的需要，经济效益高，是理想的配合饲料。鸡的养殖中使用最多。

② 浓缩饲料。是由蛋白质饲料、矿物质饲料、添加剂预混

彩色图解科学养鸡技术

料按照规定要求混合而成。一般含有30%以上的蛋白质，占全价配合饲料的30%～40%。该饲料不能直接饲喂于鸡。

③ 添加剂预混料。是由各种营养性和非营养性添加剂加载体混合而成，可用于生产浓缩饲料和全价饲料，一般添加量为0.5%～5%。

④ 混合饲料。又称初级配合饲料，是由能量饲料、蛋白质饲料、矿物质饲料按照一定比例混合而成。该饲料搭配一定的青绿饲料适合农村散养鸡的饲喂。

（2）按用途分类　可分为肉鸡料、蛋鸡料、种鸡料三种。

（3）按饲料形状分类　可分为粉料、粒料、颗粒料三种。通常肉仔鸡、蛋鸡育雏育成期和种鸡喂颗粒料，蛋鸡产蛋期喂粉料。

① 粉料。这种饲料生产工艺简单，品质稳定，饲喂方便，适用于各种类型和年龄的鸡。一般粉料采食量少，易形成舍内粉尘，既造成饲料浪费，又增加呼吸道病的发生率。

② 颗粒料。是由粉料通过颗粒压制机压制而成的饲料，形状多为圆柱状。颗粒料的缺点是成本较高，不利于保存。

③ 粒料。主要包括碎玉米、草籽、土粮、发芽麦类等，鸡喜欢采食，但营养不全面。粒料多与粉料配合使用，或限制饲养时在停料日喂饲。

2. 鸡饲料的配合原则

（1）科学性和营养性　饲料标准是进行日粮配合的基本依据，但不同的品种和饲养管理条件都会影响营养物质的需求和标准。因此，应根据鸡的遗传特点、生产水平及饲料条件参考适宜的标准，以确定日粮营养物质的含量。在生产实践中，应根据自己的具体情况，适当调整饲养标准中的数值。设计出来的配方，要满足鸡在不同阶段对养分的需要，既要考虑饲料的适口性，又要考虑各养分的最佳配比，以提高消化率，满足生长需求。饲料配方设计时，可根据原料来源和生产要求，确定一个经济的营养水平。

为了使饲料营养价值全价，可采用多种饲料进行配合，发挥各种营养成分的互补作用，提高营养物质的消化率和利用率。配合饲料既要保证鸡对各单一养分的需要量，又要通过平衡各营养素之间的比例，保证配方的营养全价性。这样才能充分发挥饲料养分的潜力，取得较好的饲养效果。

（2）安全性　有些饲料原料（如棉籽饼和菜籽饼等）含有抗营养因子，应控制用量，合理用料，防止中毒；选择饲料原料前要考察和检测原料的质量和等级，若是存在发霉、酸败、毒素污染的饲料都不准使用；注意各种营养元素之间的拮抗和配伍禁忌；添加剂的使用要规范。只有把安全性放在首位，设计出来的配方才能用于生产。

（3）经济性　饲料配方必须在质量和利润之间进行适当权衡，既要尽可能提高饲料质量，又要最大限度地降低成本，这就需要设计营养成分合理、饲喂后能提高鸡的生产性能和饲料转化率，以及经济效益高的饲料配方。

（4）可操作性　可操作性是生产中的可行性原则。设计的配方要适应本企业的生产条件，选用的原料种类和生产数量等也要与市场条件相适应。

（5）合法性　合法性是指按照饲料配方生产的饲料产品应该符合饲料标准的规定，如营养指标、感官指标、卫生指标等，遵循饲料法规。

三、鸡饲料的配方设计

1. 日粮配方设计所需资料

① 鸡的饲养标准。

② 饲料成分及营养价值表。

③ 各种饲料原料的价格。

2. 日粮配方的设计方法

日粮的配方设计是为了更好地满足鸡对营养物质的需要，使日粮中营养物质均衡、全面，实现饲料的合理搭配，从而获

彩色图解科学养鸡技术

得高效益、低成本的日粮配方。下面介绍几种常用的日粮配合方法。

（1）试差法　又称为凑数法。具体做法：首先根据经验拟出各种饲料原料的大致比例，再计算出各原料所含的各种养分的百分含量，然后将各种原料的同种养分的含量相加，便得到该配方每种养分的总量。将所得结果与饲养标准进行对照，如果有的养分含量超过或不足，可进行调整和重新计算，直至所有的营养指标都基本满足要求为止。这种方法盲目性计算量大，不易筛选出最佳配方。

（2）交叉法　又称方形法、对角线法等。该方法是由两种饲料配制某一养分符合要求的混合饲料。经过多次运算，也可由多种饲料配合两种能上能下的养分符合要求的混合饲料。这种方法适合饲料种类和营养指标比较少的运算，若营养指标较多时，运算较为烦琐。

若用粗蛋白质含量分别为10%和40%的谷实类饲料和豆饼，配制粗蛋白质含量为16%的混合饲料，应将两种饲料的粗蛋白质含量分别置于正方形的左侧上、下两角，所求粗蛋白质的含量置于正方形中间，对角线上的值分别相减（大值减小值），所得结果即为两种饲料在混合料中应该占有的份额。即将24份谷实料和6份豆饼混合便可获得粗蛋白质含量为16%的混合料。折合成百分数：谷实料为80%，80%=［24÷（24+6）］×100%；豆饼为20%，20%=［6÷（6+24）］×100%。计算方法如下。

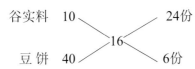

谷实料　10　　　　　　　24份

16

豆饼　40　　　　　　　6份

（3）公式法　该方法是利用数学上联立方程求解法来计算饲料配方，条理清晰，方法简单。但遇到多种饲料时，计算较为复杂。

如果用粗蛋白质含量为8%的能量饲料和粗蛋白质含量为

35%的蛋白质补充料，配制含粗蛋白质含量15%的配合饲料，可采用如下步骤。

① 首先设配合饲料中能量饲料占 x，蛋白质补充料占 y，则 $x+y=100$。

② 能量饲料的粗蛋白质含量为8%，蛋白质补充料中粗蛋白质含量为35%，要求配合饲料中粗蛋白质含量为15%，则 $0.08x+0.35y=15$。

③ 列出方程组，求出 $x=74.07$，$y=25.93$。即将74.07%的能量饲料和25.93%的蛋白质补充料进行混合即可获得所需配合饲料。

（4）计算机配方法　是采用计算机来筛选最佳日粮配方，该方法速度快，可同时考虑多种饲料原料和营养指标，能在满足各项营养指标和所给饲料种类的条件下，使饲料配方的成本最低，以获得最佳配方。一个优良的饲料配方最终还是需要有经验的营养专家来进行检查、修订，计算机只能作为辅助设计。

第五章
种蛋的孵化

第一节　种蛋的选择、消毒、保存和运输

一、种蛋的选择

1. 种蛋的来源

种鸡群健康、活泼、反应灵敏和无病，所产的种蛋才有较高的孵化率。如果种鸡群不健康，特别是种鸡有垂直传播的传染性疾病（如白痢、伤寒、副伤寒、支原体病、大肠杆菌病白血病和减蛋综合征等），可经蛋传染给雏鸡，雏鸡就会发病，影响雏鸡的生产和生存。所以，凡患有上述疾病的母鸡所产种蛋，一律不能作为种蛋入孵。

2. 蛋重的选择

蛋重应符合品种要求和孵化要求，蛋过大、过小都不宜作种蛋。现代种鸡入孵蛋重要求在50克以上。

3. 蛋形的选择

鸡蛋形状为卵圆形，蛋形指数在1.30～1.35。常见的畸形蛋有扁形蛋、圆形蛋、两头尖的长形蛋、双黄蛋、无黄蛋、蛋包蛋等（图5-1～图5-3）。畸形蛋不能用作种蛋，孵化率非常低或无法入孵。

彩色图解科学养鸡技术

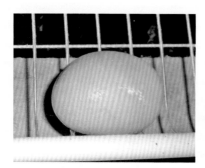

图5-1 蛋包蛋、外层蛋壳为软皮（李超 拍摄）

图5-2 正常蛋和无黄蛋（李超 拍摄）

图5-3 正常蛋和双黄蛋（李超 拍摄）

4. 蛋壳质量的选择

蛋壳质地应致密均匀，厚薄适中为好，过薄、过厚、壳面粗糙，矿物质分布不均匀及裂纹蛋等都应剔除（图5-4、图5-5）。

图5-4 薄壳蛋和软皮蛋（李超 拍摄）

图5-5 脊状蛋壳（李超 拍摄）

5. 蛋壳颜色的选择

蛋壳颜色应符合本品种的要求。

6. 蛋面清洁

入孵的种蛋要清洁。若蛋壳被粪便、灰尘等污染，这些污染物不仅会堵塞蛋壳膜气孔，影响胚胎气体交换，造成死胎，而且因微生物侵入蛋内进行繁殖而导致胚胎污染，脏蛋孵化率低，危害大，在种蛋生产中应加以避免和严格挑选（图5-6）。

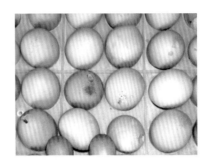

图5-6 脏蛋（李超 拍摄）

二、种蛋的消毒

种蛋由母鸡产出就已被病原微生物等污染，尤其蛋壳有粪便等其他污物时，细菌更多，经存放一段时间后，这些微生物还会迅速繁殖，若蛋库温度高，湿度大时，微生物繁殖就更快。所以种蛋在保存前和入孵前，都应进行1次严格的消毒，以确保种蛋的入孵质量。

1. 消毒时间及次数

种蛋保存前消毒时间，最好在种蛋产出后2～3小时进行。每次集蛋完毕应立即消毒，然后入库保存。据报道，刚产出的蛋，表面细菌数为100～300个，15分钟后增到500～600个，1小时以后增至4000～5000个，并且有些细菌透过蛋壳上的细孔进入蛋内，严重影响孵化率与雏鸡质量，因此种蛋不可以在鸡舍内过夜。种蛋码盘后，应在孵化机里进行第2次消毒；孵化期胚蛋移盘后，在出雏机中进行第3次消毒。另外，可在孵化中期视情况增加消毒次数。

2. 消毒方法

种蛋消毒的方法有熏蒸消毒法、药液喷雾消毒法、药液浸泡消毒法、紫外线消毒法及臭氧发生器消毒法等，生产中常用的方法是甲醛熏蒸消毒法，见表5-1。

表5-1　种蛋消毒地点和方法

序号	地　　点	每立方米体积用药量		消毒时间/分钟	环境条件	
		甲醛/毫升	高锰酸钾/克		温度/℃	相对湿度/%
1	鸡舍内每次捡蛋后在消毒柜或消毒棚中	28	14	20	25～27	70～80
2	孵化前同孵化机一起消毒	28	14	30	30	70～80

三、种蛋的保存

种蛋从母鸡产出至入孵这段时间内，种蛋储存须严格要求。否则，即使来自优秀鸡群，又经过严格挑选的种蛋，如保存不当，也会降低孵化率，甚至造成无法孵化的后果。

1. 储蛋室（库）要求

储蛋库要求保温和隔热性能良好，并设置控温设备（图5-7）。通风便利，清洁卫生，防止太阳直晒和穿堂风，并能杜绝苍蝇、老鼠等危害。蛋库应设隔离间，以便种蛋接收、清点、分级、装箱等。

图5-7　种蛋储存库安装控温设备（李超　拍摄）

2. 种蛋保存的温度

鸡胚胎发育的临界温度为23.9℃，即温度低于23.9℃时，鸡胚发育处于休眠状态；温度处于23.9～37.8℃时，胚胎发育不完全或不稳定，容易引起胚胎发育中期

彩色图解科学养鸡技术

死亡；若环境温度长期偏低（如0℃），虽然胚胎不发育，但胚胎活力严重下降，甚至死亡。保存的原则：既不能让胚胎发育，又不能让它受冻而失去孵化能力。为了抑制酶的活性和细菌繁殖，种蛋保存的适宜温度为13～18℃。若保存时间短，采用温度上限，若保存时间长，采用温度下限。刚产出的种蛋，应逐渐降到保存温度，以免剧烈温差危及胚胎活力。一般降温过程以3～5小时为宜。

3. 种蛋保存的湿度

种蛋保存期间，蛋内水分通过蛋壳气孔不断蒸发，其蒸发速度与储存室湿度成反比。为了尽量减少蛋内水分蒸发，储蛋室的相对湿度应保持在75%左右。

4. 种蛋保存时间

种蛋即使储存在最适宜的环境下，孵化率也会随着存放时间的增加而下降，弱雏明显增多，孵化时间也会延长。因为随着时间延长，蛋内水分耗失增多，改变了蛋内的酸碱度，引起系带和蛋黄膜变脆，又因蛋内各种酶的活动，使胚胎活力降低，残余细菌的繁殖也对胚胎造成危害。即使有空调设备的储蛋室，种蛋保存1周后，孵化率也会慢慢下降；超过2周，孵化率明显下降。实践证明，种蛋入孵时间越早越好。一般冬春季节气温较低，种蛋适宜的保存时间为3～5天；夏季气温较高，以保存1～3天为宜，不要超过5天。

5. 种蛋保存时放置位置

种蛋储存3～5天，蛋的钝端向上。超过5天后，应将蛋的锐端向上放置，还需要翻蛋，这样可使蛋黄位于蛋的中心，避免粘连蛋壳，以免造成胚胎早期死亡。

四、种蛋的运输

包装可用专门的种蛋箱，能承受一定的压力。种蛋装箱前，必须进行选择，剔除不合格种蛋，尤其是破蛋、裂纹蛋。运输时，要求快速、平稳，尽量减少颠簸。夏季防日晒雨淋，冬季防冻。有条件的可使用空调车，温度保持在18℃、湿度70%左右，运输效果更理想。

第二节　孵化条件

鸡胚胎发育依靠蛋内的营养物质和适宜的外界条件。因此，在孵化中应根据胚胎的发育规律，严格掌握温度、湿度、通风、翻蛋及凉蛋等，才能获得较高的孵化率和优质雏鸡。

一、温度

温度是孵化最重要的条件，只有保证胚胎正常发育所需的适宜温度，才能获得较高的孵化率和健雏率。

1. 适宜温度

在环境温度得到控制的前提下，如24～26℃，孵化机最适温度为37.8℃左右，出雏机最适温度为37～37.5℃；若室温不适宜，孵化温度可变化0.5～1℃。

2. 高温影响

高温加速胚胎发育，缩短孵化期，但死亡率增加，雏鸡质量下降。有资料显示，16日龄胚蛋，40.5℃经24小时，孵化率稍有下降；43℃经6小时孵化率有明显下降，9小时后下降更明显；46.0℃经3小时或48.5℃经1小时，所有胚胎将全部死亡。

3. 低温影响

低温下，胚胎发育迟缓，孵化期延长，死亡率增加。如35.5℃时，胚胎大多死于壳内。短时间的降温对孵化效果无不良影响。入孵14天以前，胚胎发育受温度降低的影响较大。孵化过程中，应防止胚胎发育早期（1～7天）在低温下孵化，出雏期间（19～21天）要避免高温。

4. 变温孵化与恒温孵化

分批入孵时采用恒温孵化，巷道式孵化机多采用恒温孵化；

整批入孵时采用变温孵化，箱体式孵化机（图5-8）多采用变温孵化。

（1）变温孵化 根据不同的孵化器、孵化室温度和鸡的胚龄，分别给予不同的孵化温度。孵化室温度22～26℃、湿度50%～60%时，孵化机温度见表5-2。

图5-8 箱体式孵化机
（李超 拍摄）

（2）恒温孵化 恒温孵化法主要是为适应分批入孵而产生的一种孵化方法。同一台孵化器，装有不同胚龄的种蛋，大胚龄种蛋释放的多余热量可被小胚龄种蛋吸收，两者产生互补，充分利用了代谢热，提高了孵化率。如果采用分批入孵，即孵化机有多个胚龄的种蛋，应每隔5～7天上一批种蛋，最好是"新蛋"和"老蛋"的蛋盘交错放置，相互调节温度，使整个孵化期的温度保持恒定。恒温孵化施温方案见表5-3。

表5-2 变温孵化施温方案

孵化时间/天	1～5	5～11	11～15	15～19	19～21
孵化温度/℃	37.8	37.6	37.4	37.2	37.0

表5-3 恒温孵化施温方案

室温/℃	孵化1～19天	出雏期
<20	38.0℃	
20～27	37.8℃	37～37.2℃
>27	37.6℃	

5. 温度的调节

孵化的最适温度随孵化阶段、品种、蛋重、机器性能、季节、室温等的变化而稍有差异。温度调节的原则就是让胚胎按生长发育规律循序渐进的生长，既不要因为温度过高，胚胎生长发育过快；也不要因为温度偏低，胚胎生长发育缓慢。孵化过程中，通过胚胎照检观察胚胎特征，特别是通过观察胚胎5天"黑眼"、10天"合拢"、17天"封门"三个关键时间点的发育快慢，判断施温是否得当，并及时作出调整改变。此外，要求孵化机各部位温度尽量一致，出雏才更整齐一致。

二、湿度

湿度是孵化成功的重要条件之一，适宜的孵化湿度可使胚胎初期受热均匀，后期散热加强，这样既有利于胚胎发育，又有利于破壳出雏。

1. 适宜的孵化湿度

种蛋分批入孵时，相对湿度应保持在55%左右，出雏时为65%～70%。整批入孵时湿度应掌握"两头高、中间低"的原则，孵化初期相对湿度为60%～65%，中期相对湿度50%～55%，后期相对湿度为65%～70%。

2. 高湿和低湿影响

若孵化湿度过高，会造成蛋内水分的正常蒸发受阻，胎膜及壳膜由于含水过多而妨碍胚胎气体的交换，影响胚胎的正常发育。因此，孵化时湿度过高时，孵出的雏鸡易出现腹部膨大（图5-9）、腿软、弱雏多、不精神、成活率低等状况。孵化湿度较低时，蛋内水分蒸发加快，胚胎容易与壳膜发生粘连，这样孵出的雏鸡易出现个小、干瘦、羽毛焦黄、死亡率高等状况。种蛋孵化时，湿度过大和过小都会对孵化率、雏鸡健康产生不良的影响。因此，应严防高温高湿和高温低湿。孵化湿度是否正常，可用干湿球温度计测定，也可根据胚蛋气室大小、失重多少和出雏啄壳情况判定。湿度适宜时，雏鸡沿胚蛋最大直径处啄壳（图5-10）。

彩色图解科学养鸡技术

图5-9 腹大、脐带愈合不良（李超 拍摄）

图5-10 湿度适宜时，啄壳位置在蛋的最大直径处（李超 拍摄）

三、通风换气

1. 通风换气的作用

胚胎在发育过程中，不断吸入氧气，呼出二氧化碳（图5-11、图5-12），随着胚胎日龄的增加，其需氧量也在增加。到出雏期时，胚胎开始肺呼吸，气体交换量更大，这就要求随胚胎日龄的增加逐渐加大通风换气量。一般要求孵化机内氧气含量达21%左右，二氧化碳不超过0.5%。

图5-11 孵化机出风口（李超 拍摄）

图5-12 孵化机内污浊空气排到室外（李超 拍摄）

（1）通风与胚胎散热　胚胎发育过程中，随着新陈代谢的增加，胚胎产生的热量也逐渐增加，特别是孵化后期，往往会出现胚胎"自温超温"现象。如果热量不能及时散出，将会严重影响胚胎的正常发育，甚至积热而死。所以，通风具有散发胚胎产生的余热和换气的双重作用。

（2）通风与温湿度的关系　通风换气与温度、湿度有着密切的关系。通风不良，空气不流通，温差大，湿度高；通风过度，温度、湿度都难以保证。适当的通风是确保孵化温度和湿度正常的重要措施。

2. 通风量的掌握

掌握通风换气量的原则是在保证温度、湿度的前提下，适当地加大通风。一般要求孵化机内氧气含量达21%、二氧化碳不超过0.5%。机器孵化时，除注意通风量外，还要考虑到孵化机内空气的流速和路线。若空气流速不正常、路线不合理，会影响温度、湿度的大小及孵化机内的均温程度。孵化机生产厂家已将空气流速和路线设计妥当，使用时应注意孵化机箱体的密闭程度，生产中不要经常开机门、用通风孔的大小来调整通风量等事项。通风量因孵化日龄而异，应根据日龄的不同及孵化机的蛋容量，及时调整风门大小。

此外，不能忽略孵化室的通风换气，孵化机与天花板应有适当的距离。孵化室应备有换气设备（图5-13），保证室内空气新鲜。

四、翻蛋

1. 作用

改变种蛋的孵化位置和角度称为翻蛋。翻蛋的目的是改变胚胎位置，使胚胎受热均匀，防止与壳膜粘连，有助于胚胎运动和改善胚胎血液循环，从而使胚胎正常生长发育，并可提高健雏率。

彩色图解科学养鸡技术

2. 要求

孵化机必须按时翻蛋，出雏期可停止翻蛋。机器孵化时，一般每昼夜翻蛋12次，每2小时翻蛋1次。翻蛋角度以水平位置为标准，前俯后仰各45°（图5-14）。翻蛋角度不足，会降低孵化率。相对而言，孵化前期、中期翻蛋更重要，尤其是第1周。

图5-13 孵化室通过通风管道换气（李超 拍摄）

图5-14 翻蛋角度45°（李超 拍摄）

五、凉蛋

1. 目的

凉蛋能驱散孵化机中的余热，让胚胎得到更多的新鲜空气，同时给胚胎以冷刺激，促进胚胎发育。一般情况下，凉蛋对孵化率影响不大。天气较冷时，孵化机供温稳定，通风良好，机内不超温，可以不凉蛋。但在高温季节，整批入孵时，特别是孵化中后期，应加强凉蛋。否则，由于胚胎代谢产生热量大，胚胎容易自温超温，从而增加死胚和弱雏，孵化率大大下降。

2. 要求

凉蛋方法是将孵化机的气孔或门窗打开，关闭电源，让胚蛋温度下降。蛋温可用眼皮测定，以蛋贴眼皮，感觉微凉

（32～35℃）即可。一般凉蛋时间为20～30分钟，然后再开启孵化机给温，逐渐达到孵化所需要的温度。

目前，孵化机供温和通风系统设计合理，起到了一定的凉蛋作用。一般情况下，孵化过程中可以不凉蛋，但炎热的夏天、孵化后期超温时可以进行适当的凉蛋。

六、卫生

孵化厂的卫生是个很重要的方面，新建的孵化厂种蛋孵化效果都不错，但经过一段时间后孵化效果往往会下降，究其原因主要是孵化厂、孵化设备没有定期、彻底地冲洗消毒，胚胎长期在污染严重的环境下发育，导致孵化率和雏鸡质量下降。

1. 孵化厂分区

孵化厅应进行合理的分区，设置种蛋储存室、孵化室、出雏室、雏鸡操作间、雏鸡储存间及消毒间等。调整各区间的负压水平，使空气流动由净区流向污区。目前国内孵化厂的卫生条件都较差，所以在今后设计孵化厂时必须考虑合理的人员和物品路径，净区和污区要分开，避免交叉污染。由于通风管道是污染源，因此孵化厂的通风管道最好用软布做，容易清洗更换。一般3个月清洗1次，每6个月更换1次，利于及时清理污染物。

2. 工作人员的卫生要求

运送种蛋和接雏人员不得进入孵化厂，更不许进入孵化室。孵化厂工作人员进场前必须经过淋浴更衣，每人一个更衣柜并定期消毒。工作人员从一个区域进入另一个区域时必须风浴，可以将身上的绒毛吸干净。另外，不同的工作人员应佩戴不同颜色的帽子和不同颜色的鞋子，最好穿不同颜色的衣服，来加强工作人员的防疫意识。

3. 两批出雏间隔期间的消毒

孵化厂极易成为疾病的传播场所，在每批种蛋孵化结束后要立即对设备和房间进行冲洗、消毒，防止疾病的循环传播。

彩色图解科学养鸡技术

注意消毒不能代替冲洗，只有彻底冲洗后消毒才有效。

4. 定期进行微生物学检查

定期对孵化厂的残雏、死雏等进行微生物学检查，从而指导种鸡场的防疫工作。每批出雏完毕后，从绒毛、残雏、死雏和死胎雏中取样作微生物学检查，以确定病原微生物是否存在。

5. 正确处理废弃物

收集的废弃物装入密封的容器内才可以通过各室，并按"种蛋—雏鸡"的单向流程运送，不可逆转运送，孵化厂不设垃圾场。孵化废弃物需经高温消毒才能做饲料，最好不要做鸡饲料，以防消毒不彻底导致疾病的传播。

第三节　机械孵化

一、孵化前的准备

1. 制订入孵计划

依据种鸡的引种时间、数量及预测的种鸡生产性能，算出每月的供种量，然后根据供种及与客户所签订的合同，确定具体的入孵计划。

2. 检修试机

打开孵化机的电源开关，分别启动各系统，检查各系统是否正常运转，检验工作完成后，开始试机 1～2 天，确认无异常后方可入孵。

3. 码蛋、预热与上机

（1）码蛋　把蛋车推入码蛋间，将种蛋大头向上码入蛋盘，并在蛋盘上标记种蛋来源、入孵时间等。蛋盘一定要完全推入蛋车架（图 5-15），以防翻蛋时出现压折蛋盘的现象。

（2）预热　存放于空调蛋库的种蛋，入孵前应置于 22～25℃ 的环境条件下预热 6～8 小时，以免种蛋入孵后蛋面凝聚水珠，不能立即消毒，也可减少孵化机温度的下降幅度。

图5-15 蛋盘完全推入蛋车架
（李超 拍摄）

（3）上机 首先要使翻蛋架固定杆上的孔和滑杆上的插孔处在同一条垂直线上。推入孵化车，使上下两根杆都能插入上、下插孔中，用力推到底，将挡车销放入导轨槽中（图5-16、图5-17）。放好挡车销后一定要将蛋车往后拉一拉，让蛋车后轮压住挡车销。

图5-16 挡车销放入导轨槽中
（一）（李超 拍摄）

图5-17 挡车销放入导轨槽中
（二）（李超 拍摄）

二、孵化期的操作

1. 检查孵化机的运转情况

孵化机如果出现故障要及时进行维修。孵化机最常见的故障有蛋架上的长轴螺栓松动或脱出，造成蛋的翻倒、皮带松弛、风扇转慢等。因此，要经常检查孵化机翻蛋装置的工作是否正常，发现异常及时排除。若发现皮带有裂痕或张力不足应及时更换，风扇有松动，特别是发出异常声响应及时维修。检查电动机时，听其声响异常、手摸外壳烫手，应立即维修或换上备用电动机。此外，定期检查出气口开闭情况，根据胚龄决定开启大小，注意每次翻蛋的时间和角度，对不按时翻蛋和翻蛋角度过大或过小的问题要及时解决。

2. 检查孵化机内外温度、湿度的变化

温度一般要求每小时观察1次，观察结果当场记录（图5-18）。对控制仪器的灵敏度和准确度也要注意，遇到不稳时要及时调整。停电时，要根据停电时间的情况和胚蛋胚龄的大小，及时采取相应的应对措施。若停电超过1～2小时，首先将孵化室温度提高至28～32℃，如果孵化机内是早期胚胎，机门可不开；但如果是后期胚胎，应立即打开机门，防止胚胎自温超温。然后根据机内的温度情况，经3～5分钟后再关门保温，如关门后温度还较高，可重复以上工作。自动控湿的孵化机，要检查加湿水盆的水位情况，并检查甩水轮是否正常运转。

图5-18 值班人员观察记录温度
（李超 拍摄）

3. 做好孵化记录

整个孵化期间，每天必须认真做好孵化记录和统计工作，这有助于孵化工作顺利有序地进行和对孵化效果的判断。

① 值班员每小时对每台机器的运行情况都要登记1次，值班人员可12小时轮换1次。

② 记录温度时要记录设定温度、数显温度和门表温度，记录湿度时要记录设定湿度和数显湿度。

③ 翻蛋次数记录时，要作出左倾或右倾的标志，在翻蛋次数的下方划一条如10/、\11的标志（10/表示第10次为右倾，\11表示第11次为左倾）。具体见表5-4。

表5-4　　孵化记录表

孵化机号：　　　　　　　入孵时间：　　　　　年　月　日

时间	温度		湿度/%	风门位置 (0～9)	翻蛋		值班人	备注
	显示	门表			次数	位置		
1:00								
2:00								
3:00								
4:00								
5:00								
6:00								
7:00								
8:00								
9:00								
10:00								
11:00								
12:00								
13:00								
14:00								
15:00								
16:00								
17:00								

彩色图解科学养鸡技术

时间	温度		湿度/%	风门位置 (0～9)	翻蛋		值班人	备注
	显示	门表			次数	位置		
18:00								
19:00								
20:00								
21:00								
22:00								
23:00								
24:00								

4. 照蛋检查

（1）目的　照蛋是检查胚胎的发育状况和调节孵化条件的重要依据。照蛋是在鸡胚蛋孵化到一定时间后，用照蛋器在黑暗条件下对胚蛋进行透视检查，以观察鸡胚胎的发育情况（图5-19），剔除无精蛋和死胚蛋（图5-20）。

图5-19　照蛋
（肖发沂　拍摄）

图5-20　剔除无精蛋和死胚蛋
（肖发沂　拍摄）

（2）照蛋检查的时间　每批胚蛋至少应照蛋2次，即孵化到5～10天时可照蛋1次，19天移盘时可照蛋第2次。一般情况下，白壳蛋孵化到第5天就能明显区分无精蛋和死胚蛋，此时可进行第1次照蛋；褐壳蛋由于蛋壳颜色较深、透光性差，首次照蛋可在鸡胚孵化到8～10天时进行。

（3）发育正常的活胚形态与各种异常胚形态的区别

① 发育正常的活胚。孵化到5天头照时，可看到明显的黑色眼点，血管明显呈放射状，蛋的颜色暗红（图5-21）。孵化到第10天抽照时，发育正常的活胚尿囊已经合拢并包围蛋的所有内容物。透视时，蛋的锐端布满血管（图5-22）。19天二照时，发育良好的胚蛋，除气室外，胚胎已占满蛋的全部空间，胚颈部紧贴气室，气室边缘凹凸不平，并可见粗大血管，有时由气室可见胚胎的活动。

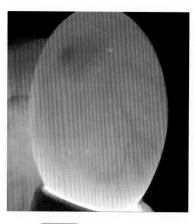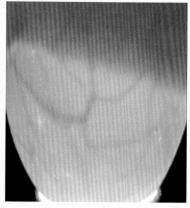

图5-21 第5天的胚蛋（李超 拍摄）　　图5-22 第10天的胚蛋布满血管（李超 拍摄）

② 无精蛋。5天照蛋时，蛋内发亮，蛋色浅黄、发亮，看不到血管及胚胎，蛋黄影子隐约可见（图5-23）。

③ 死胚蛋。头照可见整个胚蛋蛋色浅、蛋黄沉散，红色的血线（或血点、血环）紧贴蛋壳上，又称为"血蛋"（图5-24、图5-25）。19天时，气室小而不倾斜，其边缘整齐且呈粉红、淡灰色或黑色。胚胎不动，见不到"闪毛"。

彩色图解科学养鸡技术

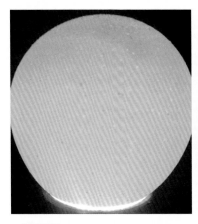

图5-23　无精蛋（李超 拍摄）

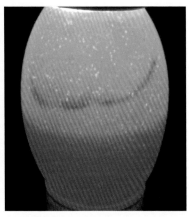

图5-24　前5天死胎（一）
（李超 拍摄）

（4）调盘调车　利用照蛋的机会，可以将蛋盘和蛋车在孵化机中的位置调换一下，以进一步增加受热的均匀性，使鸡苗出得更集中整齐。具体办法：在一辆蛋车上采用对角线调换蛋盘位置，即前上方的胚蛋照蛋后放到后下方，后下方的放到前上方，大风扇两侧各有两辆蛋车，照蛋后，可各自左右调换一下。

5. 移盘

（1）出雏机的准备　每次出雏结束后，应及时彻底地清洗、消毒出雏机。落盘前12小时开启出雏机，设定好温度、湿度，调整好风门，备好出雏盘。出雏机温度一般为37.0～37.2℃，具体温度要考虑到胚胎发育情况、气温、出雏机内胚蛋数等因

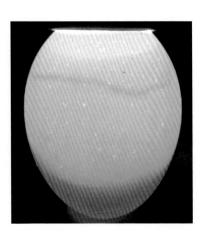

图5-25　前5天死胎（二）
（李超 拍摄）

素。出雏期要注意提高湿度，一般保持在70%左右，有助于雏鸡啄壳。出雏是在充足的湿度和空气中二氧化碳的作用下，使蛋壳的碳酸钙变为碳酸氢钙，蛋壳随之变脆，雏鸡容易将壳啄破；低湿时胚雏啄壳困难、雏鸡绒毛飞扬、鸡体绒毛干黄。出雏机风门应开启到较大位置。

（2）移盘时间　传统孵化一般在18天移盘。现代研究发现，孵化的第18天是鸡胚由胚胎尿囊绒毛膜呼吸转为肺呼吸的关键时期，胚胎自身生理应激大，是鸡胚发育的第二个死亡高峰期，这时胚蛋最好不要受到振动。因此，移盘的最佳时间最好在孵化的第19天进行，有10%胚蛋啄壳时落盘。

（3）移盘操作　孵化的第19天，胚雏即将破壳出雏时，把种蛋由孵化机的孵化盘转移到出雏机的出雏盘称为移盘。过去胚蛋移盘多用"扣盘"法（图5-26），方法是两人同时或一人用一侧手托住孵化盘，出雏盘罩在孵化盘上，待出雏盘的底与蛋接触后，另一侧手扶住出雏盘轻轻地翻转过来，使蛋落入出雏盘内，取出孵化盘，用手轻轻地将出雏盘的蛋抚摩一下，使所有种蛋处于平放状态。现在移盘多用真空吸蛋器集中快速移盘（图5-27）。移盘时注意平放出雏盘，动作轻、稳、快，以减少破损及缩短胚蛋在机外的时间。出雏盘内不得放入太多，最上层要加遮盖板，以防雏鸡跌落。移盘后的出雏架车在推向出

图5-26　"扣盘"法移盘（李超　拍摄）　　图5-27　真空吸蛋器集中快速移盘（李超　拍摄）

雏机时，一定要由两人缓缓推行，切忌用力快推，以防出雏盘倒塌。

（4）移盘照蛋　从孵化车上取出整盘种蛋时，应先照蛋，除去血蛋和漏照的无精蛋后再进行落盘。

三、出雏时的操作

1. 出雏

雏鸡已出壳并且绒毛已干时，必须尽快从出雏机中捡出。一般在成批啄壳后，每4小时左右出雏1次。可在出雏30%～40%时捡第1次，60%～70%时捡第2次，最后再捡1次并"扫盘"。机器孵化由于种蛋来源比较集中、均匀，孵化机保温效果好，孵化机各处温度均匀，因此雏鸡出壳也很集中，一般采用集中出雏的方式（图5-28、图5-29）。

图5-28　雏鸡出壳集中整齐　　**图5-29**　集中出雏（李超 拍摄）
（李超 拍摄）

2. 免疫接种

蛋用雏鸡在出壳后24小时内必须接种马立克疫苗，免疫接种在孵化厂进行。每只雏鸡颈部皮下注射0.2～0.3毫升马立克疫苗（图5-30）。免疫疫苗时应保证疫苗的质量，最好采用细胞结合苗，该疫苗必须储存于液氮罐中（图5-31）；疫苗采用专用稀释液进行稀释，稀释后的疫苗最好在30分钟以内用完；免

图5-30 蛋雏鸡免疫马立克疫苗（李超 拍摄）

疫接种所用的注射器具要进行严格消毒，经常更换针头。肉用型雏鸡可在出壳后24小时内采用气雾法免疫新城疫疫苗（图5-32），免疫的覆盖率尽可能接近100%；剂量要准确，雾滴大小要均匀稳定；喷雾设备和疫苗配制工具应制订专门的清洗与消毒程序，确保生物安全。

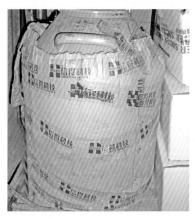

图5-31 马立克疫苗储存于液氮罐中（李超 拍摄）

图5-32 肉用雏鸡喷雾免疫新城疫疫苗（肖发沂 拍摄）

第四节　孵化效果的检查与分析

一、孵化效果检查

通过照蛋及对出雏情况的细致观察，结合鸡群情况、种蛋管理情况以及孵化等方面的调查，进行综合分析判断，从而进一步改善饲养管理，加强种蛋管理和调整孵化条件，以提高孵化率。

1. 照蛋

照蛋是检查孵化效果的方法之一。通常采用的工具是照蛋器，通过透视胚胎，了解胚胎的发育情况，及时调整孵化条件，改善管理措施。

2. 失重率

孵化过程中，由于蛋内水分蒸发，蛋重逐渐减轻。鸡胚1～19天失重率一般为12%～14%。如果失重率低于12%，可能是孵化湿度偏高，如果失重率高于14%，可能是孵化湿度偏低，或者是蛋的品质不良、保存期过长等原因。

3. 出雏观察

（1）观察雏鸡的质量　主要从出雏的膘、毛、色（精神状态）及脐部吸收、愈合情况等方面观察雏鸡的健康状况。

（2）观察出雏时间长短及整齐性　孵化正常时，出雏时间比较集中、一致（图5-33）。第20天初出鸡，20天半出鸡达到高峰，满21天应全部出齐。孵化温度过低、种蛋保存时间过长或者种鸡得病时，出雏时间拖得很长，无明显的出雏高峰，出雏时间参差不齐；孵化温度过高，孵化进程加快，出雏时间提前，但弱雏增加。

图5-33　雏鸡出壳时间整齐一致
（李超 拍摄）

二、孵化效果分析

1. 整个孵化期鸡胚死亡的分布规律

据研究，无论是自然孵化还是人工孵化，高孵化率的鸡群还是低孵化率的鸡群，鸡胚死亡在整个孵化期不是平均分布的，而且存在着两个死亡高峰。死亡的第一个高峰是在孵化的第3～5天，第二个高峰是在孵化的第18～20天。一般来说，第一个高峰的死亡率约占全部死亡率的15%，第二个高峰约占50%，两个高峰期死胚率约占全期的65%。高孵化率的鸡群，第二个死亡高峰鸡胚的死亡率高；而低孵化率的鸡群，第一个高峰鸡胚死亡率比较高，与第二个死亡高峰死亡率大致相等。

2. 鸡胚死亡高峰原因分析

（1）内部因素　第一个死亡高峰正是胚胎生长迅速以及形态变化的显著时期，内部因素对第一死亡高峰影响较大。内部因素是指种蛋的内在品质，它们在蛋产出之前就已经形成，是由遗传性和饲养管理共同决定的。

（2）环境因素　第二个死亡高峰正是鸡胚从尿囊绒毛膜呼吸过渡到肺呼吸时期，此时生理变化剧烈、需氧量增加、自温猛增、易感染传染病，对孵化环境及管理要求较高。一部分本来较弱的鸡胚不能顺利破壳出雏，出现死亡。

3. 孵化各期鸡胚死亡原因分析

（1）孵化前期（1～6天）死亡　主要原因有种鸡的营养水平过低，如缺乏维生素A、维生素B_2等，种蛋储存时间过长、保存温度过高或受冻，种蛋消毒熏蒸不当，孵化前期温度过高等。

（2）孵化中期（7～12天）死亡　种鸡的营养水平及鸡群健康状况不良，如维生素B_2、维生素D缺乏，污蛋未消毒，孵化温度过高，通风不良，转蛋不当造成发育落后等。

（3）孵化后期（13～18天）死亡　种鸡的营养水平差，如维生素B_{12}缺乏，胚胎多死于16～18天；气室小是因为湿度过高；胚胎有明显充血说明孵化时有一段时间温度过高；发育极度衰弱是因为温度过低；小头打嘴是因为通风换气不良。

（4）闷死壳内　出雏时温度、湿度过高，通风不良等，容易造成胚胎软骨、畸形，胚位异常，卵黄囊破裂，颈、腿麻痹软弱等，使雏鸡闷死于壳内。

（5）雏鸡啄壳后死亡　主要是孵化期温度过高，尤其在鸡胚利用蛋白营养时，遇到高温使鸡胚郁热而致死。

第五节　初生雏鸡的雌雄鉴别

初生雏鸡进行雌雄鉴别有重要的经济意义，一是可以省料，尤其是蛋鸡，若等到4～5周龄能从外观上区别雌雄时再淘汰，则每只小公鸡要投入600克左右的饲料。二是节省设施和设备，减少饲养密度，还节省许多劳动力和各种饲养费用。三是可以提高母雏的成活率和均匀度，因为公雏发育快，采食与活动能力强，公母混群饲养，会影响母雏的生长发育。需要留养的公雏，也应根据公雏的生理特点及其对营养的需求情况进行合理的饲养管理。肉用雏鸡公母分开饲养，可以合理供料、控温，缩短公雏饲养周期，降低饲养成本。

一、伴性遗传鉴别

伴性遗传鉴别是利用伴性遗传原理，培育出自别雌雄品系。通过不同品系间杂交，根据初生雏鸡羽毛的颜色、羽毛生长速度准确地辨别雌雄。

1. 羽色鉴别

利用初生雏鸡绒毛颜色的不同，直接区别雌雄。如褐壳蛋鸡品种海兰褐、罗曼褐就可利用羽色鉴别雌雄。用金黄色羽的公鸡与银白色羽的母鸡杂交，其后代雏鸡中，凡绒毛金黄色的为母鸡，或头顶红色、其他部分为白色的为母鸡，雏鸡背部中间有一条白色条纹、其他部位均为红色的也是母雏；银白色的是公雏，或背部中间有一宽条深色绒毛或有三条浅色窄条纹、其他部位均多为白色的也为公雏（图5-34、图5-35）。

图5-34 商品褐壳蛋鸡母雏
（李超 拍摄）

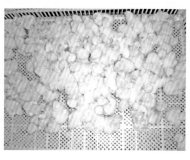

图5-35 商品褐壳蛋鸡公雏
（李超 拍摄）

2. 快慢羽鉴别

控制羽毛生长速度的基因存在于性染色体上，慢羽对快羽为显性。用慢羽母鸡与快羽公鸡杂交，其后代中凡快羽的是母鸡，慢羽的是公鸡。商品代白壳蛋鸡的区别方法：初生雏鸡的主翼羽长于覆主翼羽的为母雏（图5-36），若主翼羽短于或等于覆主翼羽的则为公雏（图5-37、图5-38）。

图5-36 主翼羽长于覆主翼羽的是母雏（李超 拍摄）

图5-37 主翼羽与覆主翼羽等长的是公雏（李超 拍摄）

图5-38 主翼羽短于覆主翼羽的是公雏（李超 拍摄）

二、翻肛鉴别法

翻肛鉴别法是根据初生雏鸡有无生殖隆起以及生殖隆起在组织形态上的差异，以肉眼分辨雌雄的一种鉴别方法。由于公鸡外生殖器退化后，在雏鸡泄殖腔开口部的下端中央，残留有一个很小的突起，称为生殖突起。生殖突起在孵化初期公母都有，随着胚胎发育到中期时，雌性开始退化，到出雏前消失，但也有少数仍残留。雄性的生殖突起在孵化中不消失，出壳后仍存留12～24小时。在生殖突起的两旁，各有一个皱襞斜向内方，呈"八"字形，称为"八"字皱襞。

公雏的生殖突起和"八"字皱襞充实、明显、有弹性，经压迫不易变形，易充血；而带有生殖突起的母雏则不充实，有萎缩之感、缺乏弹性，压迫时易变形，血管不发达，表面苍白。

1. 鉴别操作流程

（1）抓雏、握雏　雏鸡的抓握法一般有两种。一种是夹握法（图5-39），右手朝着雏鸡运动的方向，掌心贴雏鸡背部将雏鸡抓起，然后将雏鸡头部向左侧迅速移至排粪缸附近的左手，雏鸡背贴掌心，肛门向上，雏鸡颈轻夹在中指与无名指之间，双翅夹在食指与中指之间，无名指与小指弯曲，将两脚夹在掌面。技术熟练的鉴别员，往往右手一次抓两只雏鸡，当一只移至左手鉴别时，将另一只夹在右手的无名指与小指之间。另一种是团握法（图5-40），左手朝雏鸡尾部的方向，掌心贴雏鸡背将雏鸡抓起，雏鸡背向掌心、肛门朝上，将雏鸡团握在手中，雏鸡的颈部和两脚顺其

图5-39　夹握法（李超 拍摄）

自然。两种抓握法没有明显差异，虽然右手抓雏移至左手握雏需要时间，但因右手较左手敏捷而得以弥补。团握法多为熟练鉴别员采用。

（2）排粪、翻肛　鉴别观察前，必须将雏鸡的粪便排出。其手法是左手拇指轻压腹部左侧面髋骨下缘，借助雏鸡呼吸将粪便挤入排粪缸中。

（3）鉴别、放雏　根据雏鸡生殖隆起的有无和形态差别，便可判断雌雄（图5-41）。如果有粪便或渗出物排出，可用左手拇指或右手食指抹去，再行观察。鉴别的正确与否可通过观察雏鸡睾丸或卵巢来验证（图5-42、图5-43）。

图5-40　团握法（李超 拍摄）

图5-41　公雏（李超 拍摄）

图5-42　雏鸡睾丸（李超 拍摄）

图5-43　雏鸡卵巢（李超 拍摄）

2. 注意事项

（1）防疫卫生　鉴别前，要求每位鉴别人员穿工作服、鞋、戴帽、口罩，并洗手消毒。

（2）动作要轻捷　鉴别时动作粗鲁生硬容易损伤雏鸡肛门或使卵黄囊破裂，影响雏鸡以后的发育，甚至引起雏鸡的死亡。鉴别时间过长，肛门容易被粪便或渗出液掩盖，或过分充血而无法辨认。

（3）姿势要自然　鉴别员坐的姿势要自然，持续工作时才不容易疲劳。

（4）光线要适中　肛门雌雄鉴别法是一种细微结构的观察，光线应充足而集中，但光线从一个方向照射过来，无论光线过强或过弱都容易使眼睛疲劳。因此，常采用反光罩的40～60瓦节能灯泡的光线进行雏鸡雌雄的鉴别。

（5）盒位要固定　鉴别桌上的鉴别盒分三格，中间一格放未鉴别的混合雏，左边一格放雌雏，右边一格放雄雏。要求位置固定，不要更换，并且要求孵化厂所有鉴别人员放雏盒位的顺序一致，以免出现差错。

（6）注意保护眼睛　肛门雌雄鉴别法是用肉眼观察分辨雌雄的一种方法，鉴别员长年累月用眼睛观察，易导致用眼过度，应注意眼睛的保健。

第六节　初生雏鸡的分级与运输

一、初生雏鸡的分级

选择初生雏鸡的目的是为了将初生雏鸡按大小、强弱分群，单独培育，减少疾病的发生，提高成活率。一般通过眼看、手摸、耳听进行选择，选择的同时记数、装箱，准备运往育雏地点。

眼看选择初生雏鸡：即看初生雏鸡的精神状态，动作是否灵活，喙、腿、趾、翅、眼有无异常，泄殖腔是否清洁，绒羽长短、颜色是否合适、符合品种的标准，腹部大小是否适当，脐孔愈合是否良好等。

手摸选择初生雏鸡：即将初生雏鸡抓握在手中，触摸初生雏鸡的膘情、体重、体温等。

耳听选择初生雏鸡：健雏叫声洪亮清脆，弱雏叫声无力、嘶哑、急促或鸣叫不休。

1. 健康雏

绒毛长度适中、整齐、洁净而有光泽；脐部愈合良好、干燥且被腹部绒毛覆盖，无血迹；腹部大小适中、平坦；雏鸡站立稳健、反应灵敏、叫声洪亮、活泼好动、体形匀称，握在手里挣扎有力。

2. 弱雏

绒毛蓬乱粘污、缺乏光泽，脐部潮湿带有血迹、愈合不良、缺乏绒毛覆盖，甚至明显裸露，腹大、突出、蛋黄吸收不良、体重大小不一、体躯干瘪瘦小、握在手里感到无挣扎力，精神不振、两眼无神、半闭半开，两脚站立不稳，叫声无力或表现痛苦呻吟状态，对外界反应迟钝等。

此外，选择初生雏鸡还应结合种鸡群的健康状况、孵化率的高低和出壳时间的早晚等综合考虑。来源于高产健康种鸡群，孵化率比较高，正常出壳的初生雏鸡质量比较好；来源于患病鸡群，孵化率较低，过早或过晚出壳的初生雏鸡质量较差。

二、初生雏鸡的运输

运输初生雏鸡是一项技术性强的细致工作。随着商品化养鸡生产的发展，交通道路的畅通，初生雏鸡的长途运输是必不可少的。运输初生雏鸡的基本原则是迅速及时、舒适安全、清洁卫生。因此，要求运输人员不但要有一定的专业知识和运输经验，还要有很强的责任心。由于初生雏鸡体内残留部分未被利用的蛋黄，可以作为初生阶段的营养来源，所以远途运输，可在24小时内不喂。从雏鸡健康和正常生长发育方面考虑，应该在初生雏鸡绒毛干后，进行初生雏鸡的分级、鉴别、接种疫苗，然后尽早运达育雏舍。在孵化室停留时间越长，对初生雏鸡就越不利。如果是长途运输，最好在出壳后24小时以前运至养殖场。

接运雏鸡时最好采用专用运雏箱。常用运雏箱的规格为60厘米×45厘米×18厘米，容量100只，箱内分四小格，每格装25只（图5-44），箱子四周有通气孔，便于通风换气（图5-45）。可根据天气情况加盖必要的覆盖物，以防寒、防风、防雨。对于运输路程较近，也可使用塑料箱（图5-46），但必须彻底清洗、消毒，并铺好垫

图5-44 雏鸡盒分四个小格、每格装25只（薛雨 拍摄）

图5-45 雏鸡箱盒四周有通光孔、便于通风（李超 拍摄）

图5-46 雏鸡塑料箱盒

纸（图5-47），常用草纸，防止雏鸡挤压、滑倒而致腿伤。装运雏鸡时要注意平稳、通气，箱与箱或箱与车帮之间要留有空隙（图5-48），并根据季节、气候情况做好保温、防热、防雨等工作。运输途中要注意观察初生雏鸡状态，如发现过热、过凉或通风不良，要及时采取措施，防止因闷、压、凉或日光直射而造成伤亡或继发疾病。运输时，要防止剧烈的颠簸震动，勤观察雏鸡状态，做到快速、平稳、安全，不误开食时间，以不超过24小时到达目的地为宜。

图5-47 雏鸡塑料箱盒的垫纸
（李超 拍摄）

图5-48 雏鸡箱盒之间留有空隙
（肖发沂 拍摄）

第六章

蛋鸡的饲养管理

第一节　育雏

一、雏鸡的生理特点

1. 雏鸡体温调节能力差

雏鸡体温较成年鸡低3℃，其绒毛稀短、皮薄、皮下脂肪少、保温能力差，既怕冷又怕热。因此，在育雏过程中要提供一个适宜的温度环境，切勿过高或过低。

2. 胃肠容积小，消化能力差

雏鸡消化器官容积小、储存食物有限、消化能力差，但雏鸡的代谢旺盛，生长发育迅速。因此，雏鸡的日粮要求营养丰富、全面、适口性好、容易消化，饲喂方法要做到少喂勤添。

3. 羽毛生长速度快

雏鸡对日粮中的蛋白质，尤其是含硫氨基酸水平要求高。

4. 敏感性强，抗病力差

雏鸡胆小怕惊、喜欢群集，各种惊吓及环境的变化都会引起应激反应，从而影响生长，甚至惊群、挤压或死亡。因此，育雏时应创造安静环境，精心护理，认真搞好环境卫生，做好防疫工作。此外，幼雏由于对外界的适应力差，对各种疾病的抵抗力也弱，在饲养管理上稍微疏忽就可能患病。30日龄以内的雏鸡免疫功能还未发育完善，虽经多次免疫，自身产生的抗体水平还是难于抵抗强毒的攻击，因此应尽可能为雏鸡创造一个适宜的环境。

5. 生长发育迅速、代谢旺盛

蛋雏鸡1周龄时体重约为初生体重的2倍，6周龄时约为初生体重的11倍。可见雏鸡前期的生长发育迅速、代谢旺盛，单位体重的耗氧量也高，是成年鸡的3倍，因此要充分满足雏鸡对营养的需要及对新鲜空气的需要。

二、育雏方式及特点

1. 地面平养

地面饲养（图6-1）是雏鸡饲养在铺有垫料的地面上，简单易行、投资少、管理方便。但此法雏鸡与垫料、粪便直接接触，易感染疾病，特别是球虫病；而且占地面积大、饲养密度低，对房舍的利用不够经济，耗费垫料较多。

2. 网上平养

网上平养（图6-2）是雏鸡饲养在金属网床、塑料网床或棚

图6-1　地面平养（张月平　拍摄）

图6-2　网上平养

架上面。网床面离地50～60厘米高，网孔大小为1.2厘米×1.2厘米。采用这种育雏方式，鸡粪直接从网眼漏下，雏鸡不与粪便接触，定期及时刮粪，卫生状况较好，疾病发生少，饲养密度大大提高。但此法一次性投资较大，对饲养管理技术要求较高，要注意通风和防止营养缺乏症的发生。

3. 立体笼养

立体笼养是雏鸡饲养在3～4层的育雏笼内（图6-3、图6-4）。此法房舍利用率和劳动效率高，节省建筑面积和土地面积，饲养密度为地面平养的2～3倍，便于实行机械化和自动化生产，提高了雏鸡的成活率和饲料效率。但立体笼养需要较高的投资和饲养管理技术，对饲料的全价性和通风的要求也非常严格。

图6-3 育雏笼（李超 拍摄）

图6-4 育雏育成一体笼

三、育雏前的准备工作

1. 制订育雏计划

根据生产需要、房舍条件、饲料资源等具体情况，制订育雏计划。先确定全年育雏的总数、养育批次及每批养育的只数，然后具体拟定进雏及雏鸡周转计划、饲料及物资供应计划等，以确保育雏工作有条不紊地进行。

2. 育雏舍及设备用具的准备

（1）育雏舍 控温、通风等良好，光线明亮、地势高燥、环境安静，有利于防疫。

（2）供温设备　有保温伞、红外线灯、火炕、烟道、火炉（图6-5）、暖气（图6-6）、热风炉（图6-7）、地暖（图6-8）等形式，可根据实际情况加以选用。

（3）喂料用具　要求数量充足、结构合理、平整光滑、采食方便、不浪费饲料、高低大小适当、便于清洗和消毒。育雏期每只雏鸡占食槽宽度应为3～6厘米，食槽上缘比鸡背略高1～2厘米。雏鸡开食时，可按每80～100只鸡共用一个开食料盘（图6-9）。

（4）饮水器　种类有多种，如真空饮水器、普拉松饮水器（图6-10）、乳头式饮水器（图6-11）等，要求数量充足、干净

图6-5 火炉（李超　拍摄）

图6-6 暖气（张月平　拍摄）

图6-7 热风炉（段龙川　拍摄）

图6-8 地暖（张月平　拍摄）

彩色图解科学养鸡技术

卫生、不跑水、便于清洗消毒、不易污染。每只雏鸡占水槽宽度应为1～2厘米，高度比鸡背略高2厘米。

3. 饲料、垫料及药品准备

进雏前备好营养全价、无霉变、适口性好、易消化的雏鸡饲料（图6-12）。地面育雏时，在地面上铺一层5～10厘米的垫料（如木屑、稻壳、刨花等），厚度要均匀，所用垫料要求干燥、松软、洁净、吸水性强、不霉烂、无异味，使用前可在阳光下暴晒消毒。此外，还要准备好各种药品、疫苗、添加剂等。

4. 消毒

进雏前2周对育雏舍、设备、用具等进行彻底消毒。对育雏舍的消毒步骤是清扫—冲洗—消毒剂喷洒—熏蒸消毒。首先，

图6-9　开食料盘

图6-10　普拉松饮水器

图6-11　乳头式饮水器
（李超　拍摄）

图6-12　育雏用颗粒破碎料
（李超　拍摄）

将舍内的喂料、饮水等设备移出舍外进行冲洗、消毒、维修（图6-13）；其次，彻底清扫粪便、垃圾、污物，重点注意地面、墙裙、窗台、通风口、天棚、屋内顶；再次，用高压水枪冲洗，冲洗原则为由上到下、由内到外。鸡舍冲洗、晾干后，修复笼具等养鸡设备，必要时将饲养设备全部拆除、清理消毒干净后重新安装；检查供温、供电、饮水系统是否正常；最后是消毒，冲洗在前，消毒在后（图6-14），待冲洗干燥后，分别采用三种不同的消毒剂，将鸡舍彻底喷洒3次。三种消毒剂需要做到杀菌、抗毒谱互补，每次消毒要在上次喷雾消毒干燥后进行。地面可用3%～5%的热火碱水喷洒，墙壁可用10%～20%的石灰乳刷白，曾发生过烈性传染病的鸡舍，应采用火焰消毒1次。鸡舍干燥后铺好垫料，摆好饲喂用具，按每立方米福尔马林42毫升、高锰酸钾21克密闭熏蒸1～2天，之后排出甲醛气体，必要时用氨水中和，氨水用量和甲醛一致。

对于场区，彻底清理场区内所有的杂草、垃圾等杂物；对整个场区，包括办公室、人员活动室、厕所等公共场所采用3%的火碱消毒液喷洒消毒；对于场区的主要道路撒上生石灰粉末，同时喷洒少量水进行消毒；封闭鸡舍，禁止外来人员进入。

5. 预热试温增湿

无论采用哪种育雏方式，进雏前1～2天对育雏舍进行预热

图6-13 空舍期料槽移至舍外冲洗（李超 拍摄）

图6-14 空舍期冲洗后的鸡笼（李超 拍摄）

升温，同时检查升温、保温效果，及时调整，以达到标准要求。检查湿度是否适宜，育雏前期因高温，用水量少，普遍干燥，注意加湿。

四、鸡苗的挑选与接运

1. 鸡苗的挑选

优质雏鸡应该具备的特性：品种生产性能高；马立克病疫苗接种确实有效；对一些重要疫病，具有较高、较一致的母源抗体，这能避免幼雏时期感染疫病，也便于适时免疫；体重大小比较一致，最好是来自同一日龄的同一个种鸡群，母源抗体比较整齐，也便于管理，一般体重在34克以上；体力充沛、活泼好动、反应敏捷、叫声脆响，抓在手中时挣扎蹬腿有力；绒毛整洁、有光泽，腹部大小适中，脐带愈合良好；脚趾圆润，无存放时间过长、干瘪脱水的迹象。此外，挑选鸡苗时还应结合种鸡群的健康状况、孵化率的高低和出壳时间的早晚来进行综合考虑。一般来说，一批种蛋的受精率、孵化率、健雏率等指标越高，雏鸡质量越好。种鸡盛产期的后代体质较好。

2. 鸡苗的接运

初生雏鸡的运输，必须做到轻、稳，快。最好能在羽毛干燥后的12～24小时内运抵育雏舍。利用车辆运输鸡苗，应对车辆及运输设备进行消毒。运输司机要求开车技术好。运输时要注意防寒保暖、防晒防热和防湿防雨等。运输过程中，既要注意保温，又要保持适当通气，以防因缺氧将鸡闷死。运输时勤观察雏鸡状态，并注意防止小鸡挤压。雏鸡的包装工具有专用的运雏盒装运。运雏盒是用纸板制成的，四周有通气孔，可以通风，中间有"十"字形隔板，每盒分为四格，在运输中可以减少因雏鸡互相挤压、碰撞而造成损失。运输鸡苗建议使用孵化厂专门的雏鸡运输车（图6-15、图6-16）。

雏鸡运到场，应立即将雏鸡小心谨慎地从运雏车卸下，摆放于育雏围栏外，然后打开箱清点鸡数，检查鸡只状况，将

图6-15 孵化厂专用运雏车
（一）（李超 拍摄）

图6-16 孵化厂专用运雏车
（二）（肖发沂 拍摄）

鸡只放入热源范围内，确保鸡只适应新的环境并顺利地找到水源。

五、雏鸡的饲养管理

1. 及时饮水、开食

雏鸡接运到育雏舍安置好后，开始饲养的最佳时间是在出壳后24小时左右，先饮水，饮水2～3小时后再开食。

（1）饮水 头1周可饮温开水，卫生干净。初饮时对个别不会饮水的雏鸡要人工帮助，可将鸡嘴浸入水中几下（图6-17）。保持饮水清洁卫生，饮水器每天清洗消毒3～4次，及时更换新鲜饮水。饮水器数量要充足，分布均匀，高度、大小随鸡日龄增大而调整。为满足雏鸡饮水充足，初饮开始1～2周可用

图6-17 初饮，将鸡嘴浸入水中
（李超 拍摄）

图6-18 使用真空饮水器初
饮（李超 拍摄）

真空饮水器（图6-18），之后过渡为乳头饮水器，育雏期水压10～20厘米。雏鸡饮水要随时自由饮水、不要间断。为提高雏鸡的抵抗力、减少死亡率，头几天可在饮水中加入电解多维素或5%左右的葡萄糖。另外，要注意观察鸡群每天饮水量的变化，健康鸡饮水量一般为采食量的2～3倍，若饮水量突然增多或减少，应及时查找原因。水是最重要的营养物质，不管在任何时候必须给鸡提供良好品质的饮水。

（2）开食与喂饲　雏鸡第1次吃料叫开食。开食料要新鲜，颗粒大小适中，营养丰富，易于啄食和消化，最好用全价颗粒饲料的破碎料开食。开食后前几天可将饲料撒在开食料盘内，让鸡自由啄食，对不会吃料的雏鸡要人工训练。2～3天后逐渐改用小鸡料槽或料桶，以减少饲料的浪费和污染。要保证足够的槽位，确保所有雏鸡同时采食。料槽高度、大小随鸡日龄增大而调整。头几天饲料不要加得太多，以免浪费，应多次少量、勤添勤喂，第1～2周每天喂5～6次，第3～4周每天喂4～5次，以后每天喂3～4次。立体笼育时，开始在笼内放置料盘喂料，1周后训练在笼外吃料（图6-19、图6-20）。

2. 提供适宜的环境条件

（1）合适的温度　温度是养好雏鸡的首要条件。育雏温度应随着雏鸡周龄的增加而逐渐降低，使雏鸡逐步适应环境温度，以增强体质，切忌温度忽高忽低。育雏温度见表6-1。

图6-19　开食过后1周左右改为笼外吃料（一）（李超　拍摄）

图6-20　开食过后1周左右改为笼外吃料（二）（张月平　拍摄）

表6-1　育雏温度参考标准

日龄/天	1～3	4～7	8～14	15～21	22～28	29～35	36～转群
温度/℃	33～35	31～33	29～31	27～29	24～27	22～24	18～21

注：上述温度是指离地面或网床面上5厘米处，相当于鸡背高位置的温度。

　　育雏温度是否合适，可通过温度计观测（图6-21），为了让温度计的读数准确反映鸡舍温度，温度计应置于远离进风口、热源、与鸡背等高的位置，一般每1000～2000只鸡放置一支温度计。除了观察温度计外，更重要的是观察鸡群的精神状态和活动表现。当温度适宜时，雏鸡表现活泼，食欲良好，饮水适度，羽毛光洁，形态自如，睡眠安静，睡姿伸展舒适，鸡群疏散呈满天星式分布；当温度过高时，雏鸡远离热源，张口呼吸，昏昏欲睡（图6-22），饮水增多，食欲减退；当温度过低时，雏鸡紧靠热源，聚集成堆，行动迟缓，采食、饮水减少，常大声唧唧叫。温度控制对笼养育雏尤为重要，因为雏鸡在笼中自己不能自由活动去寻找温度适宜的地方，如果有贼风，它们会挤成一团并远离贼风口。

　　（2）适宜的湿度　育雏初期的1～10天，由于舍内温度高、水分来源少，舍内容易干燥，湿度可适当提高一些，达到60%～70%，以防止幼雏体内水分过量蒸发引起脱水，有利于

图6-21　鸡舍内悬挂使用温湿度计（段龙川　拍摄）

图6-22　育雏温度过高时，雏鸡昏昏欲睡（李超　拍摄）

腹内卵黄的吸收。雏鸡10日龄后，由于体重的增加，采食和饮水增多，呼吸和排粪量也随之增多，育雏舍内容易潮湿。为防止球虫病的发生，湿度应保持在50%～60%。常用的增湿办法是定期向室内地面喷水，常用的降湿办法是加强通风换气、更换垫料、防止饮水器漏水等。湿度良好的标志是人进入后有湿热的感觉，不会感到鼻干口燥；雏鸡脚爪润泽、细嫩，无尘土飞扬。

（3）新鲜的空气　鸡只代谢旺盛，加之鸡群密集，需要较多的新鲜空气，所以通风对养鸡生产尤其重要。若育雏舍内二氧化碳含量过高，雏鸡的呼吸次数就会显著增加、食欲减退、生长缓慢、体质下降，因此鸡舍内二氧化碳的浓度应控制在0.2%左右。舍内氨气浓度过高会引起雏鸡肺水肿、充血，眼结膜发炎，新城疫发病率提高，因此氨气的浓度应低于百万分之十，不能超过百万分之二十。室内通风是否正常，除了通过仪器测量，也可通过人的感觉，即如果人感觉到闷气、呛鼻、辣眼睛或过分臭味，即判定舍内空气污染程度已严重超标。通风时应尽量避免冷空气直接吹入，可用导风板（图6-23～图6-25）的方法缓解气流。通风时间最好选在晴天中午前后，门窗的开启应由小到大，切不可突然将门窗大开让冷风直吹，使舍温突降。冬季通风换气最好安排在中午温度较高时进行。生产中一定要解决好通风与保温的关系：育雏前期（1～3周），雏鸡的绒毛保温能力差，不具备体温调节能力，对外界温度的变化敏感，在温度与通风的关系上，要以保温为主；从4周龄开始，加强通风，注意保温，保持舍内良好的通风换气。

（4）光照　光照与雏鸡的采食、饮水、活动、健康和发育有密切关系。育雏期的光照时间原则：1周或转群后几天，保持较长的光照时间，以便雏鸡熟悉环境，然后逐渐减少到最低，但最短每天不能少于8小时光照。育雏头3天光照强度为20勒克斯（节能灯约2瓦/米^2），以后逐渐减少光照强度至5勒克斯

（节能灯约0.5瓦/米^2），过渡到育成鸡光照。灯具安装原则是照度均匀，具体要求：灯具距地面2米，灯距是灯高1.5倍，交错排列；笼养的灯具应布于走道上方，注意下层鸡笼的照度；灯具加灯罩（图6-26）并经常擦拭，及时更换坏灯具。

（5）合理的密度　雏鸡密度过大，易出现闷热拥挤、影响运动、干扰采食饮水，导致舍内空气污浊，雏鸡易发生啄癖、发育不整齐、成活率低；若密度过小，房舍及设备利用率低，饲养成本高。雏鸡适宜的饲养密度见表6-2，饲养密度既包括每平方米饲养多少只鸡，也包括采食位置、饮水位置的情况（表6-3）。采食位置要根据鸡日龄大小及时调节，以保证每只鸡都能同时采食。

图6-23　侧墙小窗导风板（一）
（李超　拍摄）

图6-24　侧墙小窗导风板（二）
（李超　拍摄）

图6-25　山墙大窗导风板
（李超　拍摄）

图6-26　灯具加灯罩
（李超　拍摄）

表6-2　不同育雏方式雏鸡饲养密度

周　龄	地面平养/（只/米²）	网上平养/（只/米²）	立体笼养/（只/米²）
1～2	30	40	60
3～4	25	30	40
5～6	20	25	30

表6-3　雏鸡采食位置和饮水位置

采食位置		饮水位置	
料槽	开食盘	一个乳头	水槽
5厘米	80只鸡左右	10只鸡	1.5厘米

3. 适时断喙

为预防啄癖和减少饲料浪费，应适时断喙。断喙则要遵循一定的程序。断喙一般有两种器械：一种是电热式断喙器（图6-27），另一种是红外线断喙器（图6-28）。电热式断喙器的孔眼直径有4.0毫米、4.4毫米、4.8毫米三种，1日龄雏鸡断喙可用4.0毫米的孔眼，7～10日龄雏鸡可采用4.4毫米的孔眼，成年鸡可用4.8毫米的孔眼（图6-29）。刀片的适宜温度为600～800℃，此时刀片颜色为樱桃红色。具体操作：左手保定鸡只，将鸡腿部、翅膀以及躯体保定住，将右手拇指放在鸡头顶上，食指放在咽下（以使鸡缩舌），稍加压力，使双喙闭合后稍稍向下倾斜一同伸入断喙孔中，借助于断喙器灼热的刀片，将上喙断去喙尖至鼻孔之间的1/2、下喙断去1/3，并烧烙止血1～2秒（图6-30～图6-36）。断喙时应注意以下事项。

① 断喙要选择经验丰富的人来操作，调节好刀片温度，掌握好烧灼时间，防止烧灼不到位引起流血。

② 为防止出血，断喙前后几天内可在饲料中加入维生素K_3和维生素C，剂量分别按照2毫克/千克和100毫克/千克加入。

③ 断喙后2～3天，鸡喙部疼痛不适，采食和饮水都发生困难，饲槽内应多加一些料，以便于鸡采食，防止鸡喙啄到槽

图6-27 电热式断喙器（李超 拍摄）

图6-28 红外线断喙器
（薛雨 拍摄）

图6-29 电热式断喙器的孔眼
（李超、聂鹏程 拍摄）

图6-30 开启开关
（李超、聂鹏程 拍摄）

图6-31 调节电压、刀片升温
（李超、聂鹏程 拍摄）

图6-32 调节停刀、止血的时间
旋钮（李超、聂鹏程 拍摄）

底，水槽中的水应加得满一些，断喙后不能缺水。

④ 断喙应与接种疫苗、转群等错开进行，以免加大应激反应。

⑤ 断喙后要仔细观察鸡群，发现出血应重新烧烙止血。

⑥ 种用小公鸡可以不断喙或轻微地断去喙尖部分，以免影响将来的配种能力。

图6-33 左手保定鸡只
（李超、聂鹏程 拍摄）

图6-34 双指按压使双喙闭合
（李超、聂鹏程 拍摄）

图6-35 双喙伸入断喙孔中、烧烙止血（李超、聂鹏程 拍摄）

图6-36 上喙断去1/2、下喙断去1/3（李超、聂鹏程 拍摄）

4. 周密看护，做好记录

经常检查料具饮水器数量、高低、大小是否合适，采食速度等情况，正常情况下，饲喂适量的饲料应在当天吃完。若发现鸡采食量逐渐减少时，应认真分析原因。观察鸡群，尽早发现疾病的前兆，以便早防早治。早晨注意观察鸡群采食速度、精神状态、粪便形状及颜色。正常情况下，雏鸡反应敏感、眼明有神、活动敏捷、分布均匀、采食饮水正常，正常的粪便为青灰色、成堆形或条形，表面一般覆盖少量的白色尿酸盐；当鸡患病时，往往排出异样的粪便。夜间鸡只休息后要注意观察鸡群呼吸有无异常，呼吸频率和姿势是否改变，有无流鼻涕、咳嗽、眼睑肿胀和异样的呼吸音，还应注意有无野兽和老鼠等出入，以防惊群和意外伤亡。每天记录死亡淘汰数、进出周转数或出售数、存栏只数，耗料情况，用药情况，免疫接种，体重测量情况，天气及舍内的温、湿度变化情况等资料，以便汇总分析（表6-4）。

表6-4 育雏育成记录表

品种_____ 入舍鸡数_____ 入舍日期_____ 记录员_____

周龄	日龄	耗料情况		鸡群情况		周末平均体重	环境条件					卫生防疫			
		日总耗料量	只日耗料量	死淘数	出栏数		光照时间	光照强度	最高舍温	最低舍温	舍内湿度	用药情况	免疫情况	消毒情况	清粪情况

彩色图解科学养鸡技术

周龄	日龄	耗料情况		鸡群情况		周末平均体重	环境条件					卫生防疫			
		日总耗料量	只日耗料量	死淘数	出栏数		光照时间	光照强度	最高舍温	最低舍温	舍内湿度	用药情况	免疫情况	消毒情况	清粪情况

5. 做好卫生防疫

实行"全进全出"的饲养制度，做好隔离、卫生、消毒工作，制订科学合理的预防性投药计划和免疫接种程序（表6-5）。

表6-5 蛋鸡（父母代、商品代）参考免疫程序

日龄/天	疫苗种类	接种方法	备注
1	马立克疫苗	皮下注射	1.5～2羽份
	传染性支气管炎H120苗	滴鼻或点眼	
7～10	新城疫Ⅳ系苗	滴鼻或点眼	2羽份
	禽流感疫苗	颈皮下注射	
14～15	传染性法氏囊病疫苗	滴口或饮水	2羽份
22～25	新城疫Ⅳ系苗	点眼或肌注	2羽份
	新城疫油乳苗	胸肌注射	半羽份，种鸡宜用
	鸡痘苗	翼膜刺种	
28～32	传染性法氏囊病中等毒力苗	饮水	2羽份

149

日龄/天	疫苗种类	接种方法	备注
28～32	禽流感疫苗	颈皮下注射	2羽份
37～40	传染性支气管炎H52苗	饮　水	2羽份
60～70	传染性鼻炎油乳苗	胸肌注射	1羽份
	新城疫Ⅳ系苗	肌注或气雾免疫	2羽份（抗体监测结果）
80	传染性支气管炎H52苗	饮　水	4羽份
90	传染性喉气管炎苗	点　眼	1羽份
	禽脑脊髓炎活苗	饮　水	1.5羽份，疫区使用，种鸡宜用
	新支减三联油苗	肌　注	1.5羽份
120	鸡痘苗	翼膜刺种	2.5～3羽份
	传染性鼻炎油乳苗	胸肌注射	1羽份
130	禽流感疫苗	肌　注	1羽份，种鸡用
140	新城疫油乳苗	肌　注	1.5羽份
	传染性法氏囊病油乳苗	肌　注	1羽份，种鸡用
280	新城疫油乳苗	肌　注	1.5羽份
	传染性法氏囊病油乳苗	肌　注	1羽份，种鸡用

6. 适时脱温、转群

满6周龄当雏鸡能完全适应环境温度后即可脱温，降温要缓慢，5～6周龄时可转入育成鸡舍。提前对育成鸡舍进行消毒，转群时采用过渡性换料，转群前后3天在饮水中添加电解多维素，以减少应激反应。转群前6小时停料，转群当天连续24小时光照，保证采食饮水，尽量减少两舍间的温差。转群要避开断喙和免疫接种，最好选择清晨或晚上进行。转群时选择并淘汰病鸡、弱鸡和体重过轻、发育不良的鸡。

第二节 育成鸡的饲养管理

一、育成鸡的生理特点

1. 体温调节能力增强

育成鸡的羽毛几经脱换，长出成年羽毛，羽毛丰满密集而呈片状，保温、防风、防水作用强，加上皮下脂肪逐渐沉积，采食量的增加，使育成鸡对低温的适应能力增强。因此，进入育成期可逐渐脱温。

2. 消化功能逐渐增强

随着鸡日龄的增大，鸡的胃肠容积增大，各种消化酶的分泌增多，对饲料的利用能力增强。

3. 育成中后期生殖系统加速发育

刚出壳的小母鸡卵巢为平滑的小叶状，重约0.03克，鸡在12周龄后性腺开始快速发育，14周龄时的卵巢重量达4克左右，18周龄时达到25克以上，20周龄时大部分鸡的生殖系统发育接近成熟，卵巢呈葡萄状，上面有许多大小不同的白色和黄色卵泡，卵巢重40～60克。12周龄后育成期母鸡对光照刺激进入敏感期，要严格执行光照方案。输卵管在卵巢未迅速生长前，仅8～10厘米长；当卵泡成熟能分泌雌激素时，输卵管便开始迅速生长，并达到80～90厘米。因此，育成鸡的腹部容积逐渐增大，腹部柔软度增强。此时，大、中卵泡开始分泌大量的雌、孕激素，刺激输卵管生长、耻骨间距扩大和肛门松弛，为产蛋做准备。

4. 体重增长快，脂肪沉积能力增强

育成鸡的骨骼和肌肉生长迅速，脂肪沉积与日俱增。育成期是蛋鸡一生中绝对增重最快的时期，1/2体重的增加都在育成期完成。育成前期是骨骼、肌肉和内脏生长的关键时期，一

定要抓住营养和其他各方面的管理，使鸡群的体重和骨骼都能按标准增长。前期的体重决定鸡成年后骨骼和体形的大小，鸡在11～12周时就完成了95%的骨骼生长，鸡的距骨在18周龄时即发育完成。鸡在13周龄后，脂肪沉积能力显著增强，特别是育成后期，鸡已具备较强的脂肪沉积能力，如果在开产前后小母鸡的卵巢和输卵管沉积脂肪过多，会影响母鸡卵子的产生和排出，从而导致产蛋率降低或停产。因此，这一阶段既要继续保持丰富的营养以满足鸡生长发育的需要，又要防止鸡体过肥。

5. 育成鸡羽毛更换速度快

鸡羽毛占活重的4%～9%，且羽毛中粗蛋白质含量高达80%～82%。育成鸡大约在13周龄和26周龄完成蛋鸡一生中第2次和第3次羽毛更换，频繁的换羽会给鸡只造成一种很大的生理消耗。因此，换羽期间要注意营养的供给，尤其是要保证足够的蛋白质，特别是含硫氨基酸的满足，同时平养蛋鸡要注意羽毛的清扫和清理。

6. 群序等级的建立

鸡群群序等级从10周龄前后开始出现，临近性成熟时基本形成。群序等级的建立是通过啄斗而实现的，位于等级序列末等的鸡常受欺凌而影响采食、饮水、运动和休息，出现生长发育不达标现象。因此，应保证鸡群适宜的饲养密度，特别要提供充足的料槽和水槽，以保证每只鸡有同等的采食和饮水机会，提高体重的均匀度。

二、育成鸡的培育标准和要求

育成期饲养管理的主要任务是培育出体质健康、体重达标、群体整齐、开产一致、符合正常生长曲线的后备母鸡，从而保障产蛋期生产潜力的发挥。

1. 健康无病、成活率高

具有较强的抗病能力，产前严格按免疫程序做好各种免疫，

彩色图解科学养鸡技术

保证鸡群能安全渡过产蛋期。育成期成活率应达到97%以上。

2. 体重达标、体形匀称

育成期的体重和体况与产蛋阶段的生产性能具有较大的相关性。体重是充分发挥鸡遗传潜力、提高生产性能的先决条件。育成期体重可直接影响开产日龄、产蛋量、蛋重、料蛋比、产蛋高峰持续期及产蛋的持久性。体重是衡量育成鸡生长发育的重要指标之一，现代鸡种都有自己的标准体重（表6-6）。育成鸡体重达到标准，说明生长发育正常，将来产蛋性能好，饲料报酬高。若体重超过标准，则会出现因体重过大而降低饲料报酬，或者会因肥胖而导致性功能降低，产蛋少，死亡率高；若体重太轻，说明鸡只生长发育不健全，产蛋持久性差。鸡的体重超过标准体重时，鸡群开产过早，影响鸡的身体发育，全期产蛋蛋重下降、产蛋率降低。

蛋鸡产蛋性能除了受体重影响外，良好的体形也是高产的保障。在现代化蛋鸡生产中会遇到体重合格的母鸡，但却是骨架小的肥鸡或是骨架大的瘦鸡，过肥的鸡死亡率较高，产蛋少，蛋品质差且易脱肛；体形过大而体重较轻的瘦鸡产蛋少，产蛋持久性差。这两种鸡都不可能成为高产鸡。因此，通过采取措施调控鸡只的骨骼发育和体重大小，建立良好的体形结构是提高育成鸡培育质量的重要保证。

表6-6　现代高产蛋鸡育雏育成期给料标准及标准体重

周龄	褐壳蛋鸡			白壳蛋鸡		
	日耗料/（克/只）	累计耗料量/（克/只）	体重/（克/只）	日耗料/（克/只）	累计耗料量/（克/只）	体重/（克/只）
1	8	56	70	9	63	70
2	16	168	120	17	182	130
3	24	336	200	22	336	200
4	31	553	250	27	525	260
5	36	805	335	32	749	330

周龄	褐壳蛋鸡			白壳蛋鸡		
	日耗料 /（克/只）	累计耗料量 /（克/只）	体重 /（克/只）	日耗料 /（克/只）	累计耗料量 /（克/只）	体重 /（克/只）
6	41	1092	450	36	1001	400
7	46	1414	540	39	1274	460
8	50	1764	640	42	1568	530
9	54	2142	750	45	1883	600
10	58	2548	860	48	2219	670
11	62	2982	960	51	2954	730
12	66	3444	1070	54	3332	790
13	69	3927	1120	56	3724	860
14	72	4431	1200	58	4130	920
15	75	4956	1260	61	4557	990
16	78	5502	1320	67	5026	1060
17	81	6069	1400	73	5537	1130
18	84	6657	1270	80	6097	1210

注：1. 蛋鸡体重在开产后到40周还要增重300～400克。

2. 高峰期喂料量为125～130克。

3. 鸡群整齐，均匀度好。

均匀度是指鸡群内个体间体重的一致程度。鸡群内个体体重差异小，说明鸡群发育整齐，性成熟能同期化，开产时间较一致，产蛋高峰期维持时间长，全期产蛋量高，一般要求鸡群的均匀度大于80%。

三、限制饲养

限制饲养简称限饲，就是人为地控制鸡的采食量或者降低饲料营养水平，以达到控制体重的目的。

1. 目的和作用

（1）控制鸡的体重 鸡在自由采食状态下，常常会过量采食，不仅会造成饲料浪费，而且还会因脂肪过度沉积而超重，影响成年后的产蛋性能。脂肪过多有以下一些危害。

① 影响蛋鸡的产蛋性能，脂肪积存于蛋壳腺内，会使钙的分泌功能发生障碍，产薄壳蛋或软壳蛋。

② 脂肪过多会使蛋鸡产蛋后肛门复位时间大大延长，易造成脱肛。

③ 气温高时，脂肪过多的鸡散热困难，易产生高温应激。

（2）控制性腺发育，使鸡群适时开产 育成鸡正处于卵巢、输卵管发育快速的时期，如果不进行限制，会导致小母鸡过早性成熟，开产早，但蛋小，产蛋持久性差，总产蛋量少。

（3）节省饲料 限饲的鸡采食量比自由采食量少，可节省10%～15%的饲料。此外，限饲控制了母鸡的体重，可以提高母鸡在产蛋期的饲料报酬。

2. 方法

限饲方法有限质、限量等方法。具体操作可以参考肉用种鸡的限饲方法（见第七章第二节），但不管采用哪种方法，限制饲养只应当减少脂肪的蓄积，而不应妨碍鸡体其他器官的发育。

3. 注意事项

① 限饲前应断喙，淘汰病鸡、残鸡、弱鸡，并根据鸡的营养标准、饲喂量、体重等要求制订好限饲方案。

② 限饲期间，必须要有足够的食槽，保证每只鸡都有一定的采食槽位，防止因采食不均造成发育不整齐。

③ 定期称重，掌握好喂料量。一般每周称重1次，并与标准体重比较，以差异不超过10%为正常，如果差异太大，要调整喂料量。

④ 当气温突然变化、鸡群出现疾病、免疫接种或转群时，应暂停限饲，待鸡群恢复正常时再行限饲。

⑤ 饲料的质量可以略为降低，但是各种营养要素的比例必

须平衡，否则会影响整个鸡体的正常发育。

四、光照管理

1. 光照原则

育成期的光照时间宜短不宜长。为防止育成鸡过早性成熟，育成期间一般采用渐减的光照制度，以每天8～9小时的光照为宜。

2. 光照强度

白壳蛋鸡育成期光照强度以5勒克斯为宜，褐壳蛋鸡育成期光照强度以10勒克斯为宜。蛋鸡育雏、育成期为了防止进风口透光，进风口可使用遮光罩（图6-37）。

3. 光照刺激的时机

若鸡群没有达到标准体重，光照时间可延缓到下1周再增加，最多不晚于19周龄末。如果对低于标准体重的鸡群实施刺激光照，会导致蛋重变小、高峰持续时间短或高峰过后产蛋量下降过快等问题。18～19周龄，每周各增加1小时光照，从20周龄起每周增加0.5小时光照，直至产蛋鸡的正常光照时间为16小时。

图6-37　风口的遮光罩
（李超　拍摄）

五、日常管理

1. 定时称重

体重是衡量鸡群生长发育的重要指标之一，不同品种的鸡都有其标准体重。符合标准体重的鸡，说明生长发育正常，将来产蛋性能好，饲料报酬高；体重过大，产蛋能力差，死亡率高；体重太轻，说明生长迟缓，产蛋持久性也差。因此，在育

彩色图解科学养鸡技术

成期要通过称重了解鸡群的生长发育情况，并根据体重变化及时调整饲喂量。如果鸡群的体重低于目标体重，就应该采用高营养的饲料配方直到体重与其日龄相符为止。培育出骨架发育良好的小母鸡是理想目标，而不可培育出超重或过肥的鸡。早期刺激鸡群增加采食量，以促进其骨架的充分发育，但应避免12～18周龄体重超标。

全群称重是最准确的，但在生产实践中不可能每只鸡都称重，一般都从鸡群中抽出一部分鸡来称重，以测得的数值来推断全群的体重。抽样比例一般为3%～5%。从鸡群中抽出的个体应能正确代表鸡群的体重，因此必须采用随机抽样的方法。为了使抽样具有代表性，平养鸡抽样时一般先把舍内鸡只徐徐驱赶，使舍内各区域鸡只及大小不同的鸡只均匀分布，然后在鸡舍对角线方向依次取点，随机将鸡用围栏（图6-38）围起来，笼养鸡的每层笼子、每列笼子都要有取样点，每个取样点不管鸡只大小都要称重。育雏、育成期每周称重1次，产蛋期每2周称重1次，每次称重要在一周同一天的同一个时间，为了使称得的体重接近实际体重，称重时间可在早上开灯喂料前，也可在下午饲料基本消化完毕后进行。称重的秤，每个鸡舍要固定，最小刻度应小于20克。称重（图6-39）时要做好记录（表6-7）。

图6-38 捕捉鸡只的围栏
（都振玉 拍摄）

图6-39 鸡只称重
（张月平 拍摄）

表6-7　鸡群抽样称重记录表

场名_____　群号_____　栋号_____　品　种_____
周龄_____　日龄_____　性别_____　标准体重_____

行＼列	1	2	3	4	5	6	7	8	9	10	11	12	13	14
1														
2														
3														
4														
5														
6														
7														
8														
9														
10														
11														
12														
13														
14														
15														
16														
17														
18														
19														
20														

行\列	1	2	3	4	5	6	7	8	9	10	11	12	13	14
21														
22														
23														
24														
25														
平均体重														
均匀度														

填表人＿＿＿＿＿＿＿

2. 体重均匀度的控制

体重均匀度反映了鸡群体重大小的整齐程度，是评价整体鸡群生长发育的一个重要指标。体重均匀的鸡群开产早，产蛋期产蛋率高，产蛋高峰维持时间长，总产蛋量高，饲料转化价值高。良好的均匀度不仅能提高整个鸡群产蛋率的上升速度且高峰突出，产蛋持续能力强，而且还能节约饲料。体重均匀度的表示方法如下。

① 用处于平均体重上下10%范围内的个体比例来表示。体重均匀度在70%～76%时为合格，达77%～83%认为较好，达到84%～90%为最好。

$$体重均匀度 = \frac{处于平均体重上下10\%范围内的鸡只数}{抽样总数} \times 100\%$$

②以变异系数来表示。统计学上以变异系数表示一组数据的离散程度，变异系数越大，说明这组数据越离散，越不均匀。变异系数在9%～10%为合格，在7%～8%为比较好。

体重均匀度的影响因素主要包括鸡苗质量、饲养密度、布料均匀度（鸡只采食是否均匀）、环境条件的均匀情况、断喙和

第六章 蛋鸡的饲养管理

疾病因素等。在生产中，我们从第1周开始加强各方面的均匀管理，重视均匀度的提高，重视自然养出来的体重均匀度，弱化称出来和挑出来的体重均匀度，把分栏饲养和挑鸡作为控制体重均匀度的补救办法。均匀度控制贯穿于养鸡生产的全过程。在生产中除了加强体重均匀度的控制外，还要加强包括骨架、体形、换羽、抗体滴度、性成熟和体成熟等方面全方位均匀度的控制，使鸡群为以后打下一个扎实的基础，进而提高鸡群的整体效益。

3. 搞好卫生防疫

育成期是蛋鸡全程发病较少的一段时期，但也要加强日常卫生管理，定期清扫鸡舍，更换垫料，注意通风换气，执行严格的消毒制度。同时该期也是接种疫苗较频繁的一个时期，注意疫苗接种的质量，为产蛋期发挥良好的产蛋性能打下一个良好的身体基础。

4. 选择淘汰

勤观察鸡群状况，结合称重结果，对体重不达标的鸡以及病鸡、弱鸡、残鸡和性别鉴别错误的鸡尽早淘汰，以免浪费饲料和人力。一般在6～8周龄即育雏结束转入育成时进行初选，第2次筛选一般在18～20周龄，可以与转群或接种疫苗同时进行。

5. 补喂沙砾

从第7周开始，蛋鸡开始补喂沙砾，沙砾不仅能提高鸡的消化能力，而且还可避免肌胃逐渐缩小。每1000只鸡每周饲喂的沙砾量：5～8周，4.5千克，粒径1毫米；9～12周龄，9千克，粒径3毫米；13～20周龄，11千克，粒径3毫米。沙砾要求清洁、卫生，使用前先将沙砾中的杂物清除，再用清水冲洗干净，然后用0.01%高锰酸钾水溶液进行消毒，处理完毕后才能使用。

6. 驱虫

育成期的鸡只感染寄生虫后主要表现为羽毛松乱、无光泽、冠髯苍白、喙和腿颜色较浅等，鸡只消瘦、生长发育迟缓甚至出现死亡。因此，蛋鸡转群时最好进行1次驱虫工作，对体内寄生虫和体外寄生虫联合用药，保证鸡只健康的生长发育。为了保证驱虫效果，鸡群驱虫后应给予连续不少于3天的带鸡消毒。

7. 训练上栖架

鸡有登高栖息的习性，育成鸡平养时，上栖架可避免夜间鸡群受惊受潮，防止挤压引起的伤亡。同时在栖架上栖息，空气清新，鸡不会因地面潮湿或天气寒冷而患呼吸道疾病。另外，栖架还具有成本低、占地面积小、便于清粪等优点。栖架一般用4厘米×6厘米的木棍或木条制作，斜立或平立均可，高度为60～80厘米，间距为30～35厘米，每只鸡一般占有10～20厘米的位置。使用过程中，架子下面可以铺一层厚一点的塑料布（长方形），塑料布上边铺一层土，鸡粪落在上面，需要清洁的时候把塑料布抽出来清理干净就可以了。

第三节 产蛋鸡的饲养管理

一、产蛋鸡的生理特点

1. 开产后身体尚在发育

刚进入产蛋期的母鸡虽已性成熟，开始产蛋，但身体还没有发育完全，体重仍然在增长，体重每周仍可增长30～40克。开产后20周，约达40周龄时生长发育才基本停止，体重增长减少，40周龄后的增重主要是脂肪沉积。因此，在产蛋期的不同阶段必须根据鸡的不同生长发育特点及产蛋情况给予饲养。

2. 对环境变化敏感

鸡在产蛋期间对饲料配方及饲养设备的更换，对环境温度、湿度、通风、光照、饲养密度、饲养人员、噪声、疾病、防疫、日常管理程序以及其他因素的变化均会产生应激反应，从而对产蛋产生不良影响，使产蛋性能的发挥受到限制。因此，维持产蛋鸡饲料配方、饲养设备及环境的稳定是维持其产蛋性能稳定的必要条件。

3. 不同周龄的产蛋鸡对营养物质的利用率不同

刚达性成熟时，鸡体储钙能力显著增强；开产到高峰期，采食量持续增加，消化吸收能力增强；产蛋后期消化能力减弱，脂肪沉积能力增强；高峰期后，降低蛋白能量水平，淘汰前提高能量水平。

4. 一个产蛋期结束，母鸡自然换羽

一个产蛋期结束后，母鸡便自然换羽。从开始换羽到新羽长齐，一般需2～4个月的时间，期间停产，换羽完成后母鸡重新产蛋，但第二个产蛋周期产蛋率整体下降10%～15%，蛋重提高6%～7%。

5. 冠、髯等第二性征变化明显

图6-40 褐壳蛋鸡育成期鸡冠淡红色（李超 拍摄）

单冠白来航蛋鸡的鸡冠由黄色变成粉红色，再变至鲜亮的红色。褐壳蛋鸡鸡冠由淡红色（图6-40）变成鲜艳的红色。

6. 鸣叫声的变化

快要开产的鸡和开产日期不太长的鸡，经常发出"咯，咯"的悦耳长音叫声，鸡舍里这种叫声不断，说明鸡群的产蛋率会很快上升。此时饲养管理应更精心细致，特别要防止突然应激现象的发生。

7. 皮肤色素的变化

白来航鸡产蛋开始后，鸡只不同部位皮肤上的黄色素呈现逐渐有序的消退现象，其消退顺序为眼周围、耳周围、喙尖至喙根、胫爪。高产蛋鸡黄色素消退得快，低产蛋鸡黄色素消退得慢，停产的鸡黄色素会逐渐再次沉积。所以，可以根据黄色素消退的情况来判断鸡群产蛋性能的高低。

二、蛋鸡的生产标准与产蛋规律

1. 蛋鸡的生产标准

蛋鸡的生产标准是指在良好的饲养管理条件下蛋鸡能达到的生产水平。大多数鸡群在良好的饲养管理条件下，都能达到生产标准，有些鸡群还能超标。但如果饲养管理水平低，鸡群就达不到生产标准。

生产标准所列数据仅代表了各品种鸡的平均值，随着产蛋鸡生产性能的提高和饲养管理条件的不断改善，商品蛋鸡的标准也在不断提高。各品种鸡生产性能的遗传潜力是有差异的，因此对养鸡从业者而言，最好参考品系鸡种的原产公司所介绍的最新性能指标进行饲养管理，更具有实用价值。海兰褐壳蛋鸡的生产标准（2009—2011年）见表6-8，如果再详细一些，可按周列出其生产标准（表6-9）。

表6-8　海兰褐商品蛋鸡的生产性能表

生长期（至17周龄）	成活率	97%
	饲料消耗	5.62千克
	17周龄体重	1.40千克
产蛋期（至110周龄）	高峰产蛋率	94%～96%
	饲养日产蛋数（至60周龄）	249～257枚
	饲养日产蛋数（至80周龄）	358～368枚
	饲养日产蛋数（至110周龄）	487～497枚
	入舍鸡产蛋数（至60周龄）	245～253枚
	入舍鸡产蛋数（至80周龄）	348～358枚

产蛋期（至110周龄）	入舍鸡产蛋数（至110周龄）	465～475枚
	成活率（至60周龄）	97%
	成活率（至80周龄）	94%
	出雏至50%产蛋率的天数	142天
	平均蛋重（26周龄）	58.5克/枚
	平均蛋重（32周龄）	61.6克/枚
	平均蛋重（70周龄）	64.4克/枚
	饲养日产蛋总量（18～80周龄）	22.3千克
	入舍鸡产蛋总量（18～80周龄）	21.7千克
	体重（32周龄）	1.91千克
	体重（70周龄）	1.98千克
	蛋黄和蛋清	极优
	蛋壳强度	极优
	蛋壳颜色（38周龄）（颜色深度指数）	85
	蛋壳颜色（56周龄）（颜色深度指数）	87
	蛋壳颜色（70周龄）（颜色深度指数）	81
	哈氏单位（38周龄）（蛋白浓度指数）	90
	哈氏单位（56周龄）（蛋白浓度指数）	84
	哈氏单位（70周龄）（蛋白浓度指数）	81
	平均日饲料消耗（18～80周龄）	107克/（只·日）
	饲料转换率：千克饲料/千克蛋（20～60周龄）	2.02
	饲料转换率：千克饲料/千克蛋（20～80周龄）	2.07
	羽毛颜色	外红、里白
	皮肤颜色	黄色
	排泄物状态	干燥

注：本表引自海兰公司2009—2011年《海兰褐商品代蛋鸡饲养手册》。

表6-9 海兰褐商品蛋鸡的生产性能表

周龄	饲养日产蛋率/%		死亡率累计/%	饲养日产蛋数累计		入舍母鸡产蛋数累计		体重		平均蛋重		耗料量		累计蛋重				蛋品质		
	理想条件	通常条件		理想条件	通常条件	理想条件	通常条件	千克	磅	克/个	磅/30打	克/(天·只)	磅/(天·100只)	饲养日		入舍母鸡		哈氏单位	蛋壳强度	蛋壳颜色
														千克	磅	千克	磅			
18	9	3	0.04	0.6	0.2	0.6	0.2	1.48	3.26	46.2	36.7	78	17.2	0.0	0.0	0.0	0.0	98.2	4620	90
19	16	11	0.1	1.8	1.0	1.7	1.0	1.53	3.37	46.6	37.0	80	17.6	0.1	0.1	0.0	0.1	98.0	4610	90
20	49	30	0.1	5.2	3.1	5.2	3.1	1.65	3.64	47.6	37.8	89	19.6	0.1	0.3	0.1	0.3	97.8	4605	89
21	69	54	0.2	10.0	6.9	10.0	6.8	1.72	3.79	49.3	39.1	93	20.5	0.3	0.7	0.3	0.7	97.2	4595	89
22	87	78	0.3	16.1	12.3	16.1	12.3	1.78	3.92	51.4	40.8	96	21.2	0.6	1.4	0.6	1.3	97.0	4590	89
23	91	87	0.3	22.5	18.4	22.4	18.4	1.80	3.97	54.4	43.2	100	22.1	0.9	2.1	0.9	2.1	96.5	4585	89
24	94	90	0.4	29.1	24.7	29.0	24.6	1.84	4.06	56.0	44.4	103	22.6	1.3	2.9	1.3	2.9	96.0	4580	89
25	95	91	0.4	35.7	31.1	35.6	31.0	1.85	4.08	57.4	45.6	104	22.9	1.7	3.7	1.7	3.7	95.5	4575	88
26	96	92	0.5	42.4	37.5	42.3	37.4	1.86	4.10	58.5	46.4	105	23.1	2.0	4.5	2.0	4.5	95.1	4570	88
27	96	93	0.6	49.1	44.0	48.9	43.9	1.88	4.15	59.2	47.0	106	23.4	2.4	5.3	2.4	5.3	94.7	4565	88
28	95	94	0.6	55.8	50.6	55.6	50.4	1.89	4.17	59.8	47.5	108	23.7	2.8	6.2	2.8	6.2	94.2	4560	88

周龄	饲养日产蛋率/%		死亡率累计/%	饲养日产蛋数累计		入舍母鸡产蛋数累计		体重		平均蛋重		耗料量		累计蛋重				蛋品质		
	理想条件	通常条件		理想条件	通常条件	理想条件	通常条件	千克	磅	克/个	磅/30打	克/(天·只)	磅/(天·100只)	饲养日		入舍母鸡		哈氏单位	蛋壳强度	蛋壳颜色
														千克	磅	千克	磅			
29	95	94	0.7	62.4	57.2	62.2	56.9	1.90	4.19	60.2	47.8	108	23.8	3.2	7.1	3.2	7.1	93.7	4550	88
30	95	93	0.7	69.1	63.7	68.8	63.4	1.91	4.21	61.1	48.5	108	23.9	3.6	8.0	3.6	7.9	93.3	4540	88
31	95	93	0.8	75.7	70.2	75.4	69.8	1.91	4.21	61.3	48.7	109	24.0	4.0	8.8	4.0	8.8	92.8	4525	88
32	94	92	0.9	82.3	76.7	81.9	76.2	1.91	4.21	61.6	48.9	109	24.1	4.4	9.7	4.4	9.7	92.2	4515	88
33	94	92	0.9	88.9	83.1	88.4	82.6	1.92	4.23	62.0	49.2	110	24.2	4.8	10.6	4.8	10.5	92.0	4505	88
34	94	91	1.0	95.5	89.5	94.9	88.9	1.92	4.23	62.2	49.4	110	24.3	5.2	11.5	5.2	11.4	91.5	4490	88
35	93	91	1.1	102.0	95.8	101.3	95.2	1.92	4.23	62.3	49.4	110	24.3	5.6	12.3	5.6	12.3	91.1	4475	87
36	93	91	1.1	108.5	102.2	107.8	101.5	1.92	4.23	62.4	49.5	110	24.3	6.0	13.2	6.0	13.1	90.6	4450	87
37	92	90	1.2	114.9	108.5	114.1	107.7	1.93	4.26	62.5	49.6	110	24.3	6.4	14.1	6.3	14.0	90.4	4440	87
38	92	90	1.3	121.4	114.8	120.5	113.9	1.93	4.26	62.6	49.7	110	24.3	6.8	15.0	6.7	14.8	90.0	4425	87
39	92	90	1.4	127.8	121.1	126.8	120.1	1.94	4.28	62.7	49.8	110	24.3	7.2	15.8	7.1	15.7	89.6	4415	87

彩色图解科学养鸡技术

周龄	饲养日产蛋率/%		死亡率累计/%	饲养日产蛋数累计		入舍母鸡产蛋数累计		体重		平均蛋重		耗料量		累计蛋重				蛋品质		
	理想条件	通常条件		理想条件	通常条件	理想条件	通常条件	千克	磅	克/个	磅/30打	克/(天·只)	磅/(天·100只)	饲养日		入舍母鸡		哈氏单位	蛋壳强度	蛋壳颜色
														千克	磅	千克	磅			
40	91	90	1.5	134.2	127.4	133.1	126.3	1.94	4.28	62.8	49.8	110	24.3	7.6	16.7	7.5	16.6	89.3	4405	87
41	91	89	1.5	140.6	133.6	139.4	132.5	1.94	4.28	63.0	50.0	110	24.3	8.0	17.6	7.9	17.4	88.9	4390	87
42	91	89	1.6	146.9	139.9	145.6	138.6	1.94	4.28	63.0	50.0	110	24.3	8.4	18.4	8.3	18.3	88.5	4375	87
43	91	89	1.7	153.3	146.1	151.9	144.7	1.95	4.30	63.1	50.1	110	24.3	8.8	19.3	8.7	19.1	88.0	4365	87
44	89	89	1.8	159.5	152.3	158.0	150.8	1.95	4.30	63.1	50.1	110	24.2	9.1	20.2	9.1	20.0	87.8	4355	87
45	89	89	1.9	165.8	158.6	164.1	157.0	1.95	4.30	63.1	50.1	110	24.2	9.5	21.0	9.4	20.8	87.4	4340	87
46	89	89	2.0	172.0	164.7	170.2	163.0	1.95	4.30	63.2	50.2	110	24.2	9.9	21.9	9.8	21.7	87.1	4320	87
47	89	88	2.1	178.2	170.9	176.3	169.0	1.95	4.30	63.2	50.2	110	24.2	10.3	22.8	10.2	22.5	86.7	4310	87
48	88	88	2.2	184.4	177.0	182.4	175.0	1.95	4.30	63.3	50.2	110	24.2	10.7	23.6	10.6	23.3	86.4	4305	87
49	88	88	2.3	190.5	183.2	188.4	181.1	1.95	4.30	63.3	50.2	110	24.2	11.1	24.5	11.0	24.2	86.1	4295	86
50	88	88	2.4	196.7	189.4	194.4	187.1	1.95	4.30	63.4	50.3	110	24.2	11.5	25.3	11.3	25.0	85.6	4280	86

周龄	饲养日产蛋率/%		死亡率累计/%	饲养日产蛋数累计		入舍母鸡产蛋数累计		体重		平均蛋重		耗料量		累计蛋重				蛋品质		
	理想条件	通常条件		理想条件	通常条件	理想条件	通常条件	千克	磅	克/个	磅/30打	克/(天·只)	磅/(天·100只)	饲养日		入舍母鸡		哈氏单位	蛋壳强度	蛋壳颜色
														千克	磅	千克	磅			
51	88	87	2.5	202.9	195.4	200.4	193.0	1.96	4.32	63.4	50.3	110	24.2	11.9	26.2	11.7	25.9	85.0	4265	86
52	87	87	2.6	209.0	201.5	206.3	198.9	1.96	4.32	63.4	50.3	110	24.2	12.3	27.0	12.1	26.7	85.0	4250	86
53	87	87	2.7	215.0	207.6	212.2	204.9	1.96	4.32	63.5	50.4	110	24.2	12.6	27.9	12.5	27.5	84.8	4240	86
54	87	86	2.8	221.1	213.6	218.2	210.7	1.96	4.32	63.5	50.4	110	24.2	13.0	28.7	12.8	28.3	84.6	4225	86
55	86	86	2.9	227.2	219.7	224.0	216.6	1.96	4.32	63.6	50.5	110	24.2	13.4	29.6	13.2	29.1	84.3	4210	86
56	86	86	3.0	233.2	225.7	229.8	222.4	1.96	4.32	63.6	50.5	110	24.2	13.8	30.4	13.6	30.0	84.0	4190	85
57	86	85	3.1	239.2	231.6	235.7	228.2	1.96	4.32	63.7	50.6	110	24.2	14.2	31.3	14.0	30.8	83.8	4180	85
58	85	85	3.3	245.1	237.6	241.4	233.9	1.96	4.32	63.7	50.6	110	24.2	14.6	32.1	14.3	31.6	83.1	4170	85
59	85	84	3.4	251.1	243.5	247.2	239.6	1.96	4.32	63.7	50.6	110	24.2	14.9	32.9	14.7	32.4	82.8	4160	85
60	84	84	3.5	257.0	249.3	252.8	245.3	1.97	4.34	63.8	50.6	110	24.1	15.3	33.7	15.0	33.2	82.6	4150	85
61	84	83	3.6	262.9	255.2	258.5	250.9	1.97	4.34	63.8	50.6	110	24.1	15.7	34.6	15.4	34.0	82.4	4140	84

彩色图解科学养鸡技术

周龄	饲养日产蛋率/%		死亡率累计/%	饲养日产蛋数累计		入舍母鸡产蛋数累计		体重		平均蛋重		耗料量		累计蛋重				蛋品质		
	理想条件	通常条件		理想条件	通常条件	理想条件	通常条件	千克	磅	克/个	磅/30打	克/(天·只)	磅/(天·100只)	饲养日		入舍母鸡		哈氏单位	蛋壳强度	蛋壳颜色
														千克	磅	千克	磅			
62	84	83	3.7	268.7	261.0	264.2	256.4	1.97	4.34	63.9	50.7	110	24.1	16.0	35.4	15.8	34.8	82.2	4130	84
63	83	82	3.9	274.5	266.7	269.7	262.0	1.97	4.34	64.0	50.8	110	24.1	16.4	36.2	16.1	35.5	82.0	4120	84
64	83	82	4.0	280.4	272.4	275.3	267.5	1.97	4.34	64.0	50.8	110	24.1	16.8	37.0	16.5	36.3	81.9	4110	83
65	82	81	4.1	286.1	278.1	280.8	272.9	1.97	4.34	64.1	50.9	110	24.1	17.1	37.8	16.8	37.1	81.8	4095	83
66	82	81	4.2	291.8	283.8	286.3	278.3	1.97	4.34	64.2	51.0	109	24.1	17.5	38.6	17.2	37.8	81.6	4080	83
67	81	80	4.3	297.5	289.4	291.7	283.7	1.97	4.34	64.2	51.0	109	24.1	17.9	39.4	17.5	38.6	81.5	4070	82
68	80	80	4.5	303.1	295.0	297.1	289.0	1.97	4.34	64.3	51.0	109	24.1	18.2	40.2	17.9	39.4	81.5	4060	82
69	79	79	4.6	308.6	300.5	302.4	294.3	1.98	4.37	64.3	51.0	109	24.1	18.6	41.0	18.2	40.1	81.3	4050	82
70	79	78	4.7	314.2	306.0	307.6	299.5	1.98	4.37	64.4	51.1	109	24.1	18.9	41.8	18.5	40.9	81.1	4040	81
71	79	77	4.8	319.7	311.4	312.9	304.6	1.98	4.37	64.5	51.2	109	24.1	19.3	42.5	18.9	41.6	81.1	4030	81
72	78	76	5.0	325.2	316.7	318.1	309.7	1.98	4.37	64.5	51.2	109	24.1	19.6	43.3	19.2	42.3	81.0	4020	81

周龄	饲养日产蛋率/% 理想条件	饲养日产蛋率/% 通常条件	死亡率累计/%	饲养日产蛋数累计 理想条件	饲养日产蛋数累计 通常条件	入舍母鸡产蛋数累计 理想条件	入舍母鸡产蛋数累计 通常条件	体重 千克	体重 磅	平均蛋重 克/个	平均蛋重 磅/30打	耗料量 克/(天·只)	耗料量 磅/(天·100只)	累计蛋重 饲养日 千克	累计蛋重 饲养日 磅	累计蛋重 入舍母鸡 千克	累计蛋重 入舍母鸡 磅	蛋品质 哈氏单位	蛋品质 蛋壳强度	蛋品质 蛋壳颜色
73	78	76	5.1	330.6	322.0	323.3	314.7	1.98	4.37	64.6	51.3	109	24.1	20.0	44.0	19.5	43.0	80.9	4010	80
74	77	75	5.2	336.0	327.3	328.4	319.7	1.98	4.37	64.6	51.3	109	24.1	20.3	44.8	19.8	43.7	80.8	4000	80
75	77	74	5.4	341.4	332.4	333.5	324.6	1.98	4.37	64.7	51.3	109	24.1	20.6	45.5	20.1	44.4	80.7	3995	80
76	77	74	5.5	346.8	337.6	338.6	329.5	1.98	4.37	64.7	51.3	109	24.1	21.0	46.3	20.5	45.1	80.5	3990	80
77	76	73	5.7	352.1	342.7	343.6	334.3	1.98	4.37	64.8	51.4	109	24.1	21.3	47.0	20.8	45.8	80.4	3985	80
78	75	72	5.8	357.4	347.8	348.5	339.1	1.98	4.37	64.8	51.4	109	24.0	21.6	47.7	21.1	46.5	80.2	3980	80
79	74	71	6.0	362.5	352.7	353.4	343.7	1.98	4.37	64.9	51.5	109	24.0	22.0	48.4	21.4	47.2	80.1	3975	80
80	74	71	6.1	367.7	357.7	358.2	348.4	1.98	4.37	65.0	51.6	109	24.0	22.3	49.1	21.7	47.8	80.0	3970	80

注：1．此表中的数据是收集了世界各地海兰商品鸡群的饲养标准所得数据的平均值。理想条件反映的是超过群体平均值25%的部分群体表现，并且更好地发挥了其遗传潜力的鸡群。

2．40周龄后的鸡群所产蛋重可通过喂养阶段蛋白质饲料对蛋的大小进行限制来实现。

3．本表引自海兰公司2009—2011年《海兰褐商品代蛋鸡饲养手册》。

2. 产蛋规律

母鸡产蛋规律是第一个产蛋周期产蛋量最高，第二个产蛋周期和第三个产蛋周期依次递减15% ～ 20%。每个产蛋周期产蛋率的变化随着周龄的增长呈低、高、低的产蛋曲线（图6-41）。

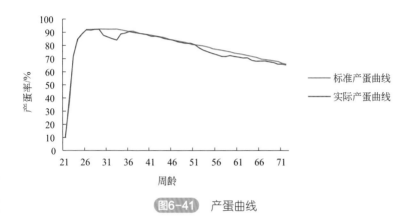

图6-41　产蛋曲线

按照产蛋曲线的变化特点和各阶段鸡群的生理特点，可将产蛋期划分为初产期、高峰期和产蛋后期三个时期。初产期是指从初产到产蛋率达85%以上这一阶段，一般为18 ～ 23周龄，这个时期产蛋率上升很快，通常以每周20% ～ 30%的幅度上升。产蛋高峰期鸡群的产蛋率应在85%以上，现代商品蛋鸡一般在24周龄前后产蛋率可超过85%，并可维持30 ～ 35周。产蛋后期是指从周平均产蛋率85%以下至鸡群淘汰，通常认为是蛋鸡的60 ～ 75周龄，这个时期产蛋率下降幅度要比高峰期下降幅度大一些。

根据产蛋期内周平均产蛋率绘制成的坐标曲线图（纵坐标为产蛋率，横坐标为周龄），称为产蛋曲线。产蛋曲线有三个特点，即产蛋率上升快、下降平稳和不可补偿性。现代鸡种从开产至产蛋高峰只需5 ～ 6周，产蛋率上升非常快。产蛋高峰过后，产蛋率下降缓慢，而且平稳，到75周龄淘汰时，产蛋率仍可达60%以上。在养鸡生产中，如果由于营养、环境条件等因素的不良影响，导致母鸡产蛋率下降时，产蛋曲线会出现下滑，恢复后产蛋曲线一般不会超出标准，产蛋率下降部分不能得到补偿。

三、产蛋鸡的饲养方式

蛋鸡的饲养方式分为两大类，即平养与笼养，不同的饲养方式配有不同的饲养设施。平养又分为垫料地面平养、网上平养、地面和网上混合平养三种方式。

1. 平养

平养是指利用各种地面结构在平面上饲养鸡群。一般每4～5只鸡配备一个产蛋窝，饮水设备采用舍内两侧的水槽或乳头式饮水器等，喂料设备可采用吊桶、链槽式喂料机（图6-42）或螺旋弹簧式喂料机等。

图6-42 链槽式喂料机
（李超 拍摄）

平养的优点是一次性投资较少，便于大面积观察鸡群状况，鸡的活动多，骨骼坚实。缺点是饲养密度低，捉鸡较麻烦，需设产蛋箱。

（1）垫料平养 垫料平养投资较少，一般垫料铺垫8～10厘米，饲养密度低，舍内易潮湿，窝外蛋和脏蛋较多。寒冷季节若通风不良，空气污浊，易诱发呼吸道病。

（2）网上平养 网上平养是采用离地面70厘米左右架设的木板条或竹排，板条宽2.0～5.0厘米，间隙2.5厘米。也可用塑料板条，坚固耐用，便于清洗消毒，造价较高。这种平养每平方米可比垫料平养多养1/3的鸡，舍内易于保持清洁与干燥，鸡体不与粪便接触，有利于预防寄生虫病的发生（图6-43）。

（3）地面和网上混合平养　舍内1/3面积为垫料地面，居中或两侧，另2/3面积为架设的木板条或竹排做成的网面，高出地面40～50厘米，形成"两高一低"的形式。这种方式也可用于种鸡，特别是肉用种鸡，有利于产蛋量和受精率的提高（图6-44）。

2. 笼养

目前世界上大部分的商品蛋鸡采用的饲养方式是笼养。我国集约化蛋鸡场几乎都采用笼养，小型鸡场也多采用笼养。笼养的优点很多：笼子可以立体架放，节省地面，提高饲养密度；便于进行机械化、自动化操作，生产效率高；尘埃少，蛋面清洁；饲料效率高，生产性能好，就巢性低，啄蛋现象少；便于观察和捕捉。笼养的缺点：笼养蛋鸡易发生骨质疏松症、脂肪肝、啄癖等，同时也降低了动物福利水平。总体看来，目前笼养利大于弊，经济效益明显。

笼养可分为阶梯式与层叠式，其中阶梯式又分为全阶梯式

图6-43　网上平养
（薛雨　拍摄）

图6-44　地面和网上混合平养
（李超　拍摄）

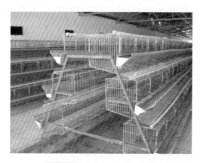

图6-45 全阶梯式笼养
（李超 拍摄）

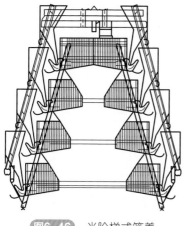

图6-46 半阶梯式笼养

与半阶梯式。全阶梯式光照均匀，通风良好（图6-45）；半阶梯式鸡笼上下笼重叠1/2，与全阶梯式相比提高了饲养密度，上层笼的鸡排粪易落到下层笼鸡的身体上，需要加导粪板（图6-46）。

层叠式笼养是随着土地价格上涨发展起来的高密度饲养方式，目前层叠式鸡笼已发展到了8层。这种鸡笼后网设置有风管，将舍外新鲜空气直接送到每只鸡周围，同时也可风干鸡粪。喂料、饮水、集蛋、除粪都实行机械化操作。由于舍内饲养密度加大，必须保证适宜的通风和光照条件。层数越多，对电的依赖性就越强（图6-47）。

我国笼养蛋鸡多采用三层阶梯式笼养，较少数为两层和四层，随着机械化供料与自动化集蛋的增多，蛋鸡笼有向高层发展的趋势。这样，单位地面上可获得更高的经济效益。

蛋鸡笼的尺寸大小要能满足其一定的活动面积、采食位置和一定的高度，同时笼底应保证适当的倾斜度，这样鸡产下的蛋就能及时滚到笼外。蛋鸡单位笼的尺寸，前高445～450毫米，后高400毫米，笼底坡度8°～9°，笼深350～380毫米，伸出笼外的集蛋槽为120～160毫米，笼宽在保证每只鸡有

100～110毫米的采食宽度基础上，再根据鸡的体形加上必要的活动转身面积。每组鸡笼各部分制成单块，附有挂钩，笼架安装好后，挂上单块即成，这样方便组装和运输。

图6-47 层叠式笼养
（段龙川 拍摄）

四、产蛋鸡的饲养

现代蛋鸡生产性能高，绝大多数都养于笼内，必须喂给全价饲粮，用尽可能少的饲粮全面满足其营养需要，充分发挥其产蛋潜力，达到经济高效的目的。

1. 产蛋鸡的营养需要

产蛋鸡的营养要求除满足自身维持需要和适当增重外，还必须供给产蛋的营养。我国2004年颁布的蛋鸡产蛋期营养标准（见第四章表4-8）按不同的阶段分为两种，产蛋率高时营养需要量多。蛋种鸡的饲养标准除某些微量元素和维生素需要量稍高外，其余营养素需要量与产蛋鸡一致。根据国内外研究机构对家禽维生素需要量的最新研究进展表明，不少家禽营养专家对维生素，尤其是脂溶性维生素的推荐量比国内外已颁布的营养标准高出不少，有些已经在实际生产中被采用。

2. 蛋鸡的饲喂量

表6-10分别列出了轻型蛋鸡与中型蛋鸡在21～72周龄产蛋期间的饲喂量，白壳蛋鸡与褐壳蛋鸡平均每只每日饲喂量分别为104.7克和111.0克，全期累计每只耗料分别为38.1千克和40.4千克。实际饲喂中需根据饲粮能量水平、环境温度、蛋鸡的体重、产蛋率等进行适当的调整。

表 6-10　轻型与中型蛋鸡饲喂量

周　龄	轻型蛋鸡		中型蛋鸡	
	体重/克	饲喂量/［克/（只·日）］	体重/克	饲喂量/［克/（只·日）］
21	1360	77	1680	91
22	1410	95	1730	105
23	1450	104	1770	114
24	1500	109	1820	117
25	1520	114	1860	123
26	—	118	—	127
27	—	118	—	127
28	—	114	—	123
29	—	114	—	123
30	1590	114	1950	123
31	—	114	—	123
32	—	114	—	118
33 ～ 37	—	109	—	118
38	—	109	—	114
39	—	104	—	114
40 ～ 41	1603	104	2090	114
42 ～ 49	—	104	—	109
50 ～ 58	1680	104	2180	109
59	—	100	—	104
60 ～ 69	1750	100	2270	104
70 ～ 72		95	2360	100
合计/千克		38.1		40.4

3. 阶段饲养

为了有效地利用饲料，满足生产性能对营养的需求，确保产蛋期营养消耗量适当，日粮应按实际的饲料采食量和期望的生产水平来制订。根据鸡群的周龄和产蛋水平，将产蛋期划分为不同阶段，不同阶段饲喂含不同水平蛋白质、能量的日粮，以满足产蛋的需要，这种方法称为阶段饲养。常用的有两段制，两段制是以55周龄为界，55周龄前日粮中的粗蛋白质控制在16%～17%；55周龄后产蛋率开始下降，粗蛋白质降为15%～16%。采用两段制饲养法，产蛋高峰期出现早，产蛋率上升快，高峰期持续时间长，产蛋多。

4. 调整饲养

根据环境条件和鸡群状况的变化，及时调整日粮中主要营养成分的含量，以适应鸡的生理和产蛋需要，这种饲养方法称调整饲养。调整饲养必须以饲养标准为基础，保持饲料配方的相对稳定，保证日粮营养的平衡。调整饲养的方法有以下几种。

（1）**按体重调整饲养** 当育成鸡体重达不到标准时，在转群后（18～20周龄）就应换用营养水平较高的蛋鸡饲料，粗蛋白质控制在18%左右，使体重尽快达到标准。

（2）**按产蛋规律调整饲养** 按产蛋曲线调整也就是按照鸡的产蛋规律进行调整。在调整营养物质水平时，掌握的原则：上高峰时要"促"，饲料营养要走在前头，即上高峰时在产蛋率上升前1～2周先提高营养水平，提高营养水平是走在产蛋率上升的前头；下高峰时要"保"，饲料营养要走在后头，即下高峰时在产蛋率下降后1周左右再降低营养水平，降低营养水平是落在产蛋率下降的后头。到产蛋后期，当产蛋率下降时，应逐渐降低营养水平或减少饲喂量。

（3）**按季节气温变化调整饲养** 在能量水平一定的情况下，冬季由于采食量大，日粮中应适当降低粗蛋白质水平；夏季由于采食量下降，日粮中应适当提高粗蛋白质水平，以保证产蛋的需要。

（4）**采取管理措施时调整饲养** 如修喙前后几天，每千克饲料中添加5毫克维生素K；修喙后1周内，粗蛋白质水平增加1%；接种疫苗后的7～10天内，日粮中粗蛋白质水平应增加1%。

（5）出现异常情况时调整饲养　当鸡群发生啄癖时，除了消除引起啄癖的原因外，饲料中可适当增添粗纤维、食盐的含量，也可短时间喂些石膏。开产初期脱肛、啄肛严重时，可在饲料中添加1%～2%食盐，饲喂1～2天。鸡群发病时，可适当提高日粮中的营养成分，如粗蛋白质增加1%～2%，多种维生素提高0.02%，还应考虑饲料品质对鸡适口性和病情发展的影响等。

五、产蛋鸡各阶段的管理

1. 开产前后的饲养管理

开产前后是指18～25周龄这段时间，这是青年母鸡从生长期向产蛋期过渡的重要时期。因此，饲养管理上需要采取一些措施，以利母鸡很好地完成这种转变，为今后的高产、稳产做好准备。

（1）转群　产蛋鸡舍经过彻底清洗、修补和消毒后，转群可在17～18周龄、最迟不超过19周龄时进行。这时母鸡还未开产，有足够的时间熟悉和适应新的环境，这样有利于培养高产鸡群。转群前要准备好充足的饮水和饲料，使鸡到产蛋舍后第一时间就能吃到料、喝到水。转群前后3天可在饮水中添加电解多维素，以减少应激反应。转群前6小时停料，转群当天连续24小时光照，保证采食饮水。同时，转群过程中要逐只进行选择，严把质量关，转群时淘汰生长发育不良的弱鸡、残次鸡及外貌不符合品种标准的鸡。借转群这个时机，彻底清点鸡只数量。尽量在夜间转群，抓鸡要抓脚，不能抓颈抓翅，以防骨折。转群过程中操作尽量轻缓以防造成伤害，动作迅速，不能粗暴。转群时必须做好防疫工作，避免人员、车辆、物品等传播疾病。夏季应在天气凉爽时进行，冬季应在天气暖和时进行。转群后观察鸡群饮水、采食是否正常，以便及时采取应对措施。转群是一项工作量大、时间紧的任务，可以把人员分成抓鸡组、运

彩色图解科学养鸡技术

鸡组和接鸡组三组，把工作人员基本固定在所管理的鸡舍内工作，这样可以提高工作效率，避免人员交叉感染。

转群后，饲喂次数增加1～2次，不能缺水。由于转群的影响，鸡的采食量需4～5天才能恢复正常。要勤于观察鸡群的动态，处理突发事件，特别是笼养鸡，防止挂头、别脖、扎翅等伤亡事故，跑出笼外的鸡要及时抓回。

（2）准备产蛋箱　平养鸡开产前2周，最好在加光前，安置和开始使用好产蛋箱（图6-48）。产蛋箱的规格不可太小，一般长40厘米、宽30厘米、高35厘米，鸡能在其中自如地转身。4～5只母鸡可共用一个产蛋窝，产蛋箱底层距地面40～50厘米，箱内铺垫草（图6-49）。夜间要关闭箱门，以防母鸡在箱内排粪，白天打开箱门，母鸡可随时进入产蛋箱产蛋。

图6-48　开产前2周安置好产蛋箱（李超　拍摄）　　图6-49　多只母鸡共用一个产蛋窝，箱内铺垫草（李超　拍摄）

母鸡在开产前2周左右，出现寻巢现象，找窝做窝，为产蛋做准备，在此之前安装产蛋箱时机最佳。若产蛋箱安装和使用过晚，鸡熟悉产蛋箱的时间短，容易出现母鸡不进入安装好的产蛋窝产蛋，产蛋后地面蛋、棚架蛋多，脏蛋、破蛋多，鸡蛋破损率增加。

（3）增加光照　一般在第18～20周龄起，每周延长光照0.5～1小时，直至达到16小时后恒定不变，但不能超过17小时。各种光照制度多少有些差别，不管原来是自然光照或人工光照，光照控制必须与日粮调整相一致，才能使母鸡的生殖系统与体躯协调发育。如果只增加光照不改变日粮，会造成生殖系统过快发育；如果只改换日粮不增加光照，会使鸡体积累过多脂肪。如果鸡群在20周龄时仍达不到标准体重，则可以推迟到21周龄时开始增加光照。如果鸡群在18周龄时仍达不到体重标准，应将原来为限饲的改为自由采食，原来为自由采食的则要提高蛋白质和代谢能水平，以使鸡群开产时体重尽可能达到标准。

（4）更换饲料　开产前2～3周内，鸡体内的卵巢和输卵管迅速增长，体内也需有些营养储备。因此，此时应喂给青年母鸡营养浓度较高的预产期饲料。此时饲料中钙含量应增加到2%，20周龄时，再将钙的水平提高到3.5%。这样，可以避免蛋壳质量不佳，也可防止一些早熟的母鸡为多摄取钙质而过量采食致肥的现象。开产前增加光照必须与更换饲料结合进行，一般在增加光照后改换饲料。当鸡群见蛋后，应将育成鸡饲料中的含钙量提高到2%，当鸡群产蛋率达到5%时，应将育成鸡饲料逐渐更换为产蛋鸡饲料。

（5）保持鸡舍安静　蛋鸡性成熟时是其新生活阶段的开始，此时精神亢奋，行动异常，高度神经质，容易惊群。应尽量避免惊扰鸡群。

2. 高峰期的饲养管理

现代高产蛋鸡多在27周龄左右到达产蛋高峰，在其前后约有20周时间产蛋率在90%以上。这期间是鸡的高产阶段，其中相当一部分鸡每天产蛋，且母鸡体重仍在增加，产蛋鸡在40～45周达成年体重。据测，蛋鸡开产后体重还能增加500克左右。因此，要做好以下饲养管理工作。

（1）充分满足母鸡的营养需要　高峰期前产蛋率陡然上升，增长很快，并且体重仍在增加，要特别注意供给优良的、营养完善而平衡的高蛋白、高钙日粮，满足鸡群对维生素A、维生素D_3、维生素E等各种营养的需要，并保持饲料配方的稳定。

彩色图解科学养鸡技术

（2）加强卫生防疫工作　产蛋高峰期，蛋鸡代谢旺盛，抵抗力较弱，易感染疾病。因此，要特别注意饲养环境与卫生消毒，避免鸡群受到病原微生物的侵袭。

（3）减少鸡群应激　在产蛋高峰期间，鸡体已经受相当大的内部应激，如此时再进行并群、驱虫、防疫等能形成外部应激的操作，就会使鸡群处于多重应激下，导致产蛋率急剧下降，损失巨大。生产中应采取多种措施以减少鸡群的各种应激，如保持各种环境条件（温度、湿度、光照、通风等）尽可能的适宜、稳定或渐变；注意天气预报，及早准备预防，采取有效的防寒、降温措施；按常规进行日常的饲养管理，避免突然的工作程序和人员的变化，使鸡群免受惊吓；鸡群的大小与密度要适当，提供足够数量、放置均匀的饮水、喂饲设备等；接近鸡群时给以信号，轻捉轻放，尽可能在弱光下进行；尽量避免连续进行可引起鸡群骚乱不安的技术操作；谢绝参观者入舍，若确需进场参观，需更换养殖场工作服和工作靴等。

总之，这个阶段要保证满足鸡群高产的营养需要和环境条件，保证鸡群的健康、高产和稳产，使产蛋高峰能维持得长一些，下降得缓慢一些。

3. 产蛋后期的饲养管理

产蛋后期一般是指55～72周龄。该阶段鸡的产蛋率每周下降1%左右，蛋重有所增加，同时鸡的体重几乎不再增加。产蛋后期要做好以下几方面的工作。

（1）调整日粮组成　参照各类鸡产蛋后期的饲养标准进行，一般可适当降低粗蛋白质水平（降低0.5%～1%），能量水平不变，适当补充钙质，最好采用单独补充粒状钙的形式。

（2）减料　一般轻型蛋鸡采食量不多，又不易过肥，一般不进行限饲，只调整日粮组成即可。中型蛋鸡饲料消耗过多，要进行限饲才有利于产蛋。减料时，可根据母鸡的体重和产蛋率来进行，减少一定的料量，如果未使产蛋率比正常情况（标准产蛋曲线）降得更多，则证明方法正确，可以继续试探。但在正常情况下，限饲产蛋鸡的耗料量不应低于同龄自由采食鸡耗料量的91%～92%，即减量不超过9%左右。如果产蛋率出现异常下降，就应立即恢复到原来的料量。

随着养鸡科技的发展，蛋鸡的产蛋期限饲的实用意义日趋明显，省料的同时，料蛋比也有所改善，同时还可以维持适宜的产蛋体重，有利于发挥生产潜力，增加产蛋量，降低产蛋期的死淘率。

（3）淘汰不产蛋鸡　目前，生产上的产蛋鸡大多只利用1年。产蛋1年后，自然换羽之前就淘汰，这样既便于更新鸡群和保持连年有较高的生产水平，也有利于节省饲料、劳力、设备等，降低养殖成本。饲养蛋鸡的目的是为了得到鸡蛋，如果鸡不再产蛋应及时剔除，以减少饲料的浪费，降低饲料费用。同时部分低产鸡是因病休产的，这些病鸡更应及时剔除，以防疾病扩散，一般每2～4周检查淘汰1次。从以下几个方面可挑出低产鸡和停产鸡。

① 看羽毛。产蛋鸡羽毛较陈旧（图6-50），低产鸡和停产鸡羽毛出现脱落、正在换羽或已提前换完羽。

② 看冠、肉垂。产蛋鸡冠、肉垂大而红润（图6-51），病

图6-50　产蛋鸡羽毛较陈旧（李超　拍摄）

图6-51　产蛋鸡冠、肉垂大而红润（李超　拍摄）

弱鸡鸡冠、肉垂苍白或萎缩，低产鸡和停产鸡已萎缩。

③ 看耻骨。产蛋母鸡耻骨间距在3指以上，耻骨与龙骨间距4指以上。

④ 看腹部。产蛋鸡腹部松软适宜，不过分膨大或缩小。有淋巴白血病、腹腔积水或卵黄性腹膜炎的病鸡，腹部膨大且腹内可能有坚硬的疙瘩，停产鸡和低产鸡腹部狭窄收缩。

⑤ 看肛门。产蛋鸡肛门大而丰满，湿润，呈椭圆形（图6-52）。低产鸡和停产鸡的肛门小而皱缩，干燥，呈圆形。

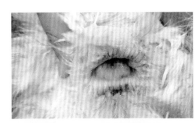

图6-52 产蛋鸡肛门大而丰满，呈椭圆形（李超 拍摄）

六、产蛋鸡的环境管理

鸡的生产性能受遗传和环境两方面影响，优良的鸡种只是具备了高产的遗传基础，其生产力能否表现出来与环境的关系很大。优良的鸡种在恶劣的环境条件下不能充分发挥高产潜力，只有在适宜环境下才能实现高产。

外界环境因素又是经常变化的，只要变化在一定范围内，鸡体可以通过自身正常的调节以适应变化的环境；如果环境条件变化过多或过大，超出其适应范围，鸡只的生产性能就要受到影响，健康就会受到损害，甚至会导致死亡。当今生产鸡群规模较大，并向高密度饲养方向发展，环境与鸡体的关系更为敏感，对鸡群的生产性能影响更大。因此，了解并研究环境因素对鸡体的影响，尽可能将环境改善到适宜的程度，是现代养鸡必不可少的科学管理内容之一。

1. 温度控制

蛋鸡生产的最佳温度是18～23℃，适宜温度为13～25℃，超出此范围生产性能下降。产蛋能耐受的最大温度范围为8～29℃，超出此范围，蛋鸡健康将受到影响，必须采取温控措施。

气温高时，鸡只站立，翅膀张开或垂翅，皮肤血管扩张增加散热。同时为了减少产热，采食量下降，蒸发散热比例逐渐增加，呼吸浅而快，鸡只大量饮水以补充呼吸和排泄所失掉的水分。高温加重了鸡的生理负担，对产蛋性能也造成极大影响，引起产蛋率下降，蛋形变小，蛋壳变薄变脆，蛋壳表面粗糙。高温使产蛋率下降的原因，可能是由于高温时鸡体减少了通过卵巢的血流量，血液更多地流向体表散热，造成成熟卵泡的数量较少所致。此外，高温时鸡的采食量下降，体重减轻，体脂大量丧失，合成脂类和蛋白的能力也下降，使脂类含量很多的蛋黄变小，这比蛋白减少更为严重，所以蛋重减轻。蛋壳质量不良的原因是由于高温时血钙水平和碳酸氢根离子浓度降低，并且流经卵巢和输卵管的血流量相对减少所致。

夏季应加强防暑降温工作，减少热应激的措施如下。

（1）鸡舍建筑结构方面　屋顶加盖隔热层，外墙和屋顶刷白或覆盖遮阳网等其他物质，以达到反射热量和阻隔热量的目的。

（2）调整日粮营养方面　调整日粮蛋白质和必需氨基酸水平，改喂低蛋白质日粮，适当补加必需氨基酸。调整能量饲料，添加1%～3%的植物油脂，减少热增耗。

（3）通风方面　加强通风，利用纵向通风，增加风速，加快散热，使鸡只体感温度下降。

（4）蒸发降温　采用喷雾、洒水和湿帘蒸发降温。温度不超过30℃时，不用启动湿帘（图6-53）。使用湿帘后，风速应小于2米/秒（图6-54）。高温高湿时，若湿度大于70%，应关闭湿帘一段时间。

图6-53　湿帘（李超　拍摄）

（5）充足清凉的饮水

彩色图解科学养鸡技术

可在饮水中加入碳酸氢钠、氯化钠、氯化钾、柠檬酸、氯化铵、维生素C等物质，提高抗应激能力。

（6）其他方面　减少饲养密度，在早、晚凉爽时间喂料，及时清除粪便（图6-55）等。建立高温应急预警机制，安装停电声光报警系统（图6-56），加强值班管理。

气温低时，蛋鸡缩成一团并打堆以减少散热面积，皮肤血管收缩，采食量增加，产热量增加，并通过肌肉颤抖生热。在低温环境中，鸡产热量最大值可比正常情况大3～4倍。研究表明，温度低于16℃时，饲料利用率开始下降；在气温5～10℃时，

图6-54　风速仪（李超　拍摄）

图6-55　传送带清粪
（段龙川　拍摄）

图6-56　声光报警设备
（李超　拍摄）

鸡采食量最高；在0℃以下时，采食量亦减少，体重减轻，产蛋下降；当气温降到−9～−2℃时，鸡因寒冷而感到不适，难以维持正常体温和生产；若降到−9℃以下，鸡的活动迟钝，产蛋率进一步下降；降到−12℃时，冠与肉髯受冻、停产。因此，要重视蛋鸡的冬季保温，严冬时鸡舍的温度不低于8℃为好。蛋鸡一般采用笼养，饲养密度较大，只要屋顶和墙壁隔热性能良好，在我国的气候条件下是能够满足产蛋鸡需要的。

冬季，减少冷应激的措施如下。

（1）加强饲养管理，提高日粮的代谢能水平　早上开灯后要尽快喂鸡，晚上关灯前要把鸡喂饱，以缩短鸡群在夜晚空腹的时间。

（2）修整鸡舍　入冬降温前修整好鸡舍，增加鸡舍的保暖性能，防止冷风吹至鸡体。

（3）加温取暖　一般采用热风炉、暖气、育雏伞、地炕、火炉、红外线灯等设备加温取暖（图6-57～图6-59）。

图6-58　暖风带
（张月平　拍摄）

图6-57　热风炉（李超　拍摄）

图6-59　暖气（李超　拍摄）

（4）减少鸡体热量的散发　勤换垫料，防止鸡伏于潮湿垫料上。检查饮水系统，防止漏水打湿鸡体。

总之，应尽可能避免高温和低温，使产蛋鸡处于适宜环境温度下，才能有较好的产蛋性能。对蛋鸡而言，高温的影响大于低温，因此，夏季的防暑降温工作尤其重要。

2. 湿度控制

湿度与正常代谢和体温调节有关，湿度对蛋鸡的影响大小往往与环境温度密切相关。产蛋鸡适宜的湿度为50%～70%，如果温度适宜，相对湿度低至40%或高至70%，对蛋鸡均无显著影响。在生产中，为了降低湿度，场址选择位置向阳，地势较高，采用排水良好的水泥地面。降低湿度的办法：尽量减少用水，严防供水系统漏水，及时清除粪便，勤换垫料，保持舍内良好的通风换气。

3. 通风换气

通风换气是调节蛋鸡舍空气状况最主要、最经常的手段，舍内通风换气的效果直接影响舍内温湿度以及空气中各种有害物质的浓度。要使蛋鸡舍内空气新鲜，二氧化碳不应超过0.2%，硫化氢气体不超过10毫克/米^3，氨气不超过20毫克/米^3。近几年来，蛋鸡场的规模越来越大，且多采用立体高密度饲养，为保持适宜的环境条件，必须更加重视通风换气。如果舍内空气污浊，必然会不同程度地影响蛋鸡的生存和生产。通风换气减少了舍内空气中的有害气体、飘尘和有害微生物，使舍内空气清新，供给鸡群足够的氧气，同时还可调节舍内温湿度。在气温干燥的地区或季节，通风起到的排湿作用较大；当舍内气温高于舍外时，通风可以排出舍内余热，保持舍内适宜的温度；在冬季，为了保温，常忽视通风换气，而长期通风不良对产蛋鸡的不利影响往往超过低温的影响。所以，为了保证鸡舍内的空气新鲜，必须要保持一定的换气量，在生产中要重点解决冬季鸡舍的保温与通风的矛盾。密闭式蛋鸡舍一般采用机械通风。

4. 光照控制

产蛋期光照时间一般维持在16小时，光照时间过长，强度

图6-60 灯具摆放均匀、强度适宜（李超 拍摄）

过强，鸡会兴奋不安，并会诱发啄癖，严重时会导致脱肛。开放式鸡舍采用自然光照与人工光照相结合的办法，可以定在早上4时到晚8～9时为其光照时间，即每天早上4时开灯，在日出后关灯，到日落前再开灯，至规定时间关灯。光照强度15～20勒克斯，灯泡高度1.8～2.0米，间距3米左右。注意经常擦拭灯泡，否则会影响光照效果（图6-60）。

5. 饲养密度

饲养密度直接影响产蛋鸡的采食、饮水、活动、休息及产蛋。因此，在养殖过程中要保证蛋鸡有一个适宜的饲养密度（表6-11），还要保证每只蛋鸡有10～13厘米的采食位置，每5～10只鸡提供一个乳头式饮水器。用其他饮食器具时，应保持与此相应的饮食位置。

表6-11 商品蛋鸡的饲养密度

管理方式	轻型蛋鸡		中型蛋鸡	
	只/米²	米²/只	只/米²	米²/只
垫料地面	6.2	0.16	5.3	0.19
网状地面	11.0	0.09	8.3	0.12
地网混合	7.2	0.14	6.2	0.16
笼养	26.3	0.038	20.8	0.048

注：笼养所指面积为笼底面积。

七、产蛋鸡的日常管理

鸡舍的日常管理工作除喂料、捡蛋、打扫卫生和生产记录外，最重要、最经常的任务是观察和管理鸡群，掌握鸡群的健康及产蛋情况，及时准确地发现问题和解决问题，保证鸡群的健康和高产。

1. 观察鸡群

一般在喂饲时和夜间注意观察，主要观察以下内容。

（1）精神状态　观察鸡群是否有活力，动作是否敏捷，鸣叫、呼吸是否正常等。

（2）采食情况　采食量是否正常，食欲是否旺盛（图6-61），饲料的质量是否符合要求，喂料是否均匀，料槽是否充足，有无剩料等。喂料时，观察饲槽的结构和数量是否能满足产蛋鸡的需要。每天应统计耗料量，发现鸡群采食量下降时，都应及时找出原因，加以解决。

图6-61　早上开灯后鸡食欲旺盛
（李超　拍摄）

（3）饮水情况　饮水是否新鲜、充足，饮水量是否正常，水槽是否卫生，有无漏水、溢水、冻结等现象。要重视蛋鸡饮水量的变化，这往往是发病的先兆。

（4）鸡粪情况　主要观察鸡粪颜色、形状及稀稠情况。鸡的粪便有两种情况是正常的，一种是直肠粪便，粗条带白头（图6-62）；一种是盲肠粪便，糊状稀粪便（图6-63），并非疾病所致。绿色粪便（图6-64）是消化不良、中毒或感染其他疫病所致；红色或白色粪便，一般是球虫、蛔虫或绦虫所致。对颜色不正常的粪便，要查找原因，对症处理。

（5）有无啄癖鸡　如发现有啄癖的鸡，应查找原因，及时采取措施。对有严重啄癖的鸡要立即隔离治疗或淘汰。

（6）产蛋情况　注意每天产蛋率和破蛋率的变化是否符合产蛋规律，有无软壳蛋、畸形蛋及其所占的比例。

（7）鸡舍的环境状况　鸡舍温度是否适宜，有无防暑、保温等措施。垫料是否潮湿，室内有无严重的恶臭或氨气味等。

图6-62 直肠粪便，粗条带白头
（李超 拍摄）

图6-63 盲肠粪便，糊状褐色稀
粪便（李超 拍摄）

图6-64 绿色粪便
（李超 拍摄）

（8）观察有无意外伤害

及时解脱出现挂头、别脖或扎翅的鸡，捉回挣出笼的鸡；防止飞鸟、老鼠等进入鸡舍引起惊群、炸群或传播疾病。

（9）观察有无呼吸道疾病

观察鸡只有无甩鼻、流涕行为，倾听鸡只有无呼吸道的异常声响，如呼噜、啰音、喘鸣声、咳嗽、喷嚏等，尤其是夜晚关灯后更容易听到。

总之，观察管理蛋鸡的内容很多，在饲养实践中，凡是影响鸡群正常生活、生产的情况，均属观察管理的内容。高的产蛋水平来源于细致的观察和精心的管理。

2. 做好生产记录

要管理好鸡群，就必须做好鸡群的生产记录（表6-12、表6-13）。其中，某些项目如死亡淘汰数、产蛋量、耗料量、环境条件、卫生防疫、投药等都每天记录，以便汇总分析。通过这些记录，可以及时了解生产、指导生产，发现问题、解决问题，这也是考核经营管理效果的重要根据。鸡群有调整时，做好调整记录。

表6-12　鸡场产蛋期日报表

鸡场 _____　群号 _____　舍号 _____　日期 _____

| 死亡数 | 淘汰数 | 耗料量 | | 温度 | 光照/小时 |
		种类	数量		

| 捡蛋次数 | 生产蛋 | 孵化蛋 | 淘汰蛋 | | | |
			脏	破	其他	合计
第1次						
第2次						
第3次						
第4次						
第5次						
第6次						
合计						
疫苗及药物						
备注：						

填表人 _____

表6-13　蛋鸡生产记录表

| 周龄 | 日期 | 日龄 | 存栏 | 死淘 | 产蛋 | | | 耗料/千克 | 耗水/千克 | 温度/℃ | 备注 |
					合格蛋/%	不合格蛋/%	合计/%				
	合计										

周龄	日期	日龄	存栏	死淘	产蛋			耗料/千克	耗水/千克	温度/℃	备注
					合格蛋/%	不合格蛋/%	合计/%				
	合计										

3. 防止饲料浪费

饲料费用占养鸡成本的60% ~ 70%，如何降低成本是提高饲养效益的主要措施之一。目前蛋鸡养殖业已进入微利阶段，生产中饲料浪费现象依然存在，因此，必须重视减少饲料浪费。

在养鸡生产中，饲料浪费可分为直接浪费和间接浪费。直接浪费是生产中人为造成的能够看得到的浪费，如抛洒地面、饲料变质、老鼠麻雀偷吃等浪费。防止直接浪费的措施如下。

① 注意饲料加工和喂料方法要合理。粉状饲料不能过细，过细适口性差，且消化吸收差；每次喂料时料量不应超过料槽容量的1/3，防止饲料过多，鸡用嘴、爪将饲料扒出槽外，造成浪费。

② 给鸡断喙。断喙不但可以防止啄癖的发生，而且能有效地减少饲料浪费。

③ 妥善保管饲料。要防止饲料发霉、变质，注意防鼠、防虫、防野禽。老鼠、麻雀对养鸡造成的危害严重，不仅偷吃、毁坏、污染饲料，惊吓鸡群，而且能传播很多重要的疫病。

④ 及时调整料槽水槽的结构。笼养方式的鸡笼，料槽、水

槽等很容易变形，出现高低不平、漏水、溢水等现象，要做到勤检查、勤修理，使高低大小适宜，避免水入料槽，造成饲料酸败变质。

间接浪费是由于饲料利用率低下而造成的浪费，如疾病、饲料营养不全、生产力水平低下等造成的浪费，这部分浪费看不到，但对生产效益影响很大。防止间接浪费的措施如下。

① 饲养高产优质品种。

② 科学预防疾病，及时淘汰病、弱、残鸡。

③ 提供适宜的环境条件，加强饲养管理，提高生产力水平。

④ 使用全价优质饲料，提高饲料报酬。

4. 按时开灯关灯

根据产蛋鸡的光照计划，每天按时开灯关灯。采用自然光照与人工光照相结合的办法，可以定在早上4：00到晚上8：00为其光照时间，即每天早上4：00定时开灯，在日出后关灯，到日落前再开灯，至规定时间关灯，每天保持16小时光照。经常擦拭灯泡，以保持有效的亮度。

5. 定时喂料

产蛋鸡消化力强，食欲旺盛，每天喂料3次为宜。第1次在早晨6:00～7:00，第2次在上午10:30～11:00，第3次在下午4:30～5:30，3次的喂料量分别占全天喂料量的30%、30%和40%。也可将一天的总料量于早晚2次喂完，晚上喂的料量应在第2天早上喂料时还有少许余料量，早上喂的料量应在晚上喂料时基本吃完。每天要匀料3～4次，以刺激鸡采食。

6. 捡蛋

捡蛋时间应固定，商品蛋鸡一般每天捡蛋2次，上午11:00左右1次，下午5:00左右1次。每次捡蛋时要轻拿轻放，尽量减少破损，破蛋（图6-65）、脏蛋（图6-66）要单独放，并及时做好记录。捡蛋时要做好以下工作。

（1）将蛋分类、计数、记录、装箱　把好蛋、沙壳蛋等进行分类、计数、记录，有时还需要把好蛋装箱，并标明装箱日

图6-65 破蛋（李超 拍摄）　　图6-66 脏蛋（李超 拍摄）

期及装蛋人姓名。

（2）及时处理脏蛋　脏蛋要及时处理，但不能用水洗，以免污水渗入蛋壳内不好保存，引起变质。

（3）尽量减少脏蛋和破蛋　饲养管理过程中要想办法减少脏蛋和破蛋，如避免笼内积粪，预防鸡的呼吸道、消化道、生殖道疾病；保持鸡舍环境适宜、安静，避免环境突然变化，保证饲料中钙、磷、维生素D_3的含量及适宜的钙磷比例；笼底要有必要的倾斜角度，使产出的蛋能及时滚出，以防止母鸡踩坏；在收集、运输时轻拿轻放，防止大的震动等。捡出的破蛋、空壳蛋禁止直接饲喂产蛋鸡，以免母鸡养成偷吃鸡蛋的习惯。

7. 季节管理

（1）春季管理　春季气温逐渐升高，日照时间逐渐延长，但气温的波动较大。因此，要特别注意气候的变化，以便采取相应措施，包括充分满足营养需要、日粮营养全价等。春季气温回暖，也是各种病原微生物滋生的季节，因此要加强卫生防疫和疾病检测工作。在气温尚未稳定的早春，要注意协调保温与通风之间的矛盾。

（2）夏季管理　鸡的正常体温是41～42℃，比哺乳动物体温高5℃左右，而且鸡体被覆羽毛，耐寒怕热。夏季气温较高，日照时间长，管理上要注意防暑降温，温度最好控制在27℃以下。夏季要早开灯，想办法促进鸡群采食。此外，要做好日常的灭鼠和灭蝇工作，以减少疾病的传播和饲料浪费；注意防止鸡虱、螨虫的繁殖和传播。

（3）秋季管理　秋季天气渐凉，昼夜温差较大，日照渐短，要注意补充人工光照。早秋天气闷热，雨多潮湿，白天要加大通风量以利于排湿，注意在饲料或饮水中添加预防呼吸道或肠道疾病的药物。开放式鸡舍要做好夜间的保温工作，适当关闭部分窗户。如果要继续饲养产蛋满1年的老母鸡，可剔除残次鸡后实行强制换羽，以缩短秋季自然换羽的时间，在秋季换羽和停产早的鸡应尽早淘汰。

（4）冬季管理　冬季日照时间最短，气温最低，无论是密闭式鸡舍还是开放式鸡舍都要做好防寒保暖工作，防止贼风偷袭。适当提高日粮能量水平，增加饲喂量。低温对鸡的影响不如高温影响严重，但温度太低，会使鸡群的产蛋量和饲料转化率降低。做好保温的前提下，要注意通风换气。

产蛋鸡日常管理内容比较多，应根据蛋鸡的饲养阶段、季节、地区等差异，制订出相应的产蛋期日常操作程序（表6-14），便于工作有条不紊地开展。

表6-14　产蛋期日常操作程序

5：00	开灯、放水、适当通风，观察鸡群
5：30	第1次喂料，注意采食情况，及时挑出病弱鸡
6：30	匀料、记录温度，更换消毒池内消毒液
7：30	饲养人员早饭
8：30	第1次捡蛋
9：30	卫生消毒
10：30	第2次喂料

11：30	第2次捡蛋
12：00	饲养人员午饭午休
13：30	匀料、观察鸡群、维修工作
15：30	第3次捡蛋
16：00	鸡蛋清点入库，填写各记录表格
16：30	第3次喂料，观察鸡群，打扫卫生
17：30	下班
19：00	值班人员检查水、饲料、光照、安全等情况
21：00	关灯停水、观察鸡群

八、产蛋鸡常见问题的处理

1. 产蛋量突然下降

现代鸡种具有优良的生产性能，产蛋都有一定的规律性，开产后其产蛋率急剧上升，一般在4～6周内产蛋率可达90%以上，保持90%以上的产蛋率达4～6个月之久，在正常饲养条件下，高峰期过后，产蛋下降比较平稳。在实际生产中，由于种种原因会使鸡群的产蛋率突然下降，给生产造成难以弥补的损失。因此，应及时了解导致产蛋率突然下降的各种原因，提早预防，或在产蛋突然下降时及时查找原因，采取必要的措施，尽量减少损失。

（1）饲养管理方面的影响　饲养管理方面的影响因素主要包括光照程序的突然变化，如突然停光或减少光照，光照强度降低等；鸡群突然受到高温或寒流的侵袭，以及长时间高温或低温等；饲料配方比例失调或突然改变，喂料量不足，饲料发霉变质等；供水系统发生故障，造成断水；以及一些不良的刺激，如异常的声音、野禽和小动物类突然进入鸡舍而导致惊群等。以上这些不良的饲养管理因素都会造成产蛋率的突然下降，在实际生产中应采取适当的措施及时预防。

彩色图解科学养鸡技术

采取的措施如下：加强光照的管理，严格执行产蛋期的光照方案，以满足产蛋的需要；为鸡提供一个适宜的环境条件，夏季要做好防暑降温工作，冬季要做好保温防寒工作，以避免高温的危害或寒流的侵袭；产蛋期要做到饲粮的营养全面，保持相对的稳定性，若调整饲粮应最好要有一个1～2周的过渡期；此外，要加强饮水的管理，保证充足的饮水，严禁外来人员进入鸡舍和异常声音的干扰等。

（2）疾病的影响　若鸡群患有急性传染病，会导致产蛋率的急剧下降，产的薄壳蛋、畸形蛋、褐色蛋、软壳蛋增多，产蛋率下降的幅度有时会达10%左右，严重者达50%，甚至绝产。很多病毒性传染病（如新城疫、禽流感、传染性支气管炎、传染性喉气管炎、传染性脑脊髓炎、鸡痘、淋巴白血病等），还有各种细菌性传染病、支原体及寄生虫感染等都会引起产蛋率不同幅度的下降。

采取的措施如下：产蛋期要严格执行防疫制度，重视环境消毒工作，定时进行带鸡消毒，采取正确、全面的免疫接种程序，严格控制外来人员进入生产区，进入生产区的工作人员要彻底消毒等。根据当地或本场以往疫病的发生情况，为鸡群制订合理免疫接种方案，适时进行疫苗接种。

（3）产蛋鸡同时休产　产蛋母鸡经连续几个产蛋日后，就会休产1天或几天。如果休产的鸡在某一天偶尔增多，就会发生产蛋率突然下降的现象。这不是鸡群健康状况的问题，是鸡群正常的生物规律。这种情况下，鸡群的产蛋水平是短时间内很快可以恢复的。

（4）应激因素　异常的声音、颜色，以及飞鸟、老鼠等进入鸡舍，都会使鸡群受惊，造成应激，导致产蛋率的下降。

2. 啄癖的发生及预防

（1）发生的原因　主要原因与品种有关，如轻型蛋鸡具有神经质，比其他蛋鸡品种更易产生；饲槽、饮水器不足，停喂时间过长，饲养密度过大，舍内光线过强，营养和矿物质缺乏，纤维

图6-67 发生啄癖的鸡只
（李超 拍摄）

素不足等都可能诱发啄癖。

（2）防治措施 为防止啄癖的发生，应保证鸡只有充足的采食和饮水位置，密度适当，光照不可过强，通风良好，饲粮全价等。当然断喙是防止啄癖发生的有效手段。对于发生啄癖的鸡群和鸡只（图6-67），应尽快查找原因，及时解决。方法是在日粮中添加0.1%蛋氨酸、0.2%NaSO$_4$拌料，及时将被啄伤的鸡只挑出，以免引诱其他鸡只发生啄癖。

3. 蛋的破损及采取的措施

在蛋鸡的养殖中，会经常出现鸡蛋破损的情况，这样会给养鸡场带来直接的经济损失。除此之外，破损的鸡蛋还会造成养殖环境的污染，因此在蛋鸡生产中应注意鸡蛋的破损。

① 选择蛋壳较厚、品质较好的鸡种。

② 加强饲料营养，使用优质的饲料，做到饲料全价化。

③ 减少应激，在产蛋期间应避免或尽量减少疫苗接种的次数。在蛋鸡舍作业时，应注意防止鸡群受惊。在生产中，加强防暑降温，注意日常的消毒和防疫，避免鸡只发病。

④ 加强管理，增加捡蛋次数。在捡蛋过程中，要仔细，动作要轻，特别是在产蛋高峰期，每天要增加捡蛋次数。

⑤ 减少运输过程中的机械性碰撞。

⑥ 减少蛋与底网的碰撞，通过调节底网的角度和在底网上加一层塑料垫网，可大大降低种蛋的破损率。底网角度在安装时要认真按要求放置。

⑦ 定期检查集蛋系统。观察蛋在输送过程中是否轻缓、平稳、通畅，特别要注意各衔接部位，勿使积蛋或坡度过大，或蛋滚过速。

彩色图解科学养鸡技术

⑧ 勤换产蛋箱内的垫草，通常每隔5～7天换1次垫草，保持产蛋箱内铺满清洁、干燥与松软的垫草。

4. 提高产蛋量的措施

（1）选择高产健康的鸡种　选种时，要考虑品种的生产性能和市场需求，优良品种既要生活力强，又要饲料转化率高，选购雏鸡时要到防疫净化条件好的种禽企业购雏。

（2）饲料质量　根据各类蛋鸡的饲养标准及饲养阶段配制符合生长和生产需要的全价饲料，实行分段饲养，并重视在饲料中添加辅助剂和其他营养物质（如添加沸石粉、氯化胆碱等），都能不同程度地提高产蛋率。配合饲料要妥善保管，保存时要防潮、防晒、通风、防鼠害、虫害等。配合饲料中添加的多种维生素，最好现用现配，以防止失效。

（3）保证充足清洁的饮水　水是鸡体和产品的基本组成成分。缺水可以使鸡的消化吸收、新陈代谢、血液循环、体温调节等环节发生障碍，使产蛋量明显下降，甚至影响今后几天的产蛋量。因此，要保证鸡群有充足的饮水。病从口入，还要重视水的质量，最好用自来水或深井水，非饮用水一定要经消毒后才能使用。

（4）防止和减缓各种可能的应激　应激是鸡对造成其生理紧张状态的环境压力和心理压力的反应，对鸡的健康和产蛋都不利。所以要做好季节管理，尽可能地保持各种环境条件的适宜、稳定和渐变。保持鸡舍安静，减少对鸡群的应激。

（5）做好疾病防控工作　鸡体健康是高产的前提，疾病防控工作包括定期驱虫、接种疫苗、搞好环境的卫生消毒工作、保证饲料营养的全面和饮水的安全卫生等。

（6）采用新设备和新技术　采用快速喂料系统、乳头式饮水器、湿帘降温系统、粪污处理设备、纵向负压通风设备等，创造良好的环境，并改进笼养设备及集蛋工作；实施育成期限制饲养，产蛋期根据产蛋率和饲养阶段分段饲喂等技术。新设备和新技术的使用能更高效地提高生产成绩。

（7）做好记录，及时反馈　通过记录及时发现问题，如发现产蛋量下降，要及时查明原因，如果是疾病、饲料、饮水、环境、管理等方面的原因，应尽快消除。

（8）正确处理与鸡场职工的关系　养鸡场一切细致与烦琐的工作最终都要通过鸡场职工来完成。所以，能否充分发挥场内人员的积极性与责任心是提高工作质量的关键，也是保证多产蛋的关键。关心职工切身利益，尽可能提高职工的文化、技术和物质生活水平，解决职工的实际问题，提高员工的工作积极性和责任心。

第四节　种鸡的饲养管理

饲养种鸡的目的是为了生产优质的种蛋和雏鸡。所以，在种鸡管理方面，重点应放在如何保持种鸡具有良好的健康状况和旺盛的繁殖性能，以确保种鸡生产出尽可能多的合格种蛋，从而保证高效的种蛋受精率、孵化率和健雏率。

一、加强防疫，做好疫病净化工作

种鸡的饲养管理中必须严格执行种鸡的免疫程序，同时对一些可以经蛋垂直传播的疾病进行检疫和净化，做好疫病的预防工作。如鸡白痢、大肠杆菌病、沙门菌病、支原体感染、淋巴细胞白血病、传染性贫血等疾病，可垂直传播给后代。在生产中，进行定期检测（图6-68），通过检测淘汰阳性个体，确认是阴性个体的才能留种，以达到净化的目的，提高种源的质量。

图6-68　鸡白痢检测
（张月平　拍摄）

彩色图解科学养鸡技术

加强种鸡疾病的防控工作，在种鸡的日常管理中应加强生物安全控制，包括加强消毒，严禁外来人员进入场区，严格按照免疫程序来接种各种疫苗等。

二、注意合理的公母比例

种鸡群中，公鸡过多，不仅会浪费饲料，还会因公鸡争斗而干扰配种，降低受精率；公鸡过少，每只公鸡的配种任务大，影响精液品质，受精率也不高。因此，合理的公母比例是保证高受精率的必要条件。平养方式采用自然交配时，轻型白壳蛋种鸡公母比例以1∶（12～15）为宜，中型褐壳蛋种鸡以1∶（10～12）为宜。笼养方式一般采用人工授精，公母配比以1∶（20～30）为宜。

三、种蛋的选留与管理

选留的种蛋必须符合标准，才能用于孵化。刚开产的种蛋，蛋重小，蛋形不规则且受精率低，一般不宜选留。当种鸡达23～24周龄，平均蛋重在50克以上即可选留。自然交配的鸡群，公、母鸡混群后1周受精率可达高峰，此时便可收集种蛋；人工授精的鸡群，连续2次输精或首次输精量加倍，然后隔1天后开始收集种蛋。

为了提高种蛋的合格率，应注意勤捡蛋。平养的种鸡应每天捡蛋4～5次，笼养种鸡应至少2小时捡蛋1次，尤其是炎热夏季或寒冷的冬季更应增加捡蛋次数。捡蛋时应做到：每次捡蛋前用消毒药液洗手（图6-69），不符合要求的种蛋随时剔除，有条件的可在鸡舍立即消毒，若不能做到，应及时送往蛋库熏蒸消毒（图6-70）后储存，决不允许种蛋在鸡舍内过夜。

种蛋保存的最佳温度是12～15℃，相对湿度是75%～80%。保存1周以内，可采用上限温度，超过1周应采用下限温度为好。另外，种蛋在保存前不宜洗涤，以免胶护膜被溶解破坏而加速蛋内水分的蒸发和蛋壳表面残余细菌的侵入。蛋库内应空气流通，

图6-69　捡蛋前洗手消毒
（李超　拍摄）

图6-70　蛋库熏蒸消毒室
（李超　拍摄）

避免阳光直射，并设有防鼠、防蚊、防蝇的设施。

四、加强种公鸡的饲养管理

1. 对种公鸡的操作

（1）剪冠　种公鸡生长到成年时鸡冠会非常发达（图6-71），既妨碍视线，影响采食、饮水、活动和配种，也容易出现被啄伤、机械损伤、冻伤或被蚊虫叮咬等，剪冠也常用于制种标志。所以，在育雏早期可对种用公雏进行剪冠（图6-72、图6-73），多数公雏可在1日龄时进行剪冠，操作方法是左手握雏鸡，拇指和食指固定鸡头两侧，右手持医用眼科剪刀贴冠基由前向后将鸡冠一次剪掉，操作时要谨慎小心，防止剪破

图6-71　种公鸡发达的鸡冠
（李超　拍摄）

头顶皮肤。在南方炎热地区，可只把冠齿剪掉，以免影响散热。

（2）切趾 为防止种公鸡配种时抓伤母鸡的背部，而对种公鸡进行断趾。时间是在初生雏出壳后2～3天内。方法是使用专用的切趾器，分别将左右两脚的两个内侧脚趾带指甲的第一关节切去（图6-74）。

（3）烙距 为防止种公鸡在自然交配过程中抓伤母鸡的背部，可在1日龄或6～9日龄采用电烙铁烧灼距部，以阻止距的生长。

2. 种公鸡的选择

种公鸡的质量对种蛋的受精率有很大的影响，必须加强对种公鸡的选择。在实际生产中，种公鸡的选择一般分3次进行。

第1次是在6～8周龄时进行，具体要求是在符合本品种体形外貌特征的前提下，选择体重大的个体；选择腿长、强健而直，脚趾正常，结构匀称，体态良好，关节无畸形的；龙骨长而直，胸部羽毛生长良好，脊

图6-72 雏鸡1日龄剪冠（李超 拍摄）

图6-73 雏鸡剪冠后的成年公鸡鸡冠（李超 拍摄）

图6-74 将初生雏鸡切趾

背长而直；选留以公母比例1：（7～8）为宜。

第2次一般是在18～20周龄常结合转群进行，具体要求是应选留身体健壮、发育匀称、体重符合标准，雄性特征明显、外貌符合本品种特征要求的；用于人工授精的公鸡，还应考虑公鸡性欲是否旺盛、性反射是否良好；选留比例，平养自然交配以公母比例1：（9～10）为宜，人工授精公母比例以1：（15～20）为宜。被选留的公鸡，若用于人工授精，应单笼饲养，用于平养自然交配，应于开始收集种蛋前2～3周放入母鸡群中。

第3次选留，对于平养应在公母混群交配后10～20天时进行。此时应淘汰性欲差、交配能力低及常常呆立一旁的公鸡。留种比例，自然交配为1：（10～15），人工授精为1：（20～30）。

3. 繁殖期种公鸡的管理

（1）单笼饲养　繁殖期人工授精的公鸡应单笼饲养（图6-75），若一笼2只或群养，相互之间易出现爬跨、打斗等现象，往往影响精液品质。

图6-75　种公鸡单笼饲养
（李超　拍摄）

（2）体重检查　为保证繁殖期公鸡的健康和具有优质的精液，应定期检查体重。若体重降低100克以上的，应延长采精间隔或暂停使用，加强饲养管理，待恢复体况后，再正常利用。

（3）繁殖期公母鸡分饲　在繁殖期，种公鸡的营养需要量低于种母鸡，为了防止公鸡采食过多饲料，体重超标，应公母鸡分群饲养，以保持公鸡良好的体况，提高繁殖性能。

五、鸡的强制换羽

所谓人工强制换羽，就是人为地给鸡施加一些应激因素，在应激因素作用下，使其停止产蛋，体重下降，羽毛脱落从而更换新羽。强制换羽的目的是使整个鸡群在短期内停产，换羽可以恢复体质，然后使产蛋恢复，提高蛋的质量，达到延长鸡的经济利用期。

1. 人工强制换羽的意义

自然条件下，母鸡经过1年左右的产蛋时间，特别是经过夏季以后，鸡体内营养消耗很大，体质下降，到了秋天往往发生换羽而停产。换羽后，羽毛丰满，鸡的体质也得到恢复，有利于过冬。自然换羽的过程很长，一般需要3～4个月。高产鸡的换羽时间比较短，低产鸡换羽很慢，时间拖得很长。因此，鸡群中换羽程度很不整齐，产蛋率比较低，蛋壳质量也不一致，给饲养者带来很多不便。

生产中，由于马立克病、新城疫及其他疾病引起的育成率很低，因而打乱了生产计划，后备鸡补充不上来，致使鸡舍放空。此时，可对产蛋后期的蛋鸡进行人工强制换羽，使其继续维持生产。一些中小型商品蛋鸡场，由于不能按计划得到雏鸡，饲养青年鸡的计划误时，此时对老母鸡实施强制换羽，也是减少经济损失的一种应急措施。考虑到市场蛋价和饲料成本之间的关系，用强制换羽的方法来调节市场对蛋的需求，也是提高经济效益的好方法。种鸡场为降低饲养成本，增加收益，对种鸡合理进行人工强制换羽，是延长种鸡有效利用期的重要饲养管理技术之一。所以，强制换羽是延长鸡的生产利用期、提高经营效率的重要措施。

2. 人工强制换羽的原理

通过采取停饲或饲喂高锌日粮等人工强制换羽手段，使鸡处于营养物质缺乏的状态中，鸡产生强烈的应激反应。首先，鸡停止了产蛋以减少体内养分的消耗。饥饿的继续，进一步造成细胞钙的缺乏。钙是维持神经分泌的主要物质，钙的缺乏，影响了下丘脑的调节功能，一方面使下丘脑促甲状腺激素的释放量增加，引起甲状腺素分泌量增加。更多的甲状腺素强化了机体的物质代谢和能量代谢活动，加强了体内储存的营养物质的分解，首先是脂肪的分解，以供维持生命活动的营养需要。这样，鸡的体重降低了，便出现了换羽现象。另一方面，钙的缺乏会引起脑垂体促性腺激素分泌的抑制，促黄体素的降低，可导致雌激素分泌的减少乃至停止，因而卵泡和生殖系统的器官萎缩，使鸡进入休产和换羽状态。

研究结果表明，停饲造成体重降低25%～35%时，鸡体其他部分器官和组织的重量也产生变化，如卵巢减轻90%，输卵管减轻54%，肝脏减轻61%，体脂肪和子宫脂质分别减少50%和65%等。当恢复喂饲后，鸡从饲料中获得了钙和其他营养物质，满足了机体细胞的生理需要，神经和内分泌调节功能也逐渐恢复到产蛋期的状态，各种激素分泌趋于平衡，生殖系统及其功能逐渐恢复正常，鸡的产蛋功能也基本恢复，便进入新的产蛋周期。由于体脂和生殖系统的脂肪在停饲期和减饲期内大部分被分解消耗掉，所以重新开产后的产蛋率要远远高于上一个产蛋周期中产蛋后期的产蛋率。但第二个产蛋周期的产蛋时间要短些，期间产蛋总量也比第一产蛋期要少些。

3. 人工强制换羽前的准备

（1）整顿鸡群　淘汰病弱、瘦小的鸡，以及休产、换羽、发育不良、腹大而硬的低产鸡，选留体质健壮、有高产特征的鸡只组成强制换羽群。强制换羽期的死亡率和换羽后的生产性能，与是否经过严格的选留鸡群有密切的关系。对选留鸡只可按体重大小分群，各群实行不同的绝食天数，否则体重大小不整齐，无法准确把握鸡体的失重指标和恢复喂料的最佳时机。

（2）免疫与驱虫　鸡群实施强制换羽前要做好疾病的防控工作，在换羽实施前2周检测新城疫抗体效价，如果达不到要求，必须重新免疫。结合鸡白痢和慢性呼吸道病的检测，淘汰阳性个体。寄生虫病多发的鸡群还要进行驱虫。

（3）抽样称重　换羽实施前定点选择50～100只鸡，鸡群

彩色图解科学养鸡技术

大时可抽3%～5%在清晨时空腹称重，作为鸡群换羽前的体重。将这些鸡只标记或固定，作为样本测定换羽期间体重的变化，定期称重。

（4）准备好足够的垫料及用具　对鸡舍内的各种设备进行调试维修。换羽前鸡群仍按产蛋期间的规程进行饲养，公鸡单独饲养，不换羽、不遮黑。

4. 实施期

从绝食第1天开始到失重率达到标准为止的一段时间，采用连续绝食法。换羽期一般在8～15天，技术要点是要求鸡群快速停产，具体要求见表6-15。

表6-15　种鸡强制换羽期实施方案

时间/天	料	水	光
1～2	停料	停水	停光
3	停料	供水	8小时
4～12	停料	供水	8小时
13	育成料30克	供水	8小时
14～19	每2天增加20克至19天达到90克/（只·天）	供水	8小时
20～26	自由采食育成料	供水	8小时
27～42	自由采食蛋鸡料	供水	每天增0.5小时
＞43	自由采食蛋鸡料	供水	16小时

（1）绝食时间　以失重率和死亡率为标准，灵活掌握。停料期间死亡率低于3%，失重率在27%～30%。期间两个指标任一指标达到要求，即可恢复供料。

（2）停水时间　非高温季节可短期断水1～3天，不可长时间停水，高温季节不可停水。

（3）光照　遮光鸡舍光照时间缩短为8小时，或上午、下午各开2小时灯，便于鸡喝水为宜。不遮光的鸡舍适宜于在短日照季节使用，换羽效果较好，一般要求日照时数不长于12小时，长日照季节以鸡舍遮光效果较好。

（4）垫料管理　要求进鸡时铺少量垫料，换羽开始后要及时清扫鸡粪和鸡毛，防止鸡只啄食羽毛和杂物，停料后2天开始根据脱换羽毛情况局部或全部换垫料。

（5）称重　开始换羽的第1天称重1次，作为基础体重来计算每天的失重率。换羽期第8天开始称重测算失重率，以后每2天称重1次，从第11天开始每天称重1次，当失重率达27%～30%时即可恢复供料。

（6）环境控制　由于停料后鸡体自身产热量下降，在凉爽或较冷季节强制换羽时，应通过减少通风量和辅助加热来维持一定的舍温，做到舍温不低于24℃，做好通风工作。

（7）补钙　为了防止停饲所引起的软骨症和骨质疏松症，保证恢复开产时的蛋壳质量，换羽期应适当补钙：绝食前2天每吨饲料中加68～70千克的粗贝壳粉，停料后的最初3～4天，每天下午每只鸡补给15克贝壳粉。停料期间对失重过快的鸡群，视情况适当补喂贝壳粉，体重减少20%至开始喂料前，每只饲喂10克/天的贝壳粉。

5. 恢复期

恢复期是指从开始恢复喂料至产蛋率达到50%的一段时间。

（1）恢复喂料的时间　因鸡种、季节、日龄和营养状况有差异，恢复饲喂时间可参考以下几方面指标进行确定。首先是最低失重率不小于25%，死亡率不超过3%。在停料末期解剖死亡鸡，以腹腔内脂肪基本耗尽为宜，触摸部分活鸡胸骨，棱角明显。观察鸡的羽毛脱换情况，正常为换羽开始的7～10天内，主要是体内的小羽脱落，10～20天内主翼羽开始脱落，50天内会脱落70%，每次脱落1～3根，脱落后10天左右重新长出新羽。产蛋率达50%时，已有5根以上脱落，说明换羽效果较好。

（2）恢复期喂料量的过渡　恢复期后喂料量应严格按照由少到多，逐渐过渡到最大喂料量。这样做的目的是让处于长期饥饿状态的已经缩小的胃肠慢慢适应，过渡期一般不少于13天。恢复供料时要有足够的料槽，让鸡群能采食均匀，提高体重的均匀度。

（3）光照　开始换成蛋鸡料时采用渐增法增加光照时间，每周增加0.5小时，至16小时恒定。

（4）体重恢复　恢复喂料后每周抽样称重1次，这个时期的体重恢复快慢与过渡期的喂料方式有关。一般前期增长较快，后期逐渐变慢，当8～9周时应接近或达到强制换羽前的体重水平。强制换羽鸡群转入第二个产蛋期时，其产蛋规律与第一个产蛋周期大致相同，但产蛋期持续的时间较短，整体产蛋率较低。

6. 公鸡的管理

为了提高受精率，换羽后的种母鸡最好选用24周以上、已达性成熟的年轻新公鸡与其进行配种或人工授精。新公鸡要求体重达到标准或略超过标准，身体健康，无垂直传播的疾病。产蛋前母鸡与公鸡混群，初放时按11∶100进行，然后剔除因体重小而失去配种能力的公鸡，比例达10∶100即可。如果换羽后仍使用原有的公鸡，应在换羽前把公鸡挑出，实行公母分群饲养，饲喂原日粮90%的料量，维持到换羽的第28天左右开始加料，每天每只加料7～8克，加到高峰料量时然后进行维持。

种鸡的强制换羽方案并不是一成不变的，要根据具体情况把停料、停水、光照有机地结合运用，才能取得最好的成绩。换羽后鸡群的高峰产蛋率达85%以上、受精率达90%以上，说明换羽是成功的。否则就要吸取经验教训，修改完善原有的换羽方案，以达到理想的换羽目的。

第七章
肉鸡的饲养管理

第一节　商品肉鸡的饲养管理

一、肉仔鸡的生产特点

1. 生长速度快，饲料转化率高

肉仔鸡出壳时体重大约40克，正常饲养5～6周后体重可达2500克以上，是出壳体重的60多倍。肉仔鸡的饲料转化率可达1.6∶1，高者可达到1.5∶1，料肉比明显高于其他动物。

2. 饲养周期短，资金周转快

我国肉仔鸡一般饲养5～6周龄可达上市标准体重。鸡出场后用2周左右的时间打扫、消毒鸡舍，再进下一批鸡，一间鸡舍一年可生产6～7批，这样即大大提高了鸡舍和设备的利用率，又加快了资金的周转速度。

3. 饲养密度大，饲养规模化

肉仔鸡性情安静、不好动，很少出现打斗、跳跃，可规模化饲养。若采用垫料平养，每平方米可饲养12只左右；一个现代化、自动化程度较高的养殖场，每个劳动力在一个饲养周期可养殖1.5万～2.5万只鸡。

4. 屠宰率高、肉质好

肉鸡屠宰率高，可达85%。肉鸡生长期短、肉嫩、易加工成各种美味佳肴，而鸡肉中蛋白质含量较高，是非常好的肉质食品。

5. 肉仔鸡抗逆性较差、疾病较多

肉仔鸡生长速度快，骨骼组织发育相对较慢，体重大活动量少，较易出现胸部和腿部疾病，机体抵抗力相对较低。

二、肉仔鸡的饲养方式

1. 垫料平养

该饲养方式是在舍内地面上铺设垫料（图7-1），常用的垫料有稻壳、刨花、锯末，甘蔗渣等。垫料必须具有新鲜、干燥、无灰尘、无霉菌、吸水力强的特点，须保持有20%～25%的含水率，厚度一般为10～12厘米，雏鸡从入舍到出栏一直生活在垫料上面。

该方式的优点是设备简单，投资少，垫料可以就地取材；鸡活动量大，体质健壮，适合肉仔鸡的生长发育特点；肉仔鸡的腿病、龙骨弯曲、胸囊肿等发病率低，鸡的残次品少等。缺点是占用面积大，饲养密度小；垫料容易被漏水的水线潮湿，这样鸡的舒适度降低；鸡和粪便直接接触，易发生球虫病，而且劳动强度大。

图7-1 垫料饲养
（王跃增 拍摄）

2. 网上平养

网上平养一般采用网孔为2～2.5厘米的铁丝网或塑料网，网高出地面50～60厘米（图7-2）。饲料粉末、粪便可以通过网

孔漏到地面上，一个饲养周期清粪1次即可。网孔一般为2.5厘米×2.5厘米，头2周为防止雏鸡脚爪从空隙漏下，可在网上铺上小孔网、硬纸或1厘米左右厚度的稻草、麦秸等。为防止粪便中水分的蒸发和减少氨气的排放，可在地面上铺厚度为5厘米左右的垫料，目的是吸收水分、吸附有害气体，减少疾病的发生。

　　该养殖方式的优点是鸡粪落入网下，鸡与粪便接触少，卫生条件好，不易发生疾病；鸡粪利用价值高。缺点是一次性投资较多，对环境管理要求较高，须加强通风换气，还必须保证饲料全价，否则容易出现微量元素和维生素缺乏等疾病。

　　3. 笼养

　　笼养是鸡饲养在3～4层的笼内（图7-3）。笼养饲养密度大，提高了房舍的利用率，便于管理，节省饲料，可以提高劳动效率，减少了球虫病的发生率，便于公母分群。缺点是一次性投资大，对环境条件要求较高，须加强通风换气，胸腿病发病率高。

三、肉仔鸡的饲养管理

　　1. 鸡舍清洗与消毒

　　空舍期（图7-4）要做好鸡舍的整理、清洗及消毒工作。

　　（1）鸡舍的清洗　　鸡出场后，应立即在垫料、设备、墙壁

图7-2　网上平养（李超　拍摄）

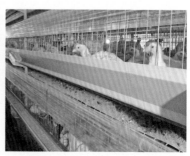

图7-3　笼养（王跃增　拍摄）

表面喷洒消毒剂杀虫剂，杀虫剂要交替使用。清除鸡舍内的粪便（图7-5）、垫料、碎屑等，进行无害化处理和资源化利用。鸡舍的地面、墙壁、笼具、清粪机、料槽、进风口、风扇轴和风扇叶等用高压清洗机冲洗干净（图7-6）。清洁和冲洗水线，先将水线调节到距离地面1～1.5米处，打开水线末端的球阀，打开所有的冲洗球阀，关闭工作球阀，对水线进行清洁；然后将有机酸加入水线，浸泡12小时，用清水冲洗。清洗水线的有机酸可以选择5%过氧乙酸、5%草酸、5%甲酸、15%次氯酸钠等。

设备维护可在鸡舍清洗、晾干后进行，包括供电、供水、供料、通风、供暖、照明、测量、报警、水帘、自动控制系统等设备，确保设备正常运行。

（2）消毒

① 鸡舍消毒。鸡舍消毒前先将水线、料线调至最高位置，消毒人员要做好自我防护，配备好防毒口罩、防风眼镜、手套、水靴等。鸡舍的第一遍消毒可采用0.2%二氯异氰尿酸钠，每平方米喷洒0.3升（图7-7）。严禁喷洒水线、料线、风机、烟道、

图7-4　空舍期的鸡舍
（安立行　拍摄）

图7-5　粪便的清除
（于洪波　拍摄）

图7-6　清洗后的鸡笼、清粪机
（安立行　拍摄）

彩色图解科学养鸡技术

图7-7　鸡舍消毒（张继申　拍摄）

图7-8　全场消毒（张月平　拍摄）

图7-9　熏蒸消毒（安立行　拍摄）

暖风管等设备。消毒后关闭窗户，密闭12小时，晾干。地面采用3%火碱溶液消毒，每平方米喷洒0.3～0.5升，喷洒要均匀。

②　全场消毒。鸡场内的道路、职工宿舍、厕所、排水沟等进行彻底清理、消毒，工作人员的衣物严格洗涤、消毒，其他直接或间接接触上批鸡的物品也要严格消毒。消毒时用高压冲洗枪将消毒剂均匀地喷洒在鸡舍四周的道路上，每平方米喷洒0.3～0.5升，一直到养殖场大门口（图7-8）。消毒剂可选用3%火碱溶液或其他消毒剂。

③　垫料消毒。地面平养时对新铺的垫料采用氯制剂或过氧乙酸严格消毒。

④　熏蒸消毒。鸡舍第1次消毒后结束，检查设备是否安装完好。将消毒后的料盘、饮水器及其他用具等移进鸡舍，按要求摆放。将鸡舍加湿至80%，封闭鸡舍，升温至25℃以上。进鸡前3～4天进行熏蒸消毒（图7-9），一般按照每平方米40毫升福尔马林、20克高锰酸钾，或者20%的过氧乙酸5毫升进行，鸡舍密闭熏蒸24～48小时。熏蒸消毒结束后打开门窗和风机充分地通风换气，以排出甲醛气体，保证雏鸡进舍时没有消毒剂的气味。

（3）鸡舍试运行　检查鸡舍的密闭性，运行风机湿帘系统，看负压值是否在正常范围内。调试、校正其他设备。

2. 进鸡前的准备

（1）鸡舍预温　寒冷季节准备好足量的煤炭，运行鸡舍取暖系统（图7-10）。夏季要运行好风机、湿帘降温系统。冬季育雏至少要提前3天（72小时）预温（图7-11），夏季育雏至少要提前1天（24小时）预温。若同时使用保温伞，最好在雏鸡到场前24小时开启保温伞，雏鸡到场时伞下垫料温度达到29～31℃。

（2）饲料、饮水、疫苗、药物的准备　料塔或操作间内备好饲料（图7-12）；水线冲净后放足水，检查是否有漏水或堵塞现象（图7-13）；常用药物、疫苗等可适当购置并保存好；生产

图7-10　笼养鸡舍地暖
（王跃增　拍摄）

图7-11　鸡舍预温
（安立行　拍摄）

图7-12　饲料（靖吉强　拍摄）

图7-13　笼养鸡舍的水线与料线
（王跃增　拍摄）

图7-14 健康的雏鸡
（卜祥卫 拍摄）

用记录表等物品事先准备好。

（3）人员培训 组织好饲养人员，进行技术、纪律等方面的培训。制订合理的激励政策，使工作人员工作有动力。

3. 进鸡

（1）雏鸡的选择 雏鸡（图7-14）的健康与否，直接关系到肉鸡养殖的成败。因此，应选择来自健康种鸡场、品种优良的雏鸡。

健康的雏鸡绒毛丰满，活泼好动，对光和声音反应灵敏；脐部收缩良好，卵黄吸收良好，肛门附近无粪便黏着；叫声洪亮清脆，站立稳健，握在手中有弹性、挣扎有力；体态匀称，体重适中等。

（2）科学的运输 运雏车（图7-15）使用前应冲洗消毒，接运雏鸡时采用专用运雏箱（图7-16）。装运时要注意平稳、通气，每箱装雏鸡的数量约占箱子面积的一半，以免拥挤压死雏鸡。运

图7-15 运雏车
（卜祥卫 拍摄）

图7-16 专用运雏箱
（于洪波 拍摄）

输时，要防止剧烈的颠簸、震动、摇晃、倾斜，冬天注意保温，夏天注意降温和通风。勤观察雏鸡状态，每隔30分钟检查1次，如发现过热、过凉或通风不良，要及时采取措施，防止雏鸡挤压、缺氧。雏鸡运输应做到快速、平稳、安全，不误开食时间，最好在出壳后8～12小时运到鸡舍，尽量不要超过24小时。

（3）接雏　雏鸡到达目的地后，卸雏鸡箱时应轻、稳、快，由育雏人员将雏鸡箱搬入育雏舍。雏鸡进入育雏舍后先不要从雏鸡箱中取出，让其适应舍内温度（图7-17），然后再取出雏鸡，清点只数，健弱雏分开，对于不合格的弱雏及早淘汰。雏鸡休息1～2小时后，进行饮水、开食。

图7-17　雏鸡适应舍内温度
（都振玉　拍摄）

4. 饮水与开食

（1）饮水

① 初饮。雏鸡第1次饮水称为初饮，也叫开水。雏鸡开始饮水的时间最好在出壳后24小时内，不要超过36小时。先饮水后开食，有利于胎粪的排出和体内剩余卵黄的吸收，增进食欲。雏鸡进舍前，应将饮水器均匀地分布安置妥当，以便于所有的雏鸡能及时饮到水。初饮水应为温开水，水温在25～30℃，最好在饮水中添加5%～8%的葡萄糖、适量多维和抗应激药物，以增强雏鸡抵抗力，缓解应激。也可以采用0.01%高锰酸钾水初饮，这样利于肠胃的清洗和胎粪的排出。初饮时饲养人员可以抓几只雏鸡，将其喙部浸入水盘中，然后再放开让其自己饮水，若这几只雏鸡会饮水了，其他雏鸡很快就会通过模仿学会饮水。

对于不会饮水的雏鸡要进行人工辅助，可将鸡喙浸入水中沾几下。最初1周内最好饮用温开水，水温最好与室温相同，1周后可改饮凉水。

② 饮水用具。平养肉仔鸡一般在第1周采用真空饮水器，7～10日龄真空饮水器和乳头式饮水器结合使用，11日龄以后可以采用乳头式饮水器。有的小型肉鸡场一直使用真空饮水器，到10日龄左右改成约1.5升的小型饮水器，日龄再大就改用5～8升的大型饮水器。有的肉鸡场还采用普拉式（吊塔式）饮水器。

③ 注意事项。饮水要保持清洁卫生，饮水器应每天洗刷消毒1～2次，并及时更换新鲜饮水。建议水线每周处理1次，每次加药后或免疫后都要冲洗水线，防止水线堵塞。饮水器数量要充足，分布要均匀，高低、大小及型号应随雏鸡日龄增大而调整。立体笼养育雏时采用乳头式自动供水系统，进雏前将水压调整好，清洗消毒后检查每个乳头，对漏水、堵塞或损坏的乳头及时维修、更换。开始在笼内放饮水器饮水，1周后应训练其在笼外饮水。平养育雏时随雏鸡日龄的增大要逐渐调整饮水器的高度，调整饮水设备时应逐渐进行。饮水设备边缘的高度以与鸡背等高或略高于鸡背为宜，饮水器下面的垫料要经常更换。雏鸡的饮水要做到随时自由饮水，保证全天供水，不间断。通常情况下，鸡的饮水量是采食量的2～3倍。当气温升高时，饮水量增加。

（2）开食

① 开食。雏鸡第1次吃料叫开食（图7-18）。过早开食，雏鸡无食欲，对消化器官有害，影响以后的生长发育；过迟开食，雏鸡体力消耗过大，影响成活率及以后的生长。一般雏鸡出壳后24～36小时开食，最晚不超过48小时；开饮2～3小时后即可

图7-18　雏鸡开食
（卜祥卫　拍摄）

开食，或饮水半小时后有30%～50%雏鸡有啄食行为时开食为宜。

开食的饲料要新鲜、颜色鲜亮、适口性好，颗粒大小适中，营养丰富，易于啄食和消化，常用全价颗粒料的破碎料。前几天可将饲料撒在开食料盘内，让鸡自由啄食，对不会吃料的雏鸡要诱导采食，可以用手指轻敲饲料引诱雏鸡啄食饲料，雏鸡采食具有模仿性，大群雏鸡很快就能学会采食。为使雏鸡较易发现饲料，应增大光照强度。开食料盘必须和饮水器间隔放置，均匀分布，以保证每只鸡都能采食和饮水。学会饮水和吃料的小鸡嗉囊应该是饱满的、柔软的，反之，嗉囊空虚。对嗉囊空虚的小鸡要训练调教，使它学会饮水吃料。

② 喂料用具。一般规模化肉鸡场雏鸡在1～5天试用开食盘，5天后试用自动喂料系统。小型肉鸡场一般前3天使用开食盘，3天后常常采用料槽或料桶喂料，以减少饲料的浪费和污染。

③ 喂料次数。前几天饲料应多次少量、勤添勤喂，最初1周每天可加料5～6次，2～3周每天加料4～6次（图7-19），以后每天加料3～4次即可。立体笼育时开始在笼内放置料盘喂料，1周后应训练其在笼外吃料。

图7-19 15日龄雏鸡采食（安立行 拍摄）

④ 注意事项。平面育雏时，开始几天最好把饮水器、开食料盘放置于热源附近，以便雏鸡取暖、采食和饮水。一般每100只鸡用一个开食盘，也可用塑料布或编织袋。采用料槽喂料时使每只鸡应有5厘米以上的采食位置，使用料桶时，一般每20～30只鸡备一个料桶，2周龄前使用3～4千克的料桶，2周龄后改用

7～10千克的料桶，更换喂料器时应采取逐渐过渡的方法，并应注意调整料槽或料桶的边缘与鸡背部保持等高，避免饲料浪费或饲料被污染。采用自动喂料系统，料槽或料盘要有格栅，肉鸡的头部可以自由进出，但踩不进去。每天记录采食量，当采食量异常时，应注意观察鸡群的情况，采取相应的措施。

5. 环境控制

（1）适宜的温度　肉仔鸡对温度非常敏感，尤其是刚出壳的雏鸡身体弱小，体温调节能力差，必须在适宜的温度下才能健康成长。温度过低，雏鸡互相拥挤取暖，不愿采食（图7-20），生长缓慢；温度过高，易造成脱水，食欲减退，影响生长发育。

在生产实践中，育雏第1周的温度很重要，特别是头3天。供温标准第1～2天为33～35℃，以每周降温2～3℃为宜，第5周开始环境温度可保持在20～24℃。整个供温期间，温度应相对稳定，逐渐降低，防止忽高忽低及变化太快。

进行温度测定（图7-21）。预温时，温度探头或温度计挂低一点，要兼顾环境、垫料、网床的温度，探头距垫料或网床

图7-20　舍内温度低、雏鸡拥挤

图7-21　鸡舍温度测定
（安立行　拍摄）

彩色图解科学养鸡技术

10厘米左右。温度探头和温度计不能靠近暖风带、暖风机、风门悬挂，不能挂墙上。随着鸡日龄的增加，及时调节温度探头的高度。温度探头应均匀分布于鸡舍。环境温度是否合适，应注意看鸡群的表现，以鸡群感到舒适，采食、饮水、活动、睡眠等正常为最佳标准，切忌温度忽高忽低。若温度过高，采食量减少，饮水增多，增重速度降低，反之亦然。试验表明，温度每增加或降低1℃，8周龄的鸡每只体重约减少20克，总采食量每只减少或增加50克。因此，肉仔鸡整个饲养期内都要注意温度的控制。炎热的天气要注意防暑降温，寒冷季节要注意防止贼风的侵袭。肉仔鸡育雏期间在温度控制方面应注意以下事项。

① 良好的温度是保证育雏成败的关键，因此育雏温度应保持平稳，适时降温，工作人员每天必须检查和记录温度变化，细致地观察鸡的行为，以雏鸡不挤堆、不张翅喘气、均匀散布地面、食欲旺盛为佳。

② 在鸡群产生应激或疫苗接种时，育雏器温度应比正常要求的温度大约提高2.5℃，直到鸡群健康恢复正常为止。

③ 准确校正温度计，结合雏鸡动态进行施温。

（2）湿度　湿度（图7-22）对雏鸡的健康和生长影响很大。适宜温度下，肉用仔鸡适宜的相对湿度范围是第1周为70% ～ 75%，第2周为60% ～ 65%，第3周及以后保持在55% ～ 60%即可。若湿度过低，舍内空气干燥，鸡的呼吸系统感到刺激和不适，易发生呼吸道疾病；若湿度过高，尤其是高湿低温和高湿高温均会引起肉仔鸡的患病增多。

测定湿度时，相对湿度探头应悬挂在鸡舍前端的1/4

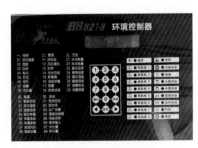

图7-22　环境控制器
（安立行　拍摄）

处，离地 1.2 米。控制舍内湿度可以采用的方法是，育雏头儿天，应注意舍内水分的补充，可采取在墙壁、地面喷水或在火炉上烧水蒸发等措施来提高湿度。10 日龄后，舍内湿度增大，应注意节约用水，防止饮水器溢漏，勤换垫料，加强通风换气，使舍内湿度控制在标准范围之内。

（3）通风换气　通风是排除舍内水汽、氨气、尘埃以及多余的热量，为鸡群换进外界新鲜、充足空气的过程。肉仔鸡生长速度快，代谢旺盛，饲养密集，氧气需要量大，排出的二氧化碳多，易造成舍内空气污浊，影响鸡群健康，给养鸡生产带来严重损失。因此，必须注意通风换气，保持新鲜的空气，温湿度适宜。

通风应根据鸡的日龄、体重、季节及温度变化灵活掌握。1 周龄、2 周龄时以保温为主适当通风，3 周龄开始则要适当增加通风量和通风时间，4 周龄以后除冬季外，则以通风为主，特别是炎热的夏季。为解决通风与保温的矛盾，可在通风前适当提高舍温 2℃左右，冬季通风应避免在早晚气温低时进行。天气不冷时，可每隔 2～3 小时通风换气 1 次，这样可提高雏鸡对温度变化的适应能力。

通风可采用机械纵向负压通风方式（图7-23、图7-24），若气温达到 30℃以上时，必须开启湿帘降温装置（图7-25、图7-26）。还可以通过安装风扇（图7-27）将舍内热气排出，为鸡

图7-23　风机通风
（提金凤　拍摄）

图7-24　小窗通风
（靖吉强　拍摄）

彩色图解科学养鸡技术

群提供一个具有良好空气流动的环境。风扇运转时，风力影响面积宽大于其直径3倍，长大于其直径的10倍。当舍外温度处于理想状态时，可采用自然通风。自然通风时应避免冷空气直接吹入，可用幕帘、挡板或过道的方法缓解气流。

（4）光照　光照与鸡的采食、饮水、活动、健康和生长发育密切相关。光照的目的是延长采食时间，促进生长发育。

① 光照时间。肉用仔鸡的光照有连续光照和间歇光照两种方法。连续光照就是进雏后前3天实行每天24小时连续照明，使鸡尽快熟悉、适应新的饲养环境，及时饮水、开食，此时光照强度可略强；4日龄以后到出栏期间，每天给予光照时间为22小时、黑暗时间为2小时，防止鸡舍一旦停电造成较大应激，引起鸡群骚乱、聚堆压死。白天要充分利用自然光照，夜间开灯补充光照。

开放式鸡舍和全密闭式

图7-25　湿帘（一）
（刘存超　拍摄）

图7-26　湿帘（二）
（刘存超　拍摄）

图7-27　风扇（安立行　拍摄）

鸡舍实行间歇光照的方法不同。开放式鸡舍，白天采用自然光照，从第2周开始实行晚上间断照明，即给鸡喂料时开灯，喂完料后关灯。在全密闭式鸡舍，实行每天1～2小时光照，然后黑暗2～4小时，采用照明和黑暗交替进行的方式光照。这种方法可以节约电能，也可提高肉鸡饲养效果。

实行间歇光照应注意以下几点：间歇光照的实施要有2～3天的过渡期，光照强度最好智能控制，渐明渐暗，不要给鸡群造成太大应激；要保持垫料的松软；在黑暗期仍然要注意鸡舍的通风，夏季要注意防暑降温；开灯喂料、喂水时，要保证鸡群都能有充足的饲料和饮水等。

② 光照强度。光照强度由强到弱，灯泡安装要均匀，灯距不超过3米，灯高1.8～2.0米为最佳。前5天可以采用较强的光照，让雏鸡更好地熟悉生活环境，鸡舍内每平方米的光照强度一般以20勒克斯（约5.4瓦/米^2）为宜；1周以后到出栏，把光照强度逐渐减弱，每平方米光照强度5～10勒克斯（1.3～2.7瓦/米^2）即可。

适度的限光可以预防肉仔鸡在7～21日龄时出现体重超标，减少死淘、猝死、腿病和尖峰死亡。限光能控制鸡的生长速度，防止鸡因增长过速而发生腿病、腹水症、猝死症等。控制光照程序的时候一定要固定关灯时间，通过调整开灯时间来调节光照时间。

（5）饲养密度　饲养的密度要适宜，过大或过小都会影响鸡的发育。饲养密度过大，鸡群闷热拥挤，活动受限，造成舍内空气污浊，湿度增高，易发生啄癖和其他疾病，鸡群整齐度差，成活率低；密度过小，鸡舍和设备利用率低，饲养成本高，不经济。生产实践中，合理的饲养密度应根据饲养方式、鸡舍条件、饲养管理水平和鸡的品种等因素来确定。

地面垫料平养方式的饲养密度见表7-1。网上平养和笼养比地面平养密度高30%～100%。不同体重肉仔鸡出栏时饲养密度见表7-2。

表7-1　地面垫料平养肉仔鸡饲养密度

日龄	饲养密度/(只/米²)	备注
1～7	40	
8～14	30	
15～28	25	每周应将鸡群疏散1次
29～42	16～17	
43～56	10～12	

表7-2　不同体重肉仔鸡网上平养饲养密度

体重/千克	开放式鸡舍		环境控制鸡舍	
	只/米²	千克/米²	只/米²	千克/米²
1.5	15	22.5	22	33.0
2.0	11	22.0	17	34.0
2.5	9	22.5	14	35.0
3.0	7	21.0	11	33.0
3.5	6	21.0	9	31.5

6. 合理分群

公鸡和母鸡生长速度不同，公、母鸡长到2周龄以后，对食槽、水槽高低的要求不同，如混养往往不能满足不同的要求。母鸡5周龄后生长速度相对下降，公鸡的快速增长期可到7周龄，两者出栏时间不同。因此，生产中按照鸡只的体质强弱、性别、体重大小分群管理，有利于鸡群生长发育一致，提高经济效益。

7. 加强生物安全和防疫措施

（1）采用"全进全出"的饲养制度　同一个鸡场同一栋鸡舍只能饲养同一日龄的肉仔鸡，同时进舍，到达出栏体重或日龄时同时出栏，这样便于对鸡舍进行彻底清扫、消毒。一般两批肉仔鸡之间的空舍时间至少为1～2周，以切断疾病的传播途径。目前有很多肉仔鸡养殖小区，小区中无论有多少鸡舍，都要在同一时期养殖同一日龄的肉仔鸡，这样做既有利于卫生防疫，又有利于饲养管理。

（2）做好消毒工作　凡是进入鸡场的人员必须经过消毒、淋浴，换上干净、统一的工作服，方可进入鸡场；严禁场内人员互相串舍，未经允许的人员、车辆禁止入内；鸡场大门应设置消毒池，长度应不小于卡车车轮周长的1.5倍，宽度应与大门宽度一致或略宽，最深处20厘米，消毒池中的消毒液在保持有效的前提下，应3～5天更换1次。每栋鸡舍出入口应设脚踏消毒池，每天更换消毒液，人员出入要消毒；定期带鸡消毒，每周至少1～2次。对所用饲养用具（如料桶、饮水器等）必须每天清洗和消毒。洗刷后的脏水严禁泼在鸡舍地面上；对鸡舍及周围环境定期消毒。

（3）加强垫料管理　地面平养的肉仔鸡要选择柔软、干燥、吸水性良好的材料，垫料应灰尘少、无病原微生物污染、无霉变。垫料在鸡舍熏蒸消毒前要铺好，进雏前在垫料上铺好报纸或硬纸，便于雏鸡活动和误食垫料。若垫料干燥，可以采用喷洒消毒液的方法增加湿度。垫料要经常翻动，鸡舍要加强通风换气，以防止垫料潮湿、结块，若发现有过湿或结块的垫料应及时补充新鲜垫料或更换过湿的垫料。

（4）加强鸡场环境管理　肉仔鸡养殖场要定期灭蚊、灭蝇、灭鼠，发现死鸡应立即拿出鸡舍并立即处理；鸡舍外围应建防护带，以隔离不必要来访的人、宠物和野生动物；禁止其他家禽、家畜或宠物进入鸡场。

（5）做好免疫接种工作　根据当地的疫病情况制订有效的免疫程序，准备相应的疫苗。根据制订的免疫程序，采用合适的方法给鸡群进行疫苗的免疫接种（图7-28），并定期监测免疫后的抗体水平。生产中，除了疫苗之外，还应定期在饲料或饮水中投放预防疾病的药物，以确保鸡群的健康稳定。肉鸡上市前1周停止用药，以保证鸡肉无药物残留。

（6）预防和减少腿部及胸囊肿的发生　在肉鸡生产过程中，肉用仔鸡胸部疾病、腿部疾病和腹水症的发病率高，严重影响到肉鸡健康和产品合格率，使肉鸡饲养的经济效益降低。

图7-28　免疫接种设备
（安立行　拍摄）

① 胸囊肿。胸囊肿就是肉鸡胸部皮下发生的局部炎症，会影响屠体的美观，造成经济损失。胸囊肿产生的主要原因是肉仔鸡生长速度快、体重大、经常伏卧，胸部与地面或硬质网面长时间接触，受到摩擦和压迫而形成的。生产中要加强垫料管理，垫料要保持一定的厚度，避免鸡体直接与地面接触；采用网上平养或笼养时，应加一层具有弹性的塑料底网，这样能有效地减少胸囊肿的发生；加强鸡只的运动，减少伏卧时间。

② 腿部疾病。肉鸡生产中，经常发生各种各样的腿病，如腿软弱无力、关节和腿骨变形、腿骨骨折等。生产中预防腿部疾病的主要措施有饲料的营养要充足、平衡，特别是要预防饲料中钙、磷、锰的缺乏；加强养殖环境的卫生管理，定期对鸡舍进行消毒，防止一些细菌性传染病及其他腿部感染的发生；细心管理，防止鸡群发生挫伤和骨折等。

（7）病死鸡做好无害化处理　肉鸡养殖过程中，病死鸡处理不当就可能造成病原微生物的传播，成为重要的传染源。因此，必须做好病死鸡的无害化处理工作，以防止病原的散播。养殖场一般可以采用焚烧或深埋的方法来处理病死鸡。焚烧就是将病死鸡放到焚烧炉中进行火化，这是一种简单的无害化的处理方式，成本低，能够彻底消灭病原微生物、虫卵、蝇蛆等，有利于传染病的控制以及防止环境污染。深埋时，病死鸡不能直接埋入地坑内，应用水泥板或砖块切成专用深坑，病死鸡表面洒上消毒剂，彻底消毒，然后封盖。这种方法简单、省工、省力，成本低，但若消毒不彻底有可能会成为病原污染区。

（8）做好生产记录　每栋鸡舍都应建立生产记录档案，包括进雏日期、数量、来源，每天记录鸡只的日龄、死亡数量、死亡原因、存栏数、温度、湿度、免疫记录、用药记录、消毒记录、喂料量、鸡群的健康情况、出售日期、数量等。生产记录要保存2年以上。表7-3～表7-5是肉仔鸡养殖的部分生产记录表。

表7-3　鸡场环境控制记录表

鸡舍	日期	日龄	光照	湿度	温度	时间（点）

表7-4　鸡场免疫记录表

时间	鸡舍	免疫数量	疫苗名称	疫苗生产厂家	疫苗生产批号	免疫方法	剂量	免疫人	检测时间	检测结果	检测单位	处理结果

彩色图解科学养鸡技术

表 7-5　肉仔鸡的饲养记录表

进鸡时间：　　鸡舍编号：　　负责人：　　来源：　　鸡种：　　进鸡数目：

周龄	日期（第几天）	日龄	死亡	淘汰	实存	耗料	累积耗料	备注
合计								
合计								
合计								

图7-29 待出栏的肉鸡
（房燕香 拍摄）

图7-30 出栏装箱的肉鸡
（靖吉强 拍摄）

8. 出栏

提前7天联系屠宰厂，制订出栏计划，包括现场检疫的申报、出栏的鸡舍（图7-29）及其抓鸡时间等。根据出栏计划，按要求停料、停水。准备出栏的肉鸡，应在出栏前6～8小时停料为宜，饮水可继续供应，如果停料时间太久，不仅肉鸡失重太大，而且对胴体品质和等级均有影响。

抓鸡时，要尽量减少对鸡只的应激和损伤。鸡舍内的光照要为暗光，尽量选择在早晚光线较暗的时间进行，减少鸡只的活动，便于捕捉。抓鸡、装鸡、运鸡的设备（图7-30）要经过清洗、消毒。毛鸡出栏、运输有关的证明和记录，如动物检疫合格证、畜禽养殖档案等要保存好。对于已装笼和已运到屠宰场等候屠宰的肉用仔鸡，炎热季节要防止烈日暴晒，注意通风、防暑。寒冷冬季应适当注意保暖。笼子、用具等回场后须经消毒处理后才能再次使用，以免带进病原。

第二节　肉用种鸡的饲养管理

一、肉用种鸡的饲养方式

1. 网上平养

网上平养是利用硬塑网或铁丝网等材料制成的漏缝地板，

彩色图解科学养鸡技术

借助支撑材料将其架起离地60厘米左右，缝隙大小以粪便能落入网下为宜，硬塑或铁丝网铺设平整，易冲洗消毒。网上平养可采用槽式链条喂养或弹簧喂料机供料。公、母鸡混养时，公鸡另设料桶喂养，所用饲料不同。采用自然交配进行配种时，公、母鸡比例为1:（8～10）。

2. 2/3棚架饲养

2/3棚架饲养（图7-31）鸡舍内的布局是中央部位1/3地面铺放垫料，两侧各1/3部分安装木（竹）条地板，形成棚架。产蛋箱（图7-32）一端架在棚架的边缘，一端悬吊在垫料地面的上方，这便于鸡只进出产蛋箱，也减少占地面积。棚架上均匀安放料槽与饮水器。

图7-31 2/3棚架饲养（提金凤 拍摄）　图7-32 产蛋箱（提金凤 拍摄）

2/3棚架饲养的优点：鸡的采食和饮水均在棚架上，粪便多数落到棚架下面，减少了垫料污染。鸡只可以在架上架下自由活动，增加了运动量，减少了脂肪沉积，有利于鸡只体质的强健。种鸡交配大多在垫料上进行，比较自然，受精率高。

2/3棚架饲养的缺点：耗费垫料多，增加了养殖成本；饲养密度稍低，每平方米可养成年肉用种鸡4.3只。

3. 笼养

肉用种鸡全程笼养多采用阶梯笼，育雏期、育成期一般在同一套阶梯笼中饲养，如三层半阶梯笼养（图7-33）。产蛋期一

图7-33 育成期三层半阶梯笼养
（王璐璐 拍摄）

般在两层或三层阶梯式产蛋笼中饲养，产蛋期种母鸡每笼2只，种公鸡每笼1只。肉用种鸡体重大，对鸡笼质量要求高，笼底的弹性要好，坡度要适当。采用料线和乳头式饮水器进行喂料、饮水。

笼养的优点：提高了鸡舍的利用率，方便管理；有利于控制种鸡体重和限饲；采用人工授精技术进行配种，公、母鸡比例为1：（25～30），既提高了饲养密度，又获得了高而稳定的受精率。缺点是活动量小，易过胖，影响繁殖，易患胸腿疾病。饲养过程中要注意调整营养水平。

二、肉用种鸡的限制饲养

1. 限制饲养的意义

① 控制体重增长，使种鸡体重标准化。种鸡适宜的体重对维持产蛋率和受精率十分重要，公鸡超重会导致精液品质差、淘汰率增加。母鸡肥胖，性成熟后生理代谢功能弱，特别是卵巢和输卵管的生殖功能差。

② 性成熟适时化、同期化，与体成熟同步。合理的限制饲养，个体间卵巢的发育差异小，性成熟能同期化，适时开产，提高了产蛋率和受精率。限饲能人为地控制种鸡的生长发育，使其保持适当的体重，使其在适当的时期性成熟，并与体成熟同步。

③ 降低脂肪沉积，节省饲料，降低饲养成本。

2. 限制饲养的方法

限制饲养（图7-34）的方法主要有限质法、限量法两种。

（1）限质法 限制饲粮的营养水平，一般采用降低日粮中能量、蛋白质的含量或蛋氨酸、赖氨酸的水平，以达到限制生长、控制体重的目的。其他的营养成分（如维生素、矿物质、微量元素等）应充分供应，以满足鸡体生长和各器官的发育需求。

（2）限量法 通过限制采食量来限制鸡的生长速度。规定鸡每天、每星期或每个阶段的用料量，肉用种鸡一般按自由采食量的

图7-34 种鸡限饲
（于洪波 拍摄）

70%～80%来供给饲料量。限量法又分为每日限饲和停喂结合两种饲喂形式。

① 每日限饲。在饲喂全价饲料的基础上，每日减少饲喂量或限定饲喂次数和采食时间。这种方法对鸡的应激小，适用于雏鸡从自由采食转入限制饲养的过渡期和育成末期到产蛋结束这两个阶段。

② 停喂结合。停喂结合包括隔日限饲、喂4停3、喂5停2、喂6停1。以喂5停2为例，喂5停2在饲喂全价饲料的基础上，将7天的喂料量平均5天喂完，另2天不连续停喂（表7-6）。从鸡只生理上来说，最好的饲喂程序应该是每日限饲的程序。然而，为控制肉用种鸡的体重，其每日饲喂量远远低于其自由采食的料量。但是如果每日喂料量太少，鸡群采食不均匀。为了解决这一问题，在生产中可采用停喂结合限饲方式，采用停喂结合的限饲方式可使鸡群在喂料日采食量都相对较大，吃得比较均匀，在停饲日，都不吃，这样每只鸡所分配到的饲料较一致，因此，停喂结合解决了在限制饲养时，如何提高体重均匀度的问题。使用停喂结合时应注意，喂料日喂料量不可超过产蛋高峰期时的喂料量。

实际生产中应根据鸡群特点和体重控制情况，灵活选择限饲方法，提高限饲效果。

表7-6 肉用种鸡常用的限饲程序

限量法	周一	周二	周三	周四	周五	周六	周日
每日限饲	√	√	√	√	√	√	√
喂6停1	√	√	√	√	√	√	×
喂5停2	√	√	×	√	√	√	×
喂4停3	√	×	√	√	×	×	√
隔日限饲	×	√	×	√	×	√	×

3. 限制饲养的注意事项

（1）调群 限制饲养过程中要及时、科学地调群，调群时间一般是停料日下午称重时进行，要求每周1次，开产后每月1次。笼养肉用种鸡是按列划分组群，便于计算给料量和喂料。调群时，选出来体重大的和体重小的鸡，分别放在体重相近的栏中，同时将符合体重标准的鸡调回至标准体重栏中。

（2）确保鸡采食、饮水的位置 限饲期间，要求每只鸡都有足够的采食和饮水位置，保证鸡群生长的整齐度。料槽和水槽间距适宜，距鸡活动范围要求在3米之内。

（3）快速均匀投料 限饲期间，应将规定的饲料量迅速、均匀地投放到喂料器内。若鸡群喂料采用料桶或料槽，可提前将料筒装好饲料，然后在均等的位置同时放下料筒，动作要快，最好3～5分钟内完成。如果采用链式饲槽机械送料，要求传送速度每分钟不低于30米，速度低时可增加辅助料箱或人工辅助喂料。

（4）科学换料 在保持肉用种鸡标准体重的前提下，应按育雏期、育成前期、育成后期、预产期、产蛋期及时科学地更换饲料，满足各时期的营养需要，更换饲料时应有4～5天的过渡期。从7周龄开始，鸡只每周应喂给适宜的沙砾，有助于饲料

彩色图解科学养鸡技术

的消化吸收，停饲日不能投喂沙砾。

（5）光照程序要科学　光照的目的是控制鸡的性成熟。有条件的鸡场可采用遮黑式鸡舍管理，能更有效地控制性成熟，达到理想的生产效果。方法是在适宜季节或机械控温的情况下，将鸡舍所有进光的门窗都遮黑，人工控制光照时间。

（6）减少应激　限饲期间，要防止或减少各种应激。如果遇到断喙、疫苗接种、转群、发病以及气候变化时，应在饲料或饮水中投放抗应激药物。必要时可调整饲料配方，非限制饲喂。

4. 肉用种鸡体重的合理控制

肉用种鸡的体重与产蛋率关系密切。实验证明，开产时体重达到标准且整齐度高时，鸡群的产蛋率上升快，进入高峰期产蛋率平稳，高峰期维持的时间长。

（1）称体重　在鸡舍内随机抓取鸡只，每周称重1次，称重时间一般在每天饲喂前进行。

（2）体重的控制　计算平均体重和均匀度，并与标准体重进行对照。根据体重具体情况，采取增料或不增料的措施。

① 若体重低于标准体重，要给鸡群增料。如第6周末实测鸡群体重低于标准体重时，第7周时应饲喂第8周的喂料量。一般体重低于标准体重的百分之几，喂料量就应相应增加百分之几，当体重达到标准体重后，再饲喂相应周龄的标准料量。

② 若体重高于标准体重，可不增料。如第6周末实测鸡群体重高于标准体重时，第7周时应继续维持第6周的喂料量，不增料。当体重符合标准后，再饲喂相应周龄的料量。不应出现喂料量少于前1周的情况，如体重过大，可实行限饲。

三、肉用种鸡的饲养管理

肉用种鸡的饲养管理大致可分为空舍期、育雏期、育成期和产蛋期四个阶段，不同阶段环环相扣，都非常关键。

肉用种鸡空舍期的饲养管理与肉仔鸡基本一致，详见本章第一节。

1. 育雏期的饲养管理

育雏期要培育出生长发育正常、体重符合标准、整齐度好、健康的鸡群。

（1）鸡舍及外周环境的消毒　移出鸡舍中所有可移出的设备、饲料及其他物品，铲刮棚架上、鸡舍边角及其他表面所积累的粪便，将垫料和粪便清理出来并将其无害化处理。用高压水枪彻底冲洗鸡舍和设备，污水要无害化处理。选择适宜的消毒剂，在设备重新安装之前或之后进行轮换消毒。进鸡前要采用福尔马林、高锰酸钾或过氧乙酸进行熏蒸消毒，熏蒸消毒结束后要注意充分地通风换气，以除净消毒剂的气味。

鸡舍周围的道路、墙壁等要充分清洗，然后用3%氢氧化钠喷洒消毒。

（2）进雏前的准备工作　育雏时用到的开食盘、料桶和饮水器消毒后用清水冲净、晾干，摆放在围栏旁备用。育雏围栏（图7-35）一般0.5米高，若使用电热式育雏伞，围栏直径为3～4米；若使用燃气育雏伞，围栏直径为5～6米。雏鸡围护在保温伞、饲喂器和饮水器的区域内，避免雏鸡受到贼风的直吹。备齐大水桶、台称、日报表、周报表、铅笔等用具。

采用暖风机、保温伞或其他设施对鸡舍进行预温和保暖。

图7-35　育雏围栏
（段雯芳　拍摄）

预温前应先密封鸡舍，冬季提前2天、夏季提前1天供暖，使舍温上升至27～29℃。进鸡前10小时打开保温伞，保证雏鸡入舍前3小时内温度达到33～34℃。相对湿度要达70%左右，必要时可加湿。

准备好充足的饲料和饮

彩色图解科学养鸡技术

水，在雏鸡入舍前9小时准备好饮用水，并自然降温至20～24℃。饲料要营养全面，无霉变。

（3）初饮　选择健康的雏鸡（图7-36），运到鸡场接入鸡舍安置妥当。公、母雏分开摆放于育雏围栏外，清点鸡数，查看鸡只的健康状况。开饮时将饮水器放入围栏内均匀摆放好，避开保温伞正下方。初饮的水一般为温开水或经过消毒处理的井水，水温为25℃左右。饲养员可将鸡喙浸入水中2～3秒，诱导雏鸡喝水。为保证鸡只喝上干净的饮水，应每3～4小时更换1次饮水。

初饮之后就进入正常的饮水管理。育雏的前3天可以在饮水中间歇性地添加复合维生素、抗生素、葡萄糖等，可以缓解应激，提高鸡只的抵抗力，加入上述添加剂的饮水应在2小时内饮完。由水槽向乳头式饮水器过渡时要逐渐进行，应有足够长的过渡期。调整好水线的高度，使鸡只颈部在喝水时与水平面成45°角。水线要调平，保证每个饮水器都有足够的水量，饮水要通过加压泵和滤过装置进入水线（图7-37）。要经常冲洗水线，保证其畅通。

（4）开食　雏鸡初饮后或有30%的雏鸡有觅食行为时，如雏鸡绕围栏奔跑，就可以开食了。雏鸡的饲料一般为颗粒破碎

图7-36　健康的雏鸡
（于洪波　拍摄）

图7-37　加压泵及水滤过装置
（王跃增　拍摄）

料。先根据当日供料量及栏内鸡数，将饲料称好放在围栏外，开食时取出少量料量放在开食盘内并均匀铺开。开食盘和饮水器要交叉排列，均匀分布。

放置开食盘时应先将雏鸡赶开并确认盘下无雏鸡时再放下。用手指轻敲开食盘沿或将鸡喙轻轻按入饲料盘中，训练雏鸡啄食饲料。一旦有雏鸡学会采食，其他雏鸡2小时内基本都能学会。添加饲料的原则是"少喂、勤添"，以刺激雏鸡的食欲，增加采食量，同时也能减少饲料浪费，添加的饲料一般盖住开食盘的底部为宜。

肉用种鸡饲养的前2周基本都是采用自由采食，第1周可以每天饲喂6～8次，第2周每天饲喂6次。3～4周龄时应按照规定的饲喂量进行饲喂，每天可以饲喂1～2次。在第1周饲喂的饲料中可以添加益生素类物质，可以维持雏鸡良好的肠道环境，以减少肠道疾病的发生。

饲喂时，必须准确称量饲料量，做好记录，育雏期间每次添料要均匀，让每只鸡有同等的采食时间，才能保证其均匀度。育雏期间要逐渐过渡饲喂用具，包括由开食盘到料桶的转换和到料槽的转换，都要逐渐进行。料线安装时应注意料管或料槽平直。随时剔出料盘中的污物、粪便等杂物。

（5）鸡舍的环境控制

① 温度。育雏第1天的温度为33～34℃，以后每天下降0.4～0.5℃，下降至18～19℃时保持恒定。温度超过标准时，关闭热源或合理通风；温度低于标准时，应加大供热力度。热风机、保温伞、排风扇等可通过温度标准控制器自动控制，原则上舍内昼夜温差应控制在3℃范围内。温度过高时易导致雏鸡脱水，死亡率升高，鸡群均匀度下降；受热应激时雏鸡的症状为伸颈张口呼吸，远离热源，饮水量增加等。温度过低时，雏鸡易感染疾病，死亡率增加，生长速率变缓，均匀度下降；雏鸡受冷应激时症状为靠近热源，聚堆，鸡只不断发出"唧唧"的叫声。

② 湿度。育雏时温度高，雏鸡排粪少，在北方往往是湿度不够。加湿的方法有地面洒水、带鸡喷雾等。加湿时，温度不够应先提温或洒热水，湿度超标时，可合理通风。经常检查干湿温度计，根据湿度状况采取合理的措施。

③ 光照。严格执行光照计划，调准时间继电器，灯泡亮度要够。光照强度易弱不易强，饲养人员能够看清楚饮水器中的水和料槽中的饲料即可，光照强度高不利于鸡群的管理。

④ 通风换气。鸡舍内良好的空气质量是保证肉用种鸡培育效果的重要条件。雏鸡在7～10日龄，应主要考虑鸡舍的保温状况，除此之外，适当的通风换气是鸡群日常管理的重要内容。横向通风时，经常观察鸡群的情况，根据舍内温度、湿度、氨气浓度、粉尘等情况，合理通风。风不要直接对着鸡群吹。定时控温通风设备（图7-38）要经常调准和保养。

图7-38　风机（于洪波　拍摄）

（6）鸡群的管理

① 断喙。肉用种鸡一般在6～12日龄进行断喙，第1次断喙后，有少数不理想的，可在10～12周龄修喙1次。肉用种鸡在育成期要进行限制饲养，如果不断喙将会发生严重的啄癖，导致鸡群出现严重的损失。

断喙应采用专门的断喙器，待断喙器上的刀片加热至暗红色时便可以进行。一般母鸡上喙断去喙尖到鼻孔的1/2，下喙断去喙尖到鼻孔的1/3；公鸡上喙断去喙尖到鼻孔的1/3，下喙将喙尖断去一点即可，若上喙断去太多，会影响交配。断喙器的孔径有0.4厘米、0.44厘米、0.48厘米三种，一般以0.44厘米较适宜，具体要视日龄大小和个体大小而定。尽可能地经常更换刀片，保证连续不断干净利落地断喙。断喙时将断喙器刀片的温度设定在650℃（刀片呈樱桃红色），在断下喙后同时烧烙2秒止血，然后将鸡只放下。

② 鸡群的扩栏。雏鸡在扩栏时应提前做好鸡舍的准备工作，确保养鸡生产顺利进行。混群前先把公鸡移至公鸡栏内饲养。每天观察鸡群，随时捡出死鸡、残鸡。根据鸡只实际生长发育情况，不断调群，定期从隔离栏中取出个体较大的鸡只，同时从大群中取出同等数量个体小的鸡放入隔离栏。每次扩栏时都要提前修整好扩出部分的垫网，每栏可适当增加开食盘和饮水器2～3个，适时增加鸡舍喂料设备。

③ 填写养殖档案。鸡场的养殖档案是由相关人员执行的生产记录，其中包括育雏、育成记录及产蛋记录。主要内容包括饲料消耗数、产蛋量、体重抽测、死淘数、用药情况、免疫接种情况等。内容必须每天记录，以备产地检疫时使用。

2. 育成期的饲养管理

肉用种鸡的育成期就是要培育出生长发育正常、体重达标、健康、体成熟与性成熟一致、均匀度达85%左右、育成率达95%左右的鸡群。

（1）鸡舍环境控制

① 温度。育成期的温度为18～21℃，如果舍内温度高于27℃或低于16℃时，应由人工进行温度控制，使温度达到标准要求（图7-39）。

② 湿度。湿度的标准要求为55%～65%。

③ 光照。光照对鸡的性成熟时间，产蛋数量及蛋重大小有直接影响。严格执行光照程序。灯泡灯罩要经常擦拭，及时更换不合格的灯泡。

④ 带鸡消毒。育成期每周带鸡消毒2次，正常水量为

图7-39 环境自动控制器
（王跃增 拍摄）

30～50毫升/米³。

⑤ 通风换气。合理地通风，在进风口、排风口设置遮光罩，合理利用湿帘（图7-40）。当鸡群达到5周龄以上时，可以适当加大每天的通风量和通风时间，夏季高温季节还可以通过加大通风量来缓解鸡群的热应激。

图7-40 湿帘（金为上 拍摄）

（2）提高鸡群的均匀度 控制鸡群均匀度是肉用种鸡育成期的饲养管理的重要目标，鸡群的均匀度既包括体重的整齐度，又包括骨骼和性成熟的整齐度，它的高低可以检验育成期的限饲效果，也能预测鸡群的产蛋性能。要提高鸡群的均匀度，应从以下几个方面做起。

① 实行严格的卫生防疫制度，防止鸡群发病或少发病。鸡群一旦得病，不但引起死亡，而且还会引起鸡群个体大小发育不一致，这样鸡群的均匀度就降低了。

② 调整鸡群的饲喂量，分栏饲养。每周按时称重计算均匀度，然后根据本周饲料供给量及饲料用量标准来确定下周饲料供给量，育成期加料波动不要太大，加料时有适当的梯度。

同时根据计算的均匀度对鸡群进行合理的调群，进行分栏饲养。将轻体重的鸡只放在隔离栏内饲养，并根据鸡只实际体重情况加喂15%～30%的饲料。将体重偏大的鸡调到一起饲养，对体重偏大的鸡群减少或不增加喂料量。每周称重后调整1次隔离栏内的鸡，挑出到达标准的鸡只，同时从大群中选出明显低于或高于体重标准的鸡放入隔离栏饲养。通过调群及调整喂料量，可以保证鸡群的良好均匀度。

③ 要保证鸡群均匀采食。料位要足够，对于盘式自动料线，要求每13只母鸡1个盘，每12只公鸡1个盘。对于槽式自动料线，要求母鸡4～20周龄时每只鸡12厘米，21～65周龄

时每只鸡15厘米。喂料要均匀、快速，料机开机后，饲料应尽快充满料盘或料槽，各料箱、辅料箱分料时要均匀，使每个料盘或每段料槽都能分到等量的饲料。每天检查、调整喂料系统，出现问题及时解决。

④ 严格限饲，肉用种鸡在6～12周龄时限饲力度应相对大一些，以提高体重的均匀度。

（3）饲喂管理要点

① 投料准确，迅速，均匀。饲料储存于料塔中（图7-41），饲喂时，必须准确称量饲料量。使用圆桶式（吊桶）喂料器手工喂料时，可使用铰链将料桶提升起来加料，同时将所有料桶放下，这样可获得均匀喂料。使用机械喂料系统（图7-42）最基本的要素是将饲料以尽可能快的速度分布到全部饲喂器（最多5分钟），保证所有鸡只拥有相同的机会采食时间。使用圆桶式（吊桶）喂料器手工喂料时，料桶中饲料应提前加好，在开始喂料时，同一栋鸡舍中的所有饲养员应在同一栏的不同位置同时放下料桶，保证喂料均匀。每隔一段时间匀料1次，保障鸡只的均匀采食。要提供充足的饲喂面积，使所有鸡同时吃料，使鸡在3米范围内可找到饲料。

② 保持料箱和料塔的干净卫生。最好配备两个料塔，在不影响正常供应饲料时，每周可对其中一个料塔进行清理消

图7-41 料塔（安立行 拍摄）

图7-42 喂料系统
（于洪波 拍摄）

毒。链槽式喂料机料箱和转角处每周清理1次，防残存的饲料霉变。

③ 饲料线的调整与使用。自动饲料线的高度要随时调整，使料盘（槽）沿高度不超过嗉囊的高度为限。

④ 加喂沙砾。从第7周开始，鸡群应加喂洁净的沙砾，以促进鸡只的消化。每周给予沙砾1次，每次每千只鸡给予4.5千克，沙砾直径3～5毫米。沙砾使用前用0.01%的高锰酸钾溶液浸泡消毒，洗净后取出晾干，使用时先称量，然后直接撒在料槽中供鸡群采食。

⑤ 先饮水后喂料。在限饲日第2天喂料时，应先饮水半小时再喂料，以减少鸡噎死的发生率。

⑥ 按肉用种鸡的标准体重和每周增重的标准值，严格控制鸡只的投料量，为育成鸡提供充足的饮水位置和采食位置，使其发育均匀一致。育雏期间、育成期间、产蛋期间饲养面积、采食空间、饮水空间要科学合理。

（4）垫料的管理　垫料要求干净，无土块、铁丝、石块等杂物，厚度一般要求7～10厘米（图7-43）。要注意保持垫料的松散、不潮湿、不结块。除鸡舍正常通风外，每天需翻动垫料2次，及时清除潮湿结块的垫料，以免鸡发生关节炎、胸部囊肿及产生过多的氨气影响鸡群健康。如果垫料过干，容易引起鸡舍内尘土飞扬，可以给垫料直接洒水加湿。垫料上的鸡毛每天清扫一次。

（5）称重　种鸡的称重（图7-44）结果要与品种标准体重比较，然后调整饲喂量和制订换料时间，使鸡群始

图7-43　垫料厚度要适宜
（安立行　拍摄）

图7-44　种鸡称重
（金为上　拍摄）

终处于适宜的体重范围。

① 称重时间。育成期每周至少称重1次，并且要在每周的同一天的同一个时间称重。可以选择在早上喂料之前，也可以在下午晚些时间进行。

② 称重的代表性。称重的取样要有代表性，鸡群抽样不要只称取鸡舍角落或料箱周围的鸡只。所有捕捉围栏内的鸡只都要称重，不要舍弃其中任何太大或太小的鸡只。

③ 称重称。称重时应使用最小刻度不超过20克的称来称取体重，最好用便于保定鸡只的称，如带称重漏斗的称。

④ 称重围栏。用于捕捉鸡只的围栏应轻便、牢固、便于携带、不易伤鸡。每栏以捕捉50～100只鸡为宜。

⑤ 抽样比例。一般按照5%～10%的母鸡和10%的公鸡的比例来抽样，进行称重。鸡群规模较小时，需要增大抽样比例来确保精确的平均体重。抽样数量最少不得低于50只。

⑥ 数据处理。如实、准确地填写称重报表，计算鸡群的平均体重和均匀度。

（6）育成后期的准备　育成后期，除在饲喂程序、免疫用药程序、光照程序等方面与育成期有所不同，需要进行相应的调整外，还要做好下列工作。

① 安装产蛋箱。在第18周时把产蛋箱一端放在棚架边缘上面40厘米处，早上打开产蛋箱门，傍晚将产蛋箱内的鸡只赶出并关闭产蛋箱的门，防止母鸡在窝内过夜。每周清理塑胶垫上的粪便1次。

② 加强管理，减少应激。在20～24周龄时，由于增加光

照、免疫接种等工作，给鸡群造成不小的应激，因此在本阶段对环境控制和管理操作都要十分精心，尽量减少应激（图7-45）。

3. 肉用种鸡产蛋期的饲养管理

产蛋期要生产出量多、质优的种蛋，每套父母代肉用种鸡产合格种蛋不应少于160枚，平均受精率不低于90%，种鸡群健康，月死淘率不超过1%。

图7-45 笼养肉用种鸡应减少应激（王璐璐 拍摄）

（1）产蛋箱的管理

① 产蛋箱的安装。在分段式饲养的鸡舍，产蛋箱应在鸡群从育成舍转入产蛋舍之前安装；在全进全出式饲养的鸡舍，一般在22周龄安装产蛋箱。产蛋箱安装的高度应适宜，便于种母鸡进出产蛋窝，为种母鸡提供一个躲避种公鸡骚扰的产蛋场所。

图7-46 产蛋箱（提金凤 拍摄）

一般最底层产蛋箱的进出踏板距垫料高度不应超过45厘米，底层踏板和第二层踏板的间距不应少于15厘米。

② 产蛋箱的数量。产蛋箱（图7-46）的数量应按开产时种母鸡的实际存栏量，以及每个产蛋窝最多供给四只种母鸡使用为基础进行计算。产蛋窝数量要充足，避免母鸡因无地方产蛋而将蛋产在垫料上，造成种蛋的污染。

③ 产蛋箱的垫料。产蛋箱的垫料要使用洁净、优质的，通

常建议使用稻壳或烘干的松木刨花。产蛋箱内应放置充足的垫料，以便为母鸡提供舒适的产蛋环境。每周定期进行监测并在需要时及时补充垫料，每月彻底更换垫料是最佳的做法。在多数设备系统中，当使用塑胶底垫时，应保持其洁净。最好有两套塑胶底垫，使用其中一套底垫的同时，可以对另一套底垫进行消毒清洁。

④　产蛋箱的使用。见蛋的前1周，打开产蛋箱上一层产蛋窝。见到第一个种蛋时，打开下一层产蛋窝。将见蛋后5～7天内所产的种蛋都放入产蛋箱，以吸引母鸡进入产蛋箱。要确保在喷雾降温系统工作时，雾滴不会飘入产蛋箱，同时雾滴不可过大，否则会弄湿地面垫料。每天最后一次捡蛋之后，从产蛋箱内赶出母鸡，关闭产蛋箱。第2天开灯前将产蛋箱打开，以便早产的鸡只可以进入产蛋箱。

⑤　地面蛋。饲养人员每小时要在鸡舍内来回走动，驱赶鸡只，使其远离墙边和角落。每小时要将蛋车通过鸡舍中央，用小旗将鸡只从产蛋箱下赶出，整个生产周期每小时都要捡出窝外地面上的鸡蛋。保持地面垫料的清洁和干燥，以减少种母鸡将粪便和污物带入产蛋箱的机会。

⑥　机械式产蛋箱的使用。在转群后前3～5天，将产蛋箱提升至2米高处，使鸡只便于从地面到棚架上采食和饮水。产蛋箱落下后，在通常收集种蛋的时间使集蛋带每天至少全线运转4次，使鸡群熟悉该系统。鸡只吃料时，饲养人员捡起所有地面蛋和死鸡。鸡只吃完料后，在地面上来回走动将鸡只赶到棚架上。饲养人员要避免在棚架上走动，以防止鸡只使用产蛋箱时受到干扰。

（2）种蛋的管理

①　捡蛋。一般情况下每天捡蛋5次，捡蛋时间：第1次7:10～8:30，第2次9:10～10:00，第3次10:40～11:10，第4次13:10～14:00，第5次16:00～16:30。捡蛋前，应清理和消毒滑车，将滑车封闭，以防鸡只飞上滑车。准备好消毒过的蛋

盘，饲养员洗手消毒后开始捡蛋。捡蛋动作要轻，尤其产蛋箱内有鸡时，及时捡蛋（图7-47）。每次捡蛋前、午休及下班前都对棚架、地面进行巡视，及时捡起窝外蛋。每次捡蛋时要尽量减少对鸡的应激。

② 选蛋。捡蛋完毕后立即在工作间内选蛋。选蛋时淘汰破碎蛋、裂纹蛋、双黄蛋、软壳蛋、沙皮蛋、畸形蛋、过小蛋（小于48克）、过圆蛋、细长蛋、过脏蛋（污染面超过1/3）等，对于轻度污染的种蛋要用干净的软金属丝洁碗球轻擦干净。选出的种蛋大头朝上放在消毒过的蛋盘上，蛋盘堆放的种蛋不超过10层（图7-48）。

图7-47　及时捡蛋（靖吉强　拍摄）

图7-48　种蛋的堆放（靖吉强　拍摄）

③ 熏蒸种蛋。选好的种蛋应立即放入熏蒸箱内，用福尔马林熏蒸消毒。熏蒸箱封闭要严，用一个小瓷盆先放入高锰酸钾，再倒入福尔马林。熏蒸箱每立方米消毒药的用量为高锰酸钾12.5克、福尔马林25毫升，将配制好的药立即推入熏蒸箱底部，20分钟后打开箱门，通风换气。

④ 储存种蛋。熏蒸后的种蛋尽快送入蛋库储存（图7-49），蛋库要求温度15～18℃，相对湿度75%～80%，库内清洁卫

图7-49 种蛋的储存
（于洪波 拍摄）

生，空气新鲜，地面定期清洗消毒，注重生物安全。

（3）种公鸡的饲养管理

① 种公鸡培育要求。种公鸡要培育成长腿、平胸、睾丸发育良好、体重比母鸡重30%、行动时龙骨与地面呈45°角的健康公鸡。

② 公母分饲。大胸肌和长肉极快的公鸡的性状与受精率在遗传上呈负相关。为保持和提高受精率，为使公鸡具有较长的腿以利于配种，不能过早对公鸡限料，所以必须实施公母分开育雏、育成。成年鸡混群以后仍然公母分饲，提供不同的饲料。

③ 种公鸡分阶段饲养。0～5周龄时要求公雏长有坚固的骨骼，修长的腿胫，因此应给予公鸡充分的饲料。可在1日龄对种公鸡进行剪冠、断趾、断喙。

6～13周龄时应减缓公鸡的生长速度。饲喂营养水平较低的育成料，并采用隔日限饲的方法，使体重达标，最多不超过标准的10%。每周认真称重，如果体重均匀度在80%以下时，则将公鸡群分成大、中、小三群，并以不同的日粮饲喂，体重小的增加饲喂量，以使其体重均匀。

14～20周龄时重视公鸡生殖系统发育，均匀度要求不小于80%。认真监测体重，使之与标准生长曲线相吻合。也可采用喂5停2的饲喂方式。18周龄时淘汰性发育迟缓、体质瘦小、无雄性特征的公鸡。为使公母鸡性成熟同步，公鸡与母鸡光照条件应相同。混群时，公母鸡比例是（10～11）∶100。混群一般在20～21周龄进行。此时公鸡行动灵活敏捷，腿胫修长有力，直立或行走时，龙骨与地面呈45°角，胸部平坦，体重比母鸡大40%左右。每天限量喂饲，每周称重，查看体重是否符合标准。公母鸡分饲多采用的方法是母鸡用加上隔栅的食槽，公鸡头部比母鸡大，不能伸入隔栅采食母鸡料。公鸡则用吊桶，高45～50厘米，使母鸡也不能采食到桶内的公鸡料。

21～36周龄应继续每周称重（抽测10%），因为公鸡睾丸和性器官到30周龄才发育成熟，应注意通过调整日粮保持公鸡的标准体重。一般在27周龄躯体成熟以后，每天喂饲125～135克日粮。公鸡的增重在23～25周龄最快，以后逐渐减慢。

36周龄以后。公鸡在28～30周龄时受精率达到高峰，而在36～48周龄时受精率下降，其下降速度与公鸡的健康、营养、环境和管理水平有关。36周龄起，每4周称重1次。超重鸡限制喂料量。此阶段的公鸡每4周增重50～70克，在后期公鸡体重应比母鸡重28%左右。

④ 做好记录。做好记录能使我们做到心中有数，及时发现问题，解决问题，并将可能出现的生产损失降至最低限度。

（4）淘汰种鸡

① 鉴别错误的种鸡淘汰。鉴别错误的种鸡最迟在18周龄左右前进行淘汰。对于肉种鸡，出生时雄性要剪冠或切趾。因此，没有剪冠或没有切趾的雄性，或已剪冠或已切趾的雌性，都必须淘汰。

② 身体存在异常的种鸡淘汰。种鸡在公、母鸡混群后，都会保留所需要的一定只数的无缺陷的健全公鸡，多余的公鸡就要被淘汰掉。母鸡也要逐一进行鉴别，对于瞳孔不正、银眼、珍珠眼等具有眼部异常的母鸡，脊梁骨弯曲、脚趾弯曲、龙骨弯曲、无尾骨等的母鸡，发育迟缓或者具有外伤等缺陷的母鸡，以及病鸡等都要淘汰。

第三节 优质型肉鸡的饲养管理

优质型肉鸡主要有两大类，一类是外来品种与我国育成品种杂交的后代，其生长速度较快；另一类是我国地方优良品种鸡进行选育后形成的优质型肉鸡，生长速度较慢。优质型肉鸡的羽毛以黄色和麻色为主，少量是芦花或黑色肉鸡。肉用种公鸡与褐壳蛋鸡商品代母鸡杂交的后代，俗称"817"，也属于优质型肉鸡的范畴。

图7-50 芦花鸡（孔爱云 拍摄）

优质型肉鸡外观美、肉质优、肉味鲜、抗病力强，适合高端消费者的要求。常见鸡种有黄羽肉鸡、青脚麻鸡、乌骨鸡、芦花鸡（图7-50）等，目前已形成以黄羽肉鸡生产为主的产业格局。

一、优质型肉鸡的饲养方式

优质型肉鸡的饲养方式通常有地面平养、网上平养、立体笼养和放牧饲养4种。

1. 地面平养

地面平养（图7-51、图7-52）对鸡舍及设备要求较低，投资少，肉鸡腿病、胸囊肿病发病率低，屠宰残次品少。一般在鸡舍地面铺5～10厘米厚的垫料，及时更换潮湿、污染的垫料。该饲养方式卫生条件差，疾病特别是球虫病控制难度大，药品和垫料费用大，房舍利用率低。

2. 网上平养

网上平养（图7-53、图7-54）是在鸡舍内用混凝土等做成

图7-51 乌鸡的地面平养
（段雯方 拍摄）

图7-52 土鸡的地面平养
（段雯方 拍摄）

图7-53 网上平养
（郭强壮 拍摄）

图7-54 芦花鸡的网上平养
（孔爱云 拍摄）

离地60厘米左右高的支架，上面铺一层弹性塑料网。该饲养方式，鸡粪落入网下地面，减少了鸡与粪便接触的机会，降低了鸡病发生率。缺点是设备投资较地面平养高，对营养、管理要求高。

3. 立体笼养

立体笼养（图7-55、图7-56）提高了优质型肉鸡的饲养密度，一般在笼底上铺设塑料网垫或用镀塑铁丝网底，以缓冲对鸡胸的压迫。笼养有重叠式和阶梯式，该饲养方式机械化、智能化程度高，投资大，药费低、效益好，提高了鸡舍利用率，将是今后优质型肉鸡养殖发展的趋势。

图7-55　优质型肉鸡的立体笼养
（于权龙　拍摄）

图7-56　寿光黑鸡的立体笼养
（王璐璐　拍摄）

图7-57　芦花鸡的放牧饲养
（一）（孔爱云　拍摄）

图7-58　芦花鸡的放牧饲养
（二）（孔爱云　拍摄）

图7-59　芦花鸡的放牧饲养
（三）（孔爱云　拍摄）

4. 放牧饲养

育雏期过后，4～6周龄的优质型肉鸡一般采用放牧饲养（图7-57～图7-59）。具体方法是鸡群白天在自然环境中（如果园、山林、荒滩等）活动、觅食及人工补饲，夜间让鸡群回鸡舍栖息。该法有利于充分利用地理资源、节约饲料，有利于优质型肉鸡的生长发育，鸡群活泼健康，成活率高，肉质鲜美。这种自然生态养鸡模式的生物安全措施执行难度较大。

二、进雏前的准备

1. 鸡舍消毒

进雏前将鸡舍内外彻底打扫，并用高压水枪彻底冲刷地面、门窗、墙壁四周、天花板和固定笼具等，对鸡舍的用品、用具彻底清洗消毒，清水冲洗干净后置阳光下晒干备用。最后铺上清洁、干燥、经消毒的垫料，将消毒过的干净料桶、饮水器等育雏用具移进鸡舍，摆放安装到位后，将鸡舍门窗、进风口、出风孔等与外界相通的地方全部封闭，进行甲醛熏蒸消毒。48 小时后打开门窗、排气扇进行通风，待舍内无味后再关闭门窗，等待进雏（图7-60）。

图7-60 彻底清洗后的鸡舍
（王璐璐　拍摄）

2. 用具的准备

准备足够的料桶、饮水器。一般 0～3 周龄每1000只鸡需饮水器20个，料盘（桶）20个；以后随日龄的增大，过渡到使用料线和水线。同时准备好育雏料、垫料、药物、消毒器械、注射器等。

3. 预热升温

育雏前 1～2 天，启动供温系统，如热风机、取暖灯等（图7-61、图7-62），使育雏区的温度达到33～34℃。

三、优质型肉鸡的饲养管理

饲养设备、营养水平、天气变化、环境条件、卫生状况等均影响肉鸡的生产性能。一般将优质型肉鸡的饲养期分为三段：育雏期（0～3 周龄）、生长期（4 周龄至出栏前2周）、育肥期（出栏前2周至出栏），不同阶段对饲养管理的要求也不同。

图7-61 全自动燃煤热风机
（都振玉 拍摄）

图7-62 育雏取暖灯
（段雯方 拍摄）

1. 育雏期的饲养管理

（1）饮水、开食 雏鸡进入育雏舍后，第1周内及时供给其温开水。可以在第1次的饮水中加入5%的葡萄糖，雏鸡2～5日龄的饮水中可加入电解多维、抗菌药物等以提高其成活率。1周龄后可使用深井水。

雏鸡饮水2小时后，即可开食，可使用颗粒破碎料。将饲料均匀撒在开食盘中饲喂，1周后换成料槽。2周龄内的雏鸡每天至少投料5～6次，以后每天投料3～4次。每次投喂饲料时，前次投的料已吃完。

（2）温度 雏鸡的体温调节能力弱，必须为其提供合适的温度。温度适宜时，雏鸡表现活泼好动，食欲好，均匀地散布在热源周围；温度过低时，雏鸡表现闭眼尖叫，向热源附近集中，互相挤压聚堆；温度过高时，雏鸡远离热源，张嘴喘气，饮水增加，食欲减退。

（3）湿度 在温度适宜的条件下，机体对湿度的适宜范围较大，高温高湿、低温高湿、高温低湿等都对雏鸡的生长不利。湿度过低，雏鸡因干燥易脱水，表现为饮水增多；湿度过高，不利

彩色图解科学养鸡技术

于羽毛生长，球虫病易发。
适宜的湿度，1～10日龄为
65%～70%，10日龄应保持
在55%～60%。

（4）通风换气 通风换
气可向鸡舍输入新鲜空气，
排出有害气体，同时调节温
度、湿度。通风换气时防止
风速过大或温差过大，可用
风速测量仪进行测量（图7-63）。

图7-63 风速测量仪
（靖吉强 拍摄）

（5）光照 多采用连续光照，1～3日龄时采用24小时光照，
4日龄以后采用23小时光照，1小时黑暗，让鸡群开始适应黑
暗条件，万一停电不会引起鸡群的过强应激，造成损失。放牧
饲养的鸡，回鸡舍后晚上可进行补光补饲，光照时间不应超过
23：00。1周龄光照强度为25～30勒克斯，2～3周龄光照强
度为10～15勒克斯，3周龄以后光照强度为3～5勒克斯。灯
泡的高度为2米左右，经常擦拭灯泡与灯罩，以保证亮度。

（6）饲养密度 饲养密度、饲养方式与鸡舍的环境条件，
特别是温度、湿度和通风等有关。0～2周龄时，每平方米可饲
养40～45只鸡；3～5周龄时，每平方米可饲养20～25只鸡；
6～8周龄时，每平方米可饲养12只鸡；9～10周龄时，每平
方米可饲养8～10只鸡。

（7）合理分群 雏鸡入舍后，应根据体质强弱，将雏鸡进
行分群饲养。随着日龄的增加，要及时扩群，降低密度。在4周
龄，进行公、母鸡分栏饲喂，及时淘汰病、弱、残鸡。

2. 生长期、育肥期的饲养管理

生长期优质型肉鸡生长发育快，采食量将不断增加，应及
时更换生长期饲料。饲料要保存在避光、干燥、通风处（图
7-64），防止因发霉、潮湿或日光照射造成的饲料废弃。育肥期
要促进肌肉生长及脂肪沉积，增加鸡的体重，改善肉鸡品质及

图7-64 饲料保存在通风干燥处
（程大龙 拍摄）

鸡的外貌，适时上市。

（1）饲料与饮水 优质型肉鸡在不同生长阶段要及时地更换相应的饲料，每天至少3次喂料，每次投料不超过料槽高度的1/3，料槽要及时更换，每周调整料槽的高度，一般使料槽上沿高度与鸡背等高或高出2厘米，料槽数量要足够并且分布均匀。

饮水要新鲜清洁，每采食1千克饲料要饮水2～3千克。自动饮水时要确保饮水器内充满水，饮水器数量足够且分布均匀，饮水器的高度要及时调整，边缘与鸡背保持相同的高度。

（2）鸡群的观察 饲养人员要注意观察鸡群的状况，做到有问题早发现，并及时处理。经常观察鸡群是肉仔鸡管理的一项重要工作。一是检查鸡舍环境的不足，二是检查设备是否运转正常，三是可以观察鸡群是否健康。饲养员要注意对鸡只的行为姿态、羽毛、粪便、呼吸、饲料用量、弱残病鸡等进行详细观察，通过观察可及时发现一些问题。鸡舍小气候不适宜时要立即调整好，如发现鸡群有病态表现时，饲养人员不许随意投药，应立即报告兽医人员，由兽医人员负责采取相应的技术措施。

（3）分群 随着鸡只体重的增长，要及时进行公母、大小、强弱分群。这有利于提高增重、整齐度和饲养效益。及时扩群，保持合理的饲养密度（图7-65）。

3. 放牧饲养

有些优质型肉鸡耐粗饲，抗病性、适应性强，适于放牧饲养，有放牧或半放牧等饲养方式（图7-66）。30日龄左右的雏鸡，体重在0.4千克左右时可开始放牧饲养。在转移至放牧地前，要做一些适应工作，如逐渐停止人工供温，使鸡群适应外界气温。

图7-65 适宜的饲养密度
（郭强壮　拍摄）

图7-66 放牧饲养
（孔爱云　拍摄）

另外，要在舍内进行"闻哨回窝"的训练，每次喂料前吹哨，使鸡养成听到哨音返回补饲地点吃食的条件反射。饲料中可添加少量青绿饲料，以适应放牧时鸡群采食青绿饲料。

晴朗暖和的天气适合放牧，放牧时间由短到长，让鸡逐渐适应放牧饲养。开始放牧时仍保持舍饲时的喂料量，让其自由采食，以后逐渐由全价饲料为主向以昆虫和杂草为主过渡。在饲料投放方面，采取早上少喂、中午不喂、晚间多喂的饲喂制度，以强化觅食能力，降低生产成本，改善肉鸡品质。放养场地执行轮牧，有利于其生态的恢复，利用日光等自然因素杀死病原，减少疾病的发生。

第八章
鸡场废弃物的加工与利用

第一节　鸡场废弃物的种类与危害

一、鸡场废弃物的种类

肉鸡场废弃物主要包括鸡粪、羽毛、垫料、病死鸡和废水等，科学处理鸡场废弃物，实现资源化处理，要以沼气和生物天然气为主要处理方向，以就地就近用于农村能源和农用有机肥为主要使用方向。

1. 粪便

鸡场废弃物中排放量最大的是鸡的粪便（图8-1）。据估计，一个10万羽的肉鸡场，若以每天产粪便15吨计算，

图8-1　鸡粪（房燕香 拍摄）

每年可产粪便4000吨。鸡粪的产生量巨大，即使是优良的资源，处理不好也会成为重要的污染源。

2. 死鸡

规模化养鸡场的鸡只死亡时有发生，死鸡（图8-2）有时携带病原微生物或寄生虫等，不能随意丢弃，应按照《病死及病害动物无害化处理技术规范》对病死鸡进行处理。

3. 孵化厂的废弃物

孵化厂的废弃物主要有蛋壳、死胚、死雏、污水等，这些废弃物富含氮元素，容易腐败，处理不当会污染环境，应按照《畜禽养殖业污染物排放标准（GB 18596—2001）》进行处理。

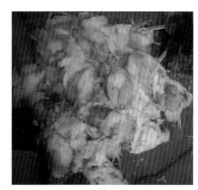

图8-2 死鸡（靖吉强 拍摄）

4. 污水

养鸡场排放的污水，其中包括生活污水、鸡生产环节中产生的污水，里面含有大量的污染物质，必须按照《畜禽养殖业污染物排放标准（GB 18596—2001）》进行处理。

二、鸡场废弃物的危害

1. 污染空气

鸡场粪便湿度太高，若不及时处理，就很容易发酵产生有刺激性气味的有害气体，引起呼吸道疾病。鸡舍内的有害气体主要来自硫化物、氮化物、脂肪族化合物等，尤其是氨气、硫化氢等具有强烈的毒性，对鸡的健康产生不良的影响。

2. 污染水源

危害水质的鸡场废弃物主要有四种，即氮、磷、有机物和病原体。这些物质污染水源的方式主要有粪便中有机物的腐败分解造成污染、磷的富营养化作用及生物病原菌的污染等，它们不仅可以污染地表水，其有毒、有害成分还易渗入到地下水中，严重污染地下水。

3. 传播病原菌

鸡场排出的废弃物中含有大量的病原微生物、寄生虫卵及滋生的蚊蝇，会造成传染病的蔓延。

4. 危害农田生态

从养鸡场放出的污水长期用于灌溉，会使作物徒长、倒伏、晚熟或不熟，造成减产，高浓度污水还可引起土壤孔隙的堵塞，造成土壤透气、透水性下降及板结，严重影响土壤的质量。

第二节　鸡粪的处理

一、鸡粪的价值

鸡粪中含有多种成分，因食入饲料的品质不同而有所差异。一般粪便的干物质中含粗蛋白质、粗脂肪、无氮浸出物、粗纤维。此外，还含有丰富的磷、钙、B族维生素以及铁、铜、锌、镁、锰等微量元素。投药期间的鸡粪会含有未吸收的药物，鸡粪常可用来生产有机肥和沼气。

二、鸡粪的再利用

1. 鸡粪饲料化技术

（1）干燥法　将新鲜的鸡粪收集起来，采用自然干燥法将其平摊在水泥地面或塑料布上，不断翻动，自然风干或晒干，干燥速度越快越好。待粪便中的水分降低到35%左右时，加入0.5%的甲醛溶液，待水分降低到12% ～ 14%时，进行粉碎，装袋备用。

除了自然干燥法，鸡粪也可以运送到干燥车间或干燥机中，在 70 ~ 500℃下进行烘干。该法干燥快，灭菌彻底，但耗能较大，养分损耗也较大。

（2）分解法 分解法是利用蝇、蛆、蚯蚓、蜗牛等分解鸡的粪便，这样既能提供动物性蛋白质，又能处理鸡粪。该方法比较经济，生态效益显著。利用鸡粪培养的蝇、蛆、蚯蚓等可以用在饲料中，营养价值高。

（3）发酵法 发酵法是在健康的鸡粪（病鸡粪切不可用）中可以加入适量的微生物，进行厌氧发酵，发酵后的鸡粪可以饲喂多种动物。

2. 饲料化鸡粪的应用

（1）饲喂反刍动物 反刍动物对鸡粪的利用率很高，饲喂效果显著。试验证明，山羊日粮中加入 16% 的干鸡粪，其泌乳量与增重效果与饲喂豆饼相似。经过处理的干鸡粪可以与其他饲料调制成精料补充料，用量可达 20% ~ 40%。

（2）饲喂兔子 干鸡粪可替代部分精饲料饲喂家兔，一般可由 10% 逐渐增加至 30% 左右。

（3）饲喂猪、鸡、鱼 发酵后的鸡粪可以喂猪、鸡、鱼等，如在鱼用饲料中添喂 20% 的鸡粪，蛋白质可高达 32.6%，17 种氨基酸的总量保持在 30% 左右，每平方水面可盈利 1000 多元人民币。

三、鸡粪的加工处理

鸡粪的处理方法主要包括堆肥处理、干燥处理制作有机肥、利用鸡粪生产沼气等不同的处理方式。

1. 鸡粪发酵、还田

按照 GB/T 25246—2010 畜禽粪便还田技术规范，以地定养、以养肥地、种养结合。用足够多的土地来消纳经生物发酵的鸡粪，形成种养良性循环，提升土壤肥力，提高农产品质量。该方式是目前鸡粪处理并资源化利用的重要方式。

（1）原位发酵，就近处理 可将鸡粪、菌种和作物秸秆粉碎物等混匀做成发酵床，经常用翻耙机翻耙，使其通气。该工艺实现了污水零排放。发酵床废弃后经科学处理可作为有机肥还田。

（2）好氧堆肥，异位处理　利用微生物在有氧条件下对鸡粪进行分解形成有机肥，通过控制发酵温度、通风、除臭等工艺提高鸡粪的发酵速度，减少对空气的污染。有条垛式堆肥和槽式堆肥等方式，条垛式堆肥是在塑料大棚下，将鸡粪、作物秸秆和菌种等堆肥物料堆成条垛状，采取定期翻堆、设置通风管道等方式充入空气，促进微生物对鸡粪的发酵。槽式堆肥发酵和条垛式堆肥有许多相似之处，要求槽宽在5～6米，槽深为1米左右，堆体高度以0.8米为宜，长度根据实际情况确定。

（3）专用设备处理鸡粪　处理鸡粪的设备，有的用电加热来促进发酵。有些设备（图8-3）需要添加菌种，做生物发酵，效率高，鸡粪发酵时间短，便于控制，能连续生产且处理量大，主要用于专业有机肥的生产。

图8-3　鸡粪生物处理设备
（季伟峰　拍摄）

2. 鸡粪环保处理

安装环保设施，鸡粪经三级沉淀，固液分离，经有氧发酵、膜过滤和生态处理等环节处理，符合环保要求后排放。

彩色图解科学养鸡技术

3. 发酵鸡粪生产沼气

养殖场的污水经排水沟自流到调节池（图8-4），清理出的鸡粪运送到调节池后与污水混合，然后运送到沉沙池（图8-5）。因为鸡粪中含有沙砾，需要经过沉沙池除去。鸡粪除去沙砾后，再运送到厌氧发酵罐（图8-6）中，利用厌氧微生物进行发酵，产生沼气、沼渣和沼液，沼气进入储气罐中，沼渣和沼液进入沼液池中（图8-7）。通过发酵鸡粪产生沼气实现了鸡粪的资源化利用，沼气可用于鸡场的取暖、照明和发电等，沼渣和沼液可用作有机肥。

图8-4 调节池
（于洪波 拍摄）

图8-5 沉沙池
（于洪波 拍摄）

4. 干燥鸡粪直接还田

鸡粪干燥的方法有太阳能大棚自然干燥法、高温快速干燥和烘干膨化干燥等。太阳能大棚自然干燥法干燥速度慢，占地面积大；粪便自然干燥过程中会产生恶臭气体，污染空气，应增设除臭装置；鸡粪加热烘干技术尚需进一步完善。鸡粪干燥后可以作为肥料，用于农作物的种植。

图8-6　鸡粪发酵罐
（于洪波 拍摄）

图8-7　沼液池
（于洪波 拍摄）

第三节　死鸡和污水的处理与利用

一、死鸡的处理与利用

死鸡若随意丢弃，分解腐败，放出恶臭会造成环境污染或土壤和地下水污染。一般处理方法是焚烧处理和深埋，也可以经过一定的工艺处理后加工成优质的肉骨粉。

1.高温熬煮

将死鸡的尸体放于特制的高温锅内熬煮，也可在100℃的普通锅内熬煮。

2. 焚烧法

用于处理危害人、畜健康及传染性较强的死鸡。这种处理方法可避免地下水及土壤的污染，但会产生较多的臭味。一般可按"十"字形挖两条沟，沟长约2.6米，宽0.6米，深0.5米。在沟的底部放一层干草和木柴，在"十"字形沟交叉处铺上粗的潮湿横木，将煤油倒在木柴上，然后由背风的方向开始焚烧。

3. 深埋法

将死鸡埋入土壤里，在厌氧条件下，在肠道微生物及细菌酶的作用下，发生腐败分解，大部分病原菌在尸体腐败部分分解过程中被杀死。

4. 饲料化处理

死鸡中含有丰富的营养成分，尤其是大量氨基酸平衡的蛋白质，若能彻底杀灭其中的病原体，则可获得优质的蛋白质饲料。可通过蒸煮干燥机对死鸡进行高温、高压的灭菌处理，然后干燥、粉碎，可获得优质的肉骨粉。

二、污水的处理与利用

鸡场生产过程中产生的污水含高浓度的有机物和大量病原菌，为了防止污染环境，必须进行污水处理。污水处理技术的基本方法按其作用原理可分为物理处理法、化学处理法和生物学处理法。

1. 物理处理法

可分离回收污水中不溶解的悬浮状污染物，主要包括重力沉淀、离心分离和过滤等方法。

（1）重力沉淀法　污水在沉淀池中静置，难溶性的较大颗粒在重力作用下，逐渐沉淀而除去。

（2）离心沉淀法　含有悬浮物的污水在高速旋转时，由于悬浮物和水的质量不同，离心力大小不同，实现固液分离。

（3）过滤法　利用过滤介质的筛除作用使颗粒较大的

悬浮物被截留在介质的表面，来分离污水中悬浮颗粒型污染物。

2. 化学处理法

向污水中加入某些化学物质，利用化学反应来分离、回收污水中的污染物质，或将其转化为无害物质。其处理的对象主要是污水中的溶解性或胶体性污染物。

（1）混凝沉淀　污水经沉淀或离心后，水中仍有细小的悬浮物及胶质微粒，因带有负电荷，彼此相斥，很难自然下沉。此时需要加入混凝剂，使水中极小的悬浮物及胶质微粒凝聚成絮状而加快沉降，称混凝沉淀。常用的混凝剂有铝盐（明矾、硫酸铝等）和铁盐（硫酸亚铁、三氯化铁等）。

（2）化学消毒　污水经以上方法处理后，细菌含量大大减少，但并未完全除去，有必要进行化学消毒处理。目前应用最广泛的是氯化消毒法。此法杀菌力强，设备简单，使用方便，费用低，常用的氯化消毒剂有液态氯、漂白粉和漂粉精。

3. 生物处理法

（1）生物曝气法　生物曝气法又称活性污泥法，是指在污水中加入活性污泥，经均匀混合并曝气，使污水的有机物质被活性污泥吸附和氧化的一种废水处理方法。此法的关键在于有良好的活性污泥和充足的溶解氧，所以曝气是活性污泥法中一个必不可少的步骤。

（2）生物过滤法　生物过滤法又称生物膜法，是使污水通过一层表面充满生物膜的滤料，依靠生物膜上的大量微生物，在氧气充足的条件下，氧化污水中的有机物。生物膜是污水中各种微生物在过滤材料表面大量繁殖形成的一种胶状膜。利用生物膜来处理污水的设备主要有生物滤池和生物转盘等。

彩色图解科学养鸡技术

第九章

鸡病防治

第一节 鸡场的生物安全措施

一、饲养管理和卫生消毒

生物安全措施是指为防止外来病原微生物侵入养殖场,以及降低、消除养殖场内病原微生物,以确保动物健康安全所采取的管理措施。因此,做好饲养管理和卫生消毒工作,提高鸡群的抵抗力是做好养殖工作的首要任务。

1. 养鸡场的选址和布局

养殖场规划时,须考虑周围的生态环境、各场区的关系和兽医综合性服务等问题。新建养殖场应满足卫生防疫要求,远离居民区、集贸市场、交通干线、其他动物生产场所和相关设施等。养殖场距铁路、高速公路等交通干线不小于1000米,距一般道路不小于500米,距其他畜牧场、兽医机构、畜禽屠宰厂不小于2000米,距居民区不小于3000米,并且应位于居民区及公共建筑群常年主导风向的下风向处。

养殖场应建在地势高、背风向阳的地方，地面应开阔、平坦并稍有坡度，利于场区采光、通风和污水排放；水源充足，水质良好；电源充足，交通便利，环境清静等。

图9-1 某肉用种鸡场消毒室
（提金凤 拍摄）

养殖场的布局包括生活区、办公区、生产区、隔离区、粪污处理区，各区之间相隔一定的距离。场内道路应设净道和污道，互不交叉，饲料和干净垫料的运输走净道，粪便垃圾、病死鸡、污染垫料的运输走污道。进出口有消毒池和冲洗消毒设施，生产区要设洗澡更衣间，鸡舍入口处要有消毒设备（图9-1）。

鸡舍的设计和建筑要相对密闭，以控制和调节温度、湿度、通风、光照、气流大小及方向等，鸡舍建筑的地面、墙壁、天花板要便于消毒，要有防鸟、防鼠和防虫设施。

2. 饲养管理和卫生消毒措施

（1）引种时防止病原微生物的传入　引进雏鸡或种蛋，必须充分了解产地的疫情和饲养管理情况，要从管理水平高、质量信誉好、具有《种畜禽生产经营许可证》、没有垂直传播疾病的种鸡场引入种蛋和雏鸡。从国外引进种鸡，必须按规定隔离饲养、检疫、健康检查、官方兽医确认安全后方可入场继续饲养。

（2）建立全进全出的饲养制度　养鸡场应采取全进全出的饲养制度，这便于采取各种有效措施消灭场内病原体，防止传染病的传播。

（3）控制垂直传播的疾病　种鸡场应定期对垂直传播的疾病，如鸡白痢、鸡毒支原体感染、禽白血病等进行检疫，淘汰阳性鸡，净化种鸡群。

（4）饲料安全和水质的控制　控制饲料的卫生安全，储料仓库应注意清扫、消毒，饲料中细菌、霉菌及真菌含量不能超标，防止饲料被污染，饲料储存时间不要太长。定期进行水质监测，保证饮水清洁。

（5）药物预防工作　合理使用药物，防止传染病的发生，促进鸡的健康生长。

（6）做好消毒和隔离工作　平时养殖场、周围环境及舍内应定期消毒；发生传染病时，病鸡和可疑感染鸡及时隔离，消毒次数增加，范围扩大。

鸡场进出口设置消毒池，配备高压消毒设备对外来车辆进行高压冲洗消毒，进入鸡场人员要更换胶靴并消毒；没有特殊情况非本舍饲养人员不能进入鸡舍，进入鸡舍人员必须消毒胶靴；做好空舍期的消毒；要有科学的消毒观，做到有效消毒。

（7）废弃物及污物处理　粪便应及时运到指定地点，生物发酵后作农业用肥；废弃物、病死鸡无害化处理，病死鸡严禁出售；污水可根据情况采用物理、化学或生物方法进行净化。

（8）杀虫和灭鼠　采用毒饵、机械等方法杀灭老鼠，用化学药物杀灭苍蝇和吸血昆虫，防止疫病传播。

二、传染病的免疫预防

传染病一旦发生，会严重影响鸡群的生长、发育，给养鸡场造成严重的经济损失。养鸡场在做好饲养管理和消毒工作的同时，应根据实际情况合理制订免疫程序，做好免疫接种工作，并定期检测鸡群免疫状态和免疫效果。

1. 免疫程序的制订与实施

制订免疫程序时应考虑以下因素。

① 当地疫情和疫病性质。制订免疫程序必须了解本地区家禽疫病的流行情况和规律，免疫接种应安排在易感日龄和常发

季节前进行。

② 饲养不同种类和用途的鸡应制订不同的免疫程序。

③ 根据鸡群抗体水平的检测结果确定免疫时间。

④ 疫苗的品系、性质、免疫途径，尤其是弱毒苗受母源抗体影响较大，最好在母源抗体消失后进行。

⑤ 鸡群对疫苗的免疫应答能力随着日龄增长而提高，大部分疫苗初次接种产生免疫的效果都比较差，需要间隔一定时间再次接种疫苗才能产生较强的免疫力。

2. 免疫接种途径

（1）滴鼻、点眼 滴鼻、点眼免疫（图9-2～图9-4）是疫苗通过上呼吸道或眼结膜进入体内的一种免疫方式，常用于雏鸡和产蛋期鸡群的免疫。该免疫方法不受母源抗体干扰，对产蛋影响小，应激小，能获得良好的免疫效果。新城疫Ⅱ系、Ⅲ系、Ⅳ系（La Sota）疫苗，传染性支气管炎疫苗，传染性喉

图9-2　滴瓶
（提金凤　拍摄）

图9-3　滴鼻
（提金凤　拍摄）

图9-4　点眼
（提金凤　拍摄）

气管炎弱毒苗等常用该途径进行免疫。

（2）注射　注射免疫包括肌内注射（图9-5）和皮下注射。肌内注射可采用胸肌、腿部肌肉或翅根部肌肉进行，进针时针头应稍微倾斜，不要垂直进针。种鸡多采用肌内注射。皮下注射多采用颈背部皮下进行，如马立克病疫苗。

图9-5　胸肌注射
（提金凤　拍摄）

（3）气雾免疫　采用气雾发生器使疫苗形成雾化颗粒，随呼吸道进入鸡体内，达到免疫的目的。气雾免疫省时省力，特别适用于对呼吸道有亲嗜性的疫苗。气雾免疫注意事项：需要特殊气雾发生设备，雾滴颗粒大小适中；气雾免疫时疫苗量要

图9-6　刺种
（提金凤　拍摄）

加倍；采用蒸馏水或去离子水稀释疫苗，水中可加入0.1%的脱脂乳；气雾时房舍要密闭，喷完后20分钟再开启门窗。

（4）刺种　刺种（图9-6）适合于鸡痘疫苗的接种。将稀释的疫苗用接种专用针在翅内侧无血管三角区刺种。

（5）饮水　适合于大群鸡的免疫，应激少，省时省力，但由于鸡群饮入的疫苗量不均匀，导致抗体效价参差不齐。因此，饮水免疫时应注意：稀释疫苗用水必须十分洁净，不能含金属离子；饮水器具洁净、不含消毒剂；疫苗用量比其他途径加倍，可在水中加入0.1%的脱脂乳；饮水免疫前适当控水2～4小时。

3. 常用免疫程序（仅供参考）

① 蛋鸡（父母代、商品代）的免疫程序（参照第六章表6-5）。

② 肉鸡（父母代）的免疫程序（表9-1）。

表9-1　肉鸡（父母代）的免疫程序

日龄或周龄	疫苗种类	接种途径
1～2天	新支二联	点眼
	马立克病疫苗	颈部皮下注射
8天	禽流感疫苗	颈部皮下注射
	球虫苗	滴口
14天	新城疫油苗	点眼
	新城疫死苗	颈皮下注射
18天	法氏囊疫苗	滴口
	禽流感疫苗	胸肌注射
25天	传染性支气管炎弱毒苗（H120）	点眼
	鸡痘活苗	翅刺种
28天	法氏囊疫苗	滴口或饮水
35天	新城疫油苗	颈部皮下注射
42天	传染性支气管炎弱毒苗（H52）	饮水
	病毒性关节炎	颈部皮下注射
8周	传染性鼻炎	胸肌注射
	新城疫活苗	点眼
9周	传染性喉气管炎活苗	点眼
	脑脊髓炎＋鸡痘	翅刺种
12周	禽流感疫苗	颈部皮下注射
19周	支原体灭活苗	颈部皮下注射
	传染性喉气管炎活苗	胸肌注射

彩色图解科学养鸡技术

日龄或周龄	疫苗种类	接种途径
20周	新城疫活苗	点眼
	法氏囊疫苗	胸肌注射
	产蛋下降综合征＋新城疫＋传染性支气管炎疫苗	胸肌注射
22周	禽流感二价苗（H5+H9）	颈部皮下注射
25周	新城疫活苗	胸肌注射
40周	新城疫活苗	饮水

4. 商品肉鸡免疫程序（表9-2）。

表9-2　商品肉鸡免疫程序

日龄/天	疫苗种类	接种方法	备注
1	马立克病疫苗	皮下注射	可选择
7～10	Clone30+MA5 二联苗	点眼、滴鼻	任选一种
	Ⅳ系+H120+28／86二联三价苗	点眼、滴鼻	
14	传染性法氏囊病疫苗	饮　水	2羽份
21	Clone 30+MA5 二联苗或 Ⅳ系+H120+28／86二联三价苗	点眼、滴鼻	2羽份（任选一种）
	新城疫油乳苗	皮下注射	0.5羽份（也可在7～10日龄与活苗点眼同时进行）
28	传染性法氏囊病中等毒力苗	饮水	2羽份

5. 免疫监测

接种疫苗后能够进行免疫监测的，要定期或根据疫病流行动态进行检测，特别是新城疫和禽流感的检测。要重视烈性传染病的免疫效果的检测。

第二节　病毒性传染病

一、禽流感

禽流感是由A型流感病毒引起家禽和野禽的一种高度接触性传染病，临床中表现为不同程度的呼吸道症状、头部肿胀、小腿出血和内脏组织广泛性出血及产蛋率下降等。

本病于1878年首次发生于意大利，病原为H5N1亚型高致病性禽流感病毒。到目前为止，该病已遍布世界各个养禽的国家和地区。

高致病性禽流感一旦感染鸡群，发病率、死亡率可达90%～100%，对养鸡业的危害非常严重。因此，我国将其列为一类动物疫病。

【病原】　禽流感的病原为禽流感病毒，属于正黏病毒科流感病毒属A型流感病毒。完整的病毒粒子一般呈球形（图9-7），也有其他形状（如丝状等）；病毒表面有一层由双层脂质构成的囊膜，囊膜表面镶嵌着两种纤突，分别为血凝素（HA）和神经氨酸酶（NA）。根据不同流感病毒，HA与NA抗原性不同，HA可分为18个型，NA分为10个型，HA与NA随机组合，从而构成流感病毒不同的血清型和血清亚型。流感病毒抗原的变异主要有两种方式，抗

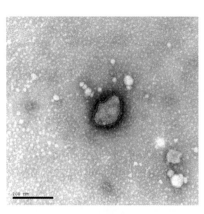

图9-7　禽流感病毒粒子电镜图片
（石火英 拍摄）

原漂移和抗原转变。抗原漂移主要是引起HA或NA的次要抗原发生改变，是由基因突变引起的；抗原转变主要是引起HA或NA的主要抗原发生改变，是由病毒基因组片段发生重组引起的。

禽流感病毒具有血凝性，可凝集人、猴、豚鼠、犬、貂、大鼠、蛙和禽类的红细胞，实验室中常利用血凝-血凝抑制试验来检测、鉴定病毒。

流感病毒对热敏感，56℃作用30分钟灭活，72℃作用2分钟灭活；乙醚、氯仿、丙酮等有机溶剂能破坏病毒；对含碘消毒剂、次氯酸钠、氢氧化钠等消毒剂敏感；对低温抵抗力强，如病毒在-70℃可存活2年，粪便中的病毒在4℃条件下1个月不失活。

【流行病学】 禽流感病毒的宿主范围广泛，能感染各种家禽和野禽，家禽中以火鸡、鸡最易感，其次是野鸡、珠鸡和孔雀，鸭、鹅、鸽子、鹧鸪、鹌鹑、麻雀等也能感染。自然界的鸟类可以带毒，候鸟迁徙带毒常引发禽流感。

本病主要通过水平方式传播，病毒能从病鸡或带毒鸡的呼吸道、眼结膜及粪便中排出，污染空气、饲料、饮水、器具、地面、笼具等，易感禽类通过呼吸、饮食及与病禽接触等均可以感染该病毒，造成发病。哺乳动物、昆虫、运输车辆等也可以机械性传播该病。对于高致病性禽流感，粪—口传播是主要的传播途径，带毒粪便污染车辆可造成大面积传播。

该病一年四季均能发生，主要以冬春季节多发。温度过低、气候干燥、忽冷忽热、通风不良或过度、寒流、大风、拥挤、营养不良等因素均可促进该病的发生。

【临床症状】 该病的潜伏期一般较短，多为4～5天。感染病毒后病禽表现出的症状也因种类、日龄不同及病毒毒力不同而不同。根据病禽表现出的症状不同，可将禽流感分为两种类型，高致病性禽流感和低致病性禽流感。

（1）高致病性禽流感（HPAI） 多数情况下不出现前驱症

彩色图解科学养鸡技术

图9-8 鸡冠、肉髯出血、坏死
（提金凤 拍摄）

图9-9 鸡冠、肉髯出血，眼睑
肿胀（李兆华 拍摄）

状，鸡和火鸡常呈最急性发病死亡。采食饮水减少，甚至绝食。病鸡冠和肉髯发绀、肿胀、出血甚至坏死（图9-8）；眼睑及头部肿胀（图9-9），眼结膜潮红、水肿；流鼻液、咳嗽、呼吸困难，口腔中黏性分泌物增多；下痢，粪便呈黄绿色（图9-10）；病鸡腿部皮肤和脚鳞片出血（图9-11）、变色，跗关节肿胀；产蛋鸡产蛋量急剧下降或几乎停产，畸形蛋、无壳蛋、薄壳蛋数量增多，种蛋受精率和孵化率明显下降；病鸡出现头颈震颤，转圈，歪脖子，共济失调，不能站立等神经症状。发病率和病死率达50%～89%，有的达100%。

（2）低致病性禽流感（LPAI） 病鸡突然发病，体温升高，达42℃以上。精神萎靡，嗜睡，眼睛半闭，不愿活动，采食量

图9-10 黄绿色稀粪
（提金凤 拍摄）

图9-11 腿部皮肤出血
（提金凤 拍摄）

急剧下降，嗉囊空虚。随着病情的发展，病鸡出现呼吸道症状，主要表现为呼吸困难、伸颈张口呼吸、咳嗽、打喷嚏、呼吸啰音，眼睛肿胀流泪，初期是浆液性的，后期流出黄白色脓性液体。下痢，粪便呈黄绿色。有的病鸡出现神经症状，表现为运动失调、头颈后仰、抽搐、瘫痪等。产蛋鸡出现产蛋量下降，1～2周内产蛋率能降到5%～10%，严重的甚至停产。蛋壳颜色变淡，破壳蛋增加。病程7～10天，若继发大肠杆菌病等，症状加重。

【病理变化】（1）高致病性禽流感　主要表现肌肉、组织器官黏膜和浆膜以及脂肪的广泛性出血。心外膜、心冠脂肪及腹部脂肪有点状出血、坏死（图9-12～图9-14）；胰腺液化（图9-15、图9-16）、有黄白色坏死斑点或边缘出血（图9-17、图9-18）；腺胃乳头、肌胃与腺胃交界处、腺胃与食管交界处、肌胃角质层下出血（图9-19），十二指肠黏膜出血；喉头和气管黏膜充血、出血，肺脏出血、瘀血、水肿；盲肠扁桃体肿大及出血；产蛋鸡卵泡充血、出血、卵泡破裂（图9-20），形成卵黄性腹膜炎。

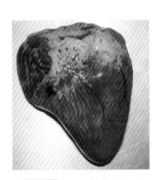

图9-12　心冠脂肪出血

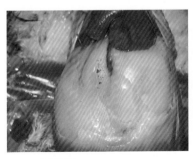

图9-13　腹部脂肪出血

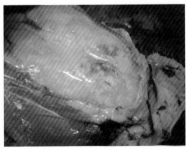

图9-14　腹部脂肪出血、坏死（隋兆峰　拍摄）

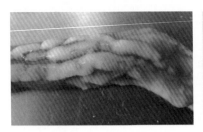

图9-15　胰腺液化、坏死
（李婧 拍摄）

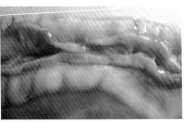

图9-16　胰腺液化
（提金凤 拍摄）

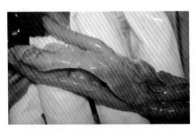

图9-17　胰腺有白色坏死点

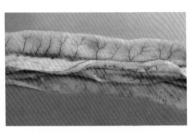

图9-18　胰腺边缘出血
（提金凤拍摄）

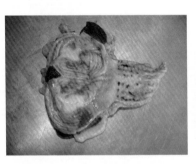

图9-19　腺胃乳头及肌胃角质层
下出血

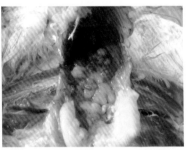

图9-20　卵泡出血、变形、破裂
（提金凤 拍摄）

（2）低致病性禽流感　喉头和气管黏膜充血水肿、偶尔出血，气管下段和支气管内有黄白色纤维素性栓塞（图9-21、

图9-22）；气囊炎，表现气囊壁增厚，并有纤维素性或干酪样渗出物；胰腺有斑块状灰黄色坏死点；产蛋鸡卵泡充血、出血、变形（图9-23），严重者卵泡破裂，形成卵黄性腹膜炎；输卵管黏膜充血水肿，内有白色黏稠渗出物，似蛋清样。

图9-21 支气管中出现黄白色纤维素性栓塞

图9-22 支气管中出现黄白色纤维素性栓塞（提金凤拍摄）

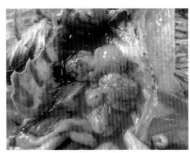

图9-23 卵泡变形（李兆华 拍摄）

【诊断】（1）临床诊断 根据流行病学特点、临床症状和病理变化特征可作出初步诊断。若要对该病进行确诊，需要进行实验室诊断。

（2）实验室诊断 对病毒抗原或基因进行检测，或分离鉴定禽流感病毒。对高致病性禽流感的疫情诊断，应严格按照国际规定的四级疫情诊断程序，即专家临床初步诊断，省级实验室确认疑似，国家参考实验室毒性鉴定，农业部最终确认和公布。实验室诊断常用的方法有病毒的分离培养、血凝-血凝抑制试验（HA-HI）、聚合酶链式反应（PCR）、酶联免疫吸附试验（ELISA）等。

（3）鉴别诊断　禽流感与新城疫易混淆，需进行鉴别。典型新城疫和高致病性禽流感都表现高死亡率和腺胃乳头出血，但新城疫肠道有枣核样病变，有明显的神经症状。而禽流感会表现冠髯发绀，头面部肿胀，心外膜及脂肪出血严重，但肠黏膜无坏死溃疡。低致病性禽流感引起的产蛋下降极易与非典型新城疫混淆，可通过HA-HI或PCR来进行鉴别。

【防治】（1）加强饲养管理和卫生消毒工作，提高环境的控制水平　实行全进全出的饲养管理模式，控制人员及外来车辆的出入，彻底消毒；鸡和水禽或者其他鸟类禁止混养，且不用同一水源，鸡场和水禽场应间隔3千米以上，防止水源和饲料被污染；养鸡场要有防止外来禽鸟（包括水禽）进入饲养区的设施；严禁从疫区或可疑地区引进家禽或禽制品；做好灭蝇、灭鼠工作，鸡舍周围的环境、地面等要严格消毒，饲养管理人员、技术人员消毒后才能进入鸡舍；养鸡场的粪便、污物等做好无害化处理。

（2）加强监督工作　加强对禽类饲养、运输、交易等活动的监督检查，落实屠宰加工、运输、储藏、销售等环节的监督检查，严格产地检疫和屠宰检疫，禁止经营和运输病禽及产品。

（3）疫苗免疫　目前临床上使用的禽流感疫苗主要有H9N2和H5（Re-6、Re-8、Re-10）灭活苗，疫苗接种后2周就能产生免疫保护力，能够抵抗该血清型的流感病毒，免疫保护力能维持10周以上。

（4）发病时的处理措施　发生高致病性禽流感时，应根据国家制定的《高致病性禽流感应急预案》和《重大动物疫情应急条例》的规定采取防控措施，包括疫情报告、疫情诊断、疫点疫区的划分、隔离封锁、扑杀销毁、环境消毒、紧急免疫接种等。对疫区内可能受到病毒污染的场所进行彻底的消毒，严防强毒的污染、扩散。

发生低致病性禽流感时，在严密隔离的条件下，进行对症治疗，减少损失。对症治疗可采用以下方法。

彩色图解科学养鸡技术

① 可采用抗病毒中药（如双黄连、金丝桃素、黄芪多糖等）饮水，连用4～5天，效果明显。

② 添加适当的抗菌药物，防止大肠杆菌或支原体等继发或混合感染。如可添加环丙沙星、丁胺卡那、支原净等。

③ 饲料中可添加0.18%蛋氨酸、0.05%赖氨酸，饮水中可添加0.03%维生素C或0.1%～0.2%的电解多维，缓解症状，抵抗应激。

【公共卫生】 某些血清型的禽流感病毒能感染人，人感染后主要表现体温升高、咽喉疼痛、肌肉酸痛、肺炎等症状。因此，应禁止乱宰、乱屠、食用病死鸡。在接触病鸡或尸体剖检时要做好个人防护，注意穿隔离服和戴乳胶手套，并严格消毒。

二、新城疫

新城疫又称亚洲鸡瘟、伪鸡瘟，是由新城疫病毒引起家禽及野禽的一种急性、高度接触性传染病。人也能感染，呈现一过性结膜炎。本病传播迅速，死亡率高，我国将其列为一类动物疫病。

【病原】 新城疫病毒（NDV）属于副黏病毒科、腮腺炎病毒属的禽副黏病毒。血清型只有一个，但不同毒株的毒力差异很大。病毒有囊膜，囊膜表面有大、小两种纤突，其中大纤突是由血凝素（HA）和神经氨酸酶（NA）组成，小纤突是由融合蛋白（F）组成。病毒的大纤突可与鸡、鸭、鹅等禽类及人、豚鼠、小白鼠等哺乳类动物的红细胞表面受体结合，引起红细胞凝集。因此实验室中可通过血凝-血凝抑制实验（HA-HI）来鉴定该病毒。病毒存在于病死鸡所有的组织器官、体液、分泌液及排泄物中，其中脑、脾、肺、气管中病毒含量最高，骨髓中病毒存活时间最久。

病毒抵抗力不强，不耐热，60℃经30分钟即被杀死。对低温有很强的抵抗力，对消毒剂抵抗力较弱。2%氢氧化钠、1%

来苏儿、3%石炭酸、1%～2%的甲醛溶液中几分钟就能杀死该病毒。

【流行病学】 新城疫病毒宿主范围广泛，鸡、火鸡、珠鸡和野鸡均易感，鸡的易感性最强，其次是野鸡。鸽、鹌鹑及观赏鸟也有发病流行的报道。野禽和笼养鸟（鹦鹉）多为隐性感染。水禽也能感染发病。人感染新城疫病毒后表现眼结膜炎、发热、头痛等症状。

本病传染源主要是病鸡、带毒鸡及其他带毒的禽类，可通过粪便、口、鼻和眼的分泌物排出病毒，引起该病的传播。呼吸道、消化道、皮肤或黏膜的损伤均可引起病毒感染，人类及其装备也能引起该病毒机械性传播。

本病一年四季均可发生，在易感鸡群中迅速传播，呈毁灭性流行，在非免疫鸡群发病率和病死率可高达90%以上。

【临床症状】 （1）最急性型 多见于新城疫暴发初期，鸡群无明显症状而突然死亡。

（2）急性型 病鸡体温升高、精神沉郁（图9-24）、食欲下降，随着病情的发展，病鸡出现呼吸道症状，呼吸困难；嗉囊膨胀，充满未消化的饲料或酸臭的液体；下痢，粪便呈黄白色或黄绿色（图9-25）；产蛋鸡产蛋率下降，白壳蛋、软壳蛋、畸形蛋数量增多，种蛋受精率和孵化率下降；发病后期出现神经

图9-24 精神沉郁
（提金凤 拍摄）

图9-25 黄绿色粪便

症状，表现全身抽搐、扭颈、翅膀麻痹等。

（3）慢性型　多为经过急性期后仍存活的鸡，常表现各种神经症状（图9-26），如扭脖、转圈、仰头等，其中一部分鸡因采食不到饲料而逐渐衰竭死亡，也有少数能长期存活。

图9-26　神经症状

（4）非典型新城疫　多见于免疫鸡群，病情缓和，发病率和死亡率低。产蛋鸡表现不同程度的产蛋率下降，轻度的呼吸道症状，排黄绿色粪便。雏鸡以呼吸道症状为主，表现张口呼吸、咳嗽、啰音，排黄绿色稀粪。

【病理变化】（1）典型新城疫　典型病变是腺胃乳头水肿、出血（图9-27、图9-28）；小肠黏膜有枣核状出血（图9-29）或坏死，病灶表面有假膜覆盖，假膜脱落后即成溃疡（图9-30）。喉、气管黏膜充血、出血（图9-31），盲肠扁桃体肿大、出血或坏死，脑膜充血或出血。产蛋鸡输卵管充血，卵泡充血、出血、破裂，形成卵黄性腹膜炎。

图9-27　腺胃乳头出血
（李婧 拍摄）

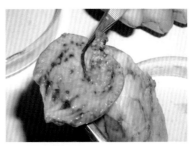

图9-28　腺胃乳头出血

图9-29　肠道黏膜枣核状肿胀、出血（李婧 拍摄）

图9-30　肠道黏膜枣核状溃疡、腺胃乳头出血

图9-31　气管出血（李婧 拍摄）

（2）非典型新城疫　可见喉、气管黏膜不同程度的充血、出血，直肠黏膜常呈条纹状出血，产蛋鸡输卵管充血、水肿，腺胃乳头、小肠黏膜轻度出血。

【诊断】　根据流行病学特点、临床症状和剖检变化可对该病进行初步诊断，但确诊需作实验室诊断。进行实验室诊断时，可采集病死鸡的脑、气管、支气管、肺、肝、脾、泄殖腔或喉气管拭子等进行病毒的分离鉴定。可通过9～11日龄的鸡胚接种培养病毒，通过HA-HI试验、中和试验、PCR或荧光抗体试验来鉴定，从而对该病进行确诊。

新城疫与禽流感的临床表现相似，需要进行鉴别诊断。

【防治】　① 采取严格的生物安全措施，坚持隔离饲养，进出人员、车辆及用具严格消毒，防止一切带毒动物和污染物品进入鸡群。

② 免疫接种。鸡新城疫疫苗种类很多，主要分为弱毒

活苗和灭活苗两大类。弱毒苗主要有Ⅱ系苗（B$_1$株）、Ⅲ系苗（F株）、Ⅳ系苗（La Sota株）和Clone30等，应用最广泛的是Ⅳ系苗和Clone30，适用于任何日龄的鸡。弱毒苗一般采用滴鼻、点眼、饮水、气雾等免疫途径，使用方便。灭活苗主要是油乳剂灭活苗，一般采用肌内注射或皮下注射的方式免疫，主要刺激机体产生体液免疫，不受母源抗体干扰，使用安全。

③ 发生新城疫后的处理措施。鸡群发病后，病死鸡尸体应焚烧深埋，被污染的用具、物品和环境彻底消毒，对疫区和受威胁地区尚未发病的鸡群实行紧急免疫接种。紧急接种时可采用Ⅳ系苗或Clone30，剂量加倍，饮水免疫。

对已经有临床表现的鸡群可以进行适当治疗，在饮水中可添加双黄连、黄芪多糖等抗病毒中药。该病常继发感染大肠杆菌、支原体等，为防止继发感染可在饮水中添加头孢类药物、环丙沙星、支原净等。给鸡群添加维生素C或电解多维可缓解症状，抵抗应激，提高鸡群抵抗力。

三、传染性支气管炎

传染性支气管炎（IB）是由传染性支气管炎病毒引起鸡的一种急性、高度接触性的传染病。本病类型表现复杂，但以经典的呼吸型最常见，其特征是咳嗽、喷嚏、气管啰音，产蛋鸡产蛋量及蛋品质下降。肾型表现肾肿大、肾小管和输尿管内有尿酸盐沉积。

【病原】 传染性支气管炎病毒（IBV）属于冠状病毒科冠状病毒属，病毒粒子呈圆形或椭圆形，有囊膜，囊膜表面有棒状纤突。该病毒血清型众多，易发生变异，目前世界上已有30多个血清型，新的血清型和变异株仍然不断出现。不同血清型的毒株之间交叉保护性很低或完全不能保护。

IBV不耐高温、耐低温，对乙醚敏感，一般消毒剂均能将其杀死，对酸碱有较强的耐受性。

【流行病学】 本病仅发生于鸡，其他家禽均不感染。各种年龄的鸡都可发病，雏鸡和产蛋鸡最易感。20日龄内雏鸡感染后导致输卵管发育不全，甚至造成生殖器官永久性损伤，失去产蛋能力。病鸡和带毒鸡是主要传染源，主要通过呼吸道和泄殖腔排毒，通过飞沫经呼吸道感染。此外，也可通过被污染的饲料、饮水及用具经消化道感染。

本病一年四季均能发生，冬春季节多发。鸡群拥挤、过热、过冷、通风不良、缺乏维生素和矿物质、疫苗接种、转群等均可诱发本病。

【临床症状】（1）呼吸型 雏鸡表现为精神沉郁（图9-32）、食欲废绝、体温升高、怕冷扎堆、饲料消耗和增重下降。随着病情的发展，出现明显的呼吸道症状，如呼吸困难、伸颈张口呼吸（图9-33）、咳嗽、打喷嚏、呼吸啰音等。康复鸡则大多发育不良、消瘦，蛋雏鸡因输卵管损伤影响或丧失产蛋能力。5～6周龄的鸡症状较轻，较少流鼻液，常在夜间听到鸡群有呼噜声。

成年鸡感染IBV后的呼吸道症状较轻微，主要表现为开产期推迟，产蛋量明显下降，同时畸形蛋、粗壳蛋、薄壳蛋、浅色蛋、沙壳蛋增多。蛋的品质下降，蛋清稀薄如水，蛋黄与蛋清分离。

图9-32 病鸡精神沉郁

图9-33 病鸡伸颈张口呼吸（李兆华 拍摄）

（2）肾型　主要发生于2～4周龄的雏鸡。最初表现轻微呼吸道症状（图9-34），包括啰音、喷嚏、咳嗽等。随之，鸡群死亡数量增加，病鸡精神沉郁、羽毛松乱，同时排出水样白色稀粪，内含大量尿酸盐，肛门周围羽毛污浊，病鸡脱水，脚爪干枯。

图9-34　轻微的呼吸道症状（李兆华 拍摄）

【病理变化】（1）呼吸型　雏鸡主要表现为鼻腔、喉头、气管、支气管有浆液性、卡他性和干酪样分泌物，有时支气管中有灰白色纤维素性栓塞（图9-35、图9-36），病鸡出现窒息死亡。产蛋鸡表现为卵泡充血、出血、变形、破裂，甚至出现卵黄性腹膜炎。若在雏鸡阶段感染过IBV，则成年后鸡的输卵管发育受阻，变细、变短，管腔狭窄、闭塞，有时输卵管积水呈囊状。

图9-35　支气管中有纤维素性栓塞（一）（李婧 拍摄）

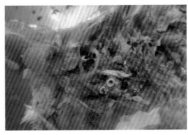

图9-36　支气管中有纤维素性栓塞（二）（李兆华 拍摄）

（2）肾型　主要病变表现为肾脏肿大、苍白，肾小管和输尿管扩张，有大量尿酸盐沉积，整个肾脏呈斑驳的"花斑肾"（图9-37）。

【诊断】　根据流行病学特点、临床症状和病理变化可作出

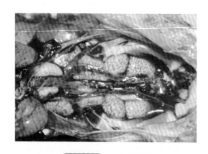

图9-37 花斑肾

初步诊断，确诊需进行实验室检验，可采用病毒的分离鉴定、病毒中和试验、琼脂扩散试验、ELISA等。

本病应注意与新城疫、鸡传染性喉气管炎进行鉴别。新城疫发生于各种年龄的鸡，典型症状为神经症状和嗉囊积液，剖检可见腺胃乳头出血，肠道黏膜有枣核状出血灶或坏死灶。传染性喉气管炎多发于成年鸡，主要症状为咳出血样分泌物，喉头和气管黏膜出血严重。

【防治】　① 采取严格的生物安全措施，提高鸡群的抵抗力。防止鸡群拥挤、过冷、过热，定期消毒。合理配合饲料，防止维生素，尤其是维生素A缺乏。减少应激，注意季节交替时气温的变化，加强通风。

② 免疫接种。目前国内常用的IB疫苗有弱毒苗和灭活苗。弱毒疫苗包括H120、H52、MA5和28/86等。H120、MA5毒力较弱，主要用于雏鸡的首次免疫。H52毒力较强，多用于4周龄以上的鸡。MA5、H120和H52三种疫苗对呼吸型和肾型IB均有效果。28/86主要用于肾型IB。灭活苗适用于各种日龄的鸡。

由于IBV血清型多且交叉保护力弱，单一疫苗只能对同型IBV提供保护，对异型IBV只能提供部分或无保护，因此生产中应采用同种血清型疫苗或多价疫苗。

③ 发病后的处理措施。本病尚无特异性治疗方法，多采用对症治疗。对于肾型IB，降低饲料中蛋白质含量，并加入肾肿解毒药，饲料中多维素用量加倍，尤其要重视维生素A的添加；对于呼吸型IB，可在饮水中加入一些止咳平喘的中药。

四、传染性喉气管炎

传染性喉气管炎（ILT）是由传染性喉气管炎病毒引起鸡的

彩色图解科学养鸡技术

一种急性高度接触性呼吸道传染病。其特征是呼吸困难、咳嗽、气喘、咳出带血的分泌物，喉头和气管黏膜肿胀、出血、坏死，蛋鸡产蛋率下降。

【病原】 传染性喉气管炎病毒（ILTV）属于疱疹病毒科、疱疹病毒属，血清型只有一个，但有毒力差异。

ILTV抵抗力中等，对外界环境和消毒药的抵抗力不强，耐低温和干燥。

【流行病学】 本病主要侵害鸡，育成鸡和成年鸡多发病且症状典型。病鸡和康复后带毒鸡是主要传染源，2%康复鸡可带毒2年。易感鸡经上呼吸道和眼结膜感染。

本病传播速度快，2～3天可波及全群。感染率高达90%～100%，急性型死亡率可达5%～10%，慢性型或温和型死亡率低于5%。产蛋鸡群感染后，产蛋量下降可达35%或更高。

本病一年四季均可发生，秋末冬初季节多发，饲养管理不当（如鸡舍拥挤、通风不良、维生素缺乏等）可促进本病的发生。

【临床症状】 根据病毒侵害部位不同，该病可分为喉气管炎型和眼结膜型。

（1）喉气管炎型 又称为急性型。发病初期病鸡流鼻液，呈半透明状。之后出现呼吸道症状，如湿性啰音、喘鸣音、咳嗽等，严重者出现呼吸困难、伸颈张口呼吸，甚至咳出带血的分泌物（图9-38）；产蛋鸡的产蛋量迅速下降，严重者可达35%，浅壳蛋、薄壳蛋、软壳蛋、沙壳蛋等增多。

图9-38 咳出带血分泌物
（李婧 拍摄）

图9-39 气管中含有带血黏液
（提金凤 拍摄）

（2）眼结膜型　又称为温和型和慢性型。由毒力较弱的温和型毒株引起，症状较轻，病鸡表现结膜炎和眶下窦炎，死亡率较低。若有细菌继发感染时，死亡率则会增加。

【病理变化】（1）喉气管炎型　喉和气管黏膜肿胀、充血、出血、坏死，气管中含有带血黏液或血凝块（图9-39、图9-40），气管管腔变窄、环状出血。病程稍长者，喉和气管形成黄白色纤维素性假膜或黄色干酪样物（图9-41）。

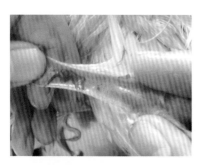

图9-40 气管中有血凝块
（李婧 拍摄）

图9-41 气管中形成黄白色纤维素性假膜（李婧 拍摄）

（2）眼结膜型　眼结膜充血、水肿，有时出现点状出血，有时出现纤维素性结膜炎，角膜溃疡。

【诊断】　根据流行病学特点、临床症状和病理变化可作出初步诊断。确诊需要进行实验室诊断，常采取的检测方法有鸡胚接种、包涵体检查、中和试验、荧光抗体技术、免疫琼脂扩散试验等。

本病要与白喉型鸡痘、传染性支气管炎进行鉴别诊断。白喉型鸡痘表现为气管黏膜增厚，有痘斑，不易剥离。传染性支气管炎主要侵害6周龄以内的雏鸡，鼻腔、气管、支气管中有浆液性渗出物，支气管下段常有栓塞。

【防治】 ① 采取严格的生物安全措施，提高鸡群的抵抗力。注意环境卫生和消毒，易感鸡不能与康复鸡或接种疫苗的鸡养在一起；改善鸡舍通风条件，降低鸡舍内有害气体的含量；执行全进全出的饲养制度，严防病鸡和带毒鸡的引入。

② 疫苗接种。一般从未发生过本病的鸡场不主张接种疫苗，常发病地区可采用传染性喉气管炎弱毒疫苗接种。首免一般可在4～5周龄进行，12～14周龄再免疫1次，免疫途径采用点眼、滴鼻、饮水等方法。

③ 发病后的处理。目前本病尚无特异性治疗方法，发病后及时采用弱毒苗紧急接种，5～7天可控制疫情。该病常继发细菌感染，可采用环丙沙星、强力霉素饮水或拌料；内服牛黄解毒丸、喉症丸或其他清热解毒的中药，减缓呼吸道炎症。

五、传染性法氏囊病

传染性法氏囊病（IBD）又称为甘保罗病，是由传染性法氏囊病病毒引起鸡的一种急性接触性传染病。主要症状为腹泻、厌食、极度虚弱，剖检可见法氏囊肿大、出血、肌肉出血等。该病能导致鸡群发生免疫抑制，造成疫苗免疫失败，鸡对多种病原的易感性增加，造成严重的经济损失。

【病原】 传染性法氏囊病病毒（IBDV）属于双RNA病毒科、禽双RNA病毒属。IBDV有两个血清型，血清Ⅰ型和血清Ⅱ型，两者的抗原交叉保护低于10%。血清Ⅰ型只对鸡致病，血清Ⅱ型只对火鸡致病。

病毒抵抗力强，特别耐热、耐干燥，在鸡舍中可存活122天，在污染的饲料、饮水和粪便中可存活52天。耐阳光及紫外线照射。来苏儿和新洁尔灭不能将其杀灭，对甲醛、过氧化氢、氯胺、复合碘胺类等消毒剂敏感。

【流行病学】 易感动物只有鸡，主要发生于2～15周龄的鸡，3～6周龄的鸡最易感，成年鸡和2周龄以下的鸡很少感染发病，肉仔鸡比蛋鸡易感。

病鸡是本病的主要传染源，可通过直接接触传播，也可通过被污染的饲料、饮水、垫草、用具等间接接触传播。病鸡的粪便中含有大量的病毒，主要经消化道、呼吸道及眼结膜感染。

本病无明显的季节性，常突然发病，迅速波及全群，通常在感染后第3天开始死亡，于5～7天达最高峰，以后逐渐减少。病鸡多在1周左右康复。

【临床症状】 病初体温升高，精神沉郁（图9-42），食欲降低，离群呆立，畏寒扎堆，驱赶不动。继而出现啄肛，严重者后期脱肛。排白色水样稀粪，泄殖腔周围的羽毛被粪便污染。本病呈尖峰式死亡。

图9-42 病鸡精神沉郁

【病理变化】 胸肌、腿肌有不同程度的条状或斑点状出血（图9-43、图9-44）。腺胃与肌胃交界处的黏膜有条状出血带或溃疡（图9-45、图9-46）。肾脏肿大、苍白，肾小管和输尿管中有尿酸盐沉积，呈现花斑肾。法氏囊肿大、水肿、出血，体积是正常的2～3倍（图9-47），浆膜面有淡黄色胶冻样渗出液（图9-48）。剖开法氏囊，

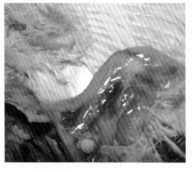

图9-43 腿肌出血（一）

彩色图解科学养鸡技术

黏膜皱褶上有出血点或出血斑（图9-49），严重者法氏囊呈紫葡萄样。后期，法氏囊的体积缩小，变硬。

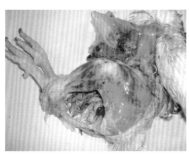

图9-44 腿肌出血（二）
（李婧 拍摄）

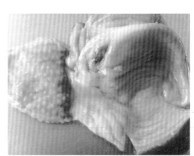

图9-45 肌胃与腺胃交界处有条状出血带（李婧 拍摄）

图9-46 肌胃与腺胃交界处有出血带

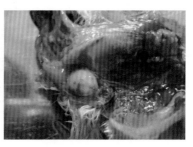

图9-47 法氏囊肿大

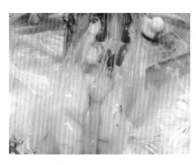

图9-48 法氏囊肿胀、表面有淡黄色胶冻样渗出液（李婧 拍摄）

图9-49 法氏囊肿大、内膜出血

【诊断】 根据流行病学特点、临床症状和病理变化可作出初步诊断。确诊需要进行实验室诊断，常采取的检测方法有病毒分离鉴定、琼脂扩散试验、荧光抗体技术、对流免疫电泳、酶联免疫吸附试验、病毒中和试验、核酸探针等。

【防治】 ① 采取严格的生物安全措施，提高鸡群的抵抗力。加强环境卫生和消毒工作，严格控制人员、车辆进出，坚持全进全出的畜牧制度，不从疫区引进鸡苗和种蛋。

② 免疫接种。目前常用的疫苗有活疫苗和灭活疫苗两大类。可根据鸡场免疫监测的结果来制订合理的免疫程序，无条件进行免疫监测的可参照下列免疫程序。

无母源抗体的雏鸡，7日龄弱毒苗首免，2～3周龄时中等毒力疫苗进行二次免疫。

有母源抗体的雏鸡，2～3周龄中等毒力疫苗首免，2～3周后再加强免疫1次。

③ 治疗。发病早期，全群肌内注射传染性法氏囊病毒高免血清或卵黄抗体，为防止继发感染可适当使用抗生素。饮水中可添加复合维生素B、维生素C、电解多维、葡萄糖等，同时降低饲料中蛋白质的含量。

六、马立克病

马立克病（MD）是由马立克病毒引起的一种淋巴组织增生性疾病。以外周神经、虹膜、皮肤、性腺、内脏等组织发生淋巴细胞增生、浸润并形成肿瘤为特征。

【病原】 马立克病毒（MDV）属于疱疹病毒科、鸡疱疹病毒Ⅱ型。毒株不同，毒力差异很大，有强毒株、弱毒株和不致病毒株。该病毒在鸡体内有两种存在形式，一种是无囊膜的裸病毒，是严格的细胞结合病毒，必须依赖于活细胞才能存活；另一种是有囊膜的完全病毒，是非细胞结合性病毒，脱离细胞可游离存活，对外界有较强的抵抗能力，能随脱落的皮屑和羽

彩色图解科学养鸡技术

毛远距离传播。

MDV有3个血清型，血清Ⅰ型病毒为致肿瘤型毒株；血清Ⅱ型为自然无毒株，不能引起鸡产生肿瘤；血清Ⅲ型为火鸡疱疹病毒（HVT），也不能引起鸡产生肿瘤。

MDV对常用消毒剂及热敏感，耐寒，不耐酸碱。

【流行病学】 鸡对本病最易感，任何年龄的鸡均可感染，日龄越小易感性越强。火鸡、山鸡、鹌鹑、鹧鸪、鸵鸟、鸭等也能感染。

病鸡和带毒鸡是主要传染源。传播途径是直接或间接接触传播，病鸡脱落的羽毛、皮屑含有病毒，通过呼吸道或消化道进入体内引起感染。病毒一旦进入易感鸡群，其感染率可达100%，发病率差异较大，病鸡以死亡为转归。

【临床症状】 根据临床表现不同，该病可分为神经型、内脏型、眼型和皮肤型，其中内脏型最常见。

（1）神经型 主要侵害外周神经，侵害不同神经时表现不同症状。常见坐骨神经受到侵害，病鸡表现步态不稳，不能站立，蹲伏地上或一腿伸向前方，另一腿伸向后方，出现特征性的"劈叉"姿势（图9-50、图9-51）。臂神经受到侵害则表现为翅膀下垂。

图9-50 病鸡表现劈叉姿势　　　图9-51 病鸡表现大劈叉姿势
（提金凤 拍摄）　　　　　　　　（提金凤 拍摄）

（2）内脏型　病鸡精神沉郁、呆立或蹲坐，肢体麻痹，共济失调，渐进性消瘦，胸部肌肉干瘪，龙骨突呈刀刃状，最终衰竭死亡。

图9-52　腿部皮肤肿瘤

（3）眼型　虹膜变形，边缘不整，颜色变为灰白色或灰黄色，瞳孔缩小，形成"灰眼""鱼眼""珍珠眼"等。

（4）皮肤型　毛囊肿大，周围形成大小不一的肿瘤结节（图9-52），常发生在颈部、腿部或背部皮肤。

【病理变化】（1）神经型　神经一侧或两侧性肿胀，比正常粗2～3倍，颜色呈灰白色或灰黄色，横纹消失，呈水煮样。

（2）内脏型　卵巢、心（图9-53）、肝（图9-54）、脾（图9-55）、肺（图9-56）、肾（图9-57）、腺胃（图9-58、图9-59）、肌胃、胰腺（图9-60）、肠系膜、肌肉等组织器官形成灰白或灰黄色、质地坚硬、大小不一的肿瘤结节，有时肿瘤呈弥漫状，整个器官体积增大。胸腺、法氏囊萎缩。

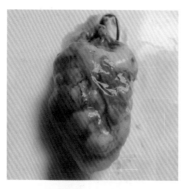

图9-53　心脏肿瘤
（提金凤 拍摄）

图9-54　肝脏肿瘤
（提金凤 拍摄）

彩色图解科学养鸡技术

图9-55 脾脏肿瘤
（提金凤 拍摄）

图9-56 肺脏肿瘤
（提金凤 拍摄）

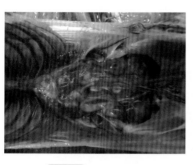

图9-57 肾脏肿瘤
（提金凤 拍摄）

图9-58 腺胃肿瘤（一）
（提金凤 拍摄）

图9-59 腺胃肿瘤（二）
（提金凤 拍摄）

图9-60 胰腺肿瘤
（提金凤 拍摄）

（3）眼型　虹膜或睫状肌有大量淋巴细胞增生、浸润。

（4）皮肤型　毛囊肿大、淋巴细胞性增生形成坚硬结节或瘤状物。

【诊断】　根据流行病学、临诊症状及病理变化可作出初步诊断，如本病在鸡群3～5月龄为发病高峰期，呈零星发病或死亡；患鸡出现肢体麻痹、消瘦，外周神经受侵害，法氏囊萎缩、内脏肿瘤等病变。实验室诊断常采集血清或羽髓，通过琼脂扩散试验、病毒中和试验、病毒分离和鉴定等方法进行病毒检测。

内脏型马立克病与鸡白血病很相似，应注意鉴别诊断。

【防治】　① 执行严格的生物安全性措施，提高鸡群的抵抗力。加强孵化室的卫生消毒工作和育雏期的饲养管理，育雏室与蛋鸡场、育成鸡场分开建立。

② 疫苗接种。雏鸡出壳后24小时内皮下接种马立克疫苗，有条件的鸡场可采用专用机械在鸡胚18日龄时进行鸡胚接种。接种后2周内必须加强饲养管理、卫生消毒工作，防止野毒感染。

根据血清型不同，MD的疫苗可以分为三种：血清Ⅰ型MD疫苗，常用的有CVI988株、MD11/75/R2、K株、我国的"814"株等，该型疫苗免疫效果好，受母源抗体影响小；血清Ⅱ型MD疫苗，主要包括SB1、301B/1及我国的Z4株，免疫效果仅次于血清Ⅰ型；血清Ⅲ型MD疫苗（HVT苗），FC126是已知最好的HVT疫苗株，该疫苗生产成本低，便于保存（4℃）。由于HVT和MDV具有共同抗原，两者具有交叉免疫作用，鸡群接种该疫苗后能诱发机体产生阻止肿瘤形成的抗体，从而阻止鸡群马立克病的发生，但阻止不了MDV的感染。鸡体中HVT和MDV两者共存，不表现临诊症状，但会向体外持续排MDV，造成环境的污染。

根据保存方式的不同，MD的疫苗可分为两类，一是鸡马立克细胞结合性疫苗，又称液氮疫苗，包括血清Ⅰ型和血清Ⅱ型MD疫苗；二是脱离细胞的疫苗，又称冻干疫苗，主要是血清Ⅲ型MD疫苗。

目前，临床上常用的MD疫苗主要有单价苗、二价苗、三价苗及基因工程重组疫苗四大类。二价苗主要有血清Ⅱ型和血清Ⅲ型组成的疫苗，三价苗是血清Ⅰ型、Ⅱ型、Ⅲ型组成的疫苗，这些疫苗均需要保存在液氮中，但免疫效果比单价苗好。

③ 抗病育种，选育对本病有遗传抵抗力的鸡群，也是防治该病的途径之一。

七、禽白血病

禽白血病（AL）是由禽白血病／肉瘤病毒群中的病毒引起禽类多种肿瘤性疾病的总称。本病临床上有多种表现形式，包括淋巴细胞性白血病、成红细胞性白血病、成髓细胞性白血病、血管瘤等，其中淋巴细胞性白血病最常见。

【病原】 禽白血病病毒（ALV）属于反转录病毒科、禽C型肿瘤病毒群，可分为A、B、C、D、E、J六个亚群或型。ALV对外界环境抵抗力弱，不耐热，不耐酸、碱，对脂溶剂和去污剂敏感，对紫外线抵抗力较强。

【流行病学】 自然条件下只有鸡感染发病，年龄越小易感性越强，死亡率越高，4～10月龄鸡发病率最高。传染源主要是病鸡和带毒鸡，传播途径主要是经蛋垂直传播，通过接触病鸡、带毒鸡及污染的粪便、垫草等也能引起该病的传播。

【临床症状】 病鸡精神沉郁、嗜睡、食欲不振，鸡冠和肉髯苍白，进行性消瘦，全身虚弱。有的腹部胀大，用手可触摸到肿大的肝脏。

【病理变化】 肝（图9-61）、脾（图9-62）、肺（图9-63）、肾（图9-64）、卵巢

图9-61 肝脏肿大、长有弥漫性肿瘤（提金凤 拍摄）

图9-62 脾脏肿瘤
（提金凤 拍摄）

（图9-65）、肠系膜（图9-66）、法氏囊等肿大，有灰白或灰黄色、从粟粒到米粒大小的肿瘤结节。尤其是肝脏，肿大到正常的2～3倍，质脆，俗称"大肝病"。法氏囊内皱褶肿大坚实，有凹凸不平的白色肿瘤。

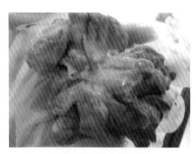

图9-63 肺脏肿瘤
（提金凤 拍摄）

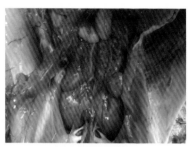

图9-64 肾脏肿瘤
（提金凤 拍摄）

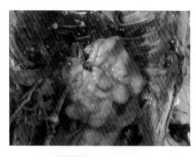

图9-65 卵巢肿瘤
（提金凤 拍摄）

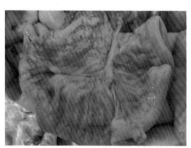

图9-66 肠黏膜肿瘤
（提金凤 拍摄）

【诊断】 根据流行病学、临床症状和特征性病理变化可作出初步诊断，实验室检测可采用病理组织学检查、琼脂扩散试验、补体结合试验、免疫荧光抗体试验等方法。本病要与内脏型马立克病进行鉴别。

【防治】 加强饲养管理和卫生消毒工作，孵化器具和运输工具要彻底消毒。对患病鸡群应全部淘汰，以杜绝该病的传播。目前鸡白血病尚无疫苗和有效的治疗方法，控制本病最有效的措施是减少种鸡群的感染率和建立无白血病的种鸡群。每批即将产蛋的鸡群，要用血清学方法（琼脂扩散试验）进行检疫，发现阳性鸡便淘汰。鸡群净化的重点是在原种鸡场和种鸡场。

八、鸡痘

鸡痘是由鸡痘病毒引起鸡的一种急性接触性传染病，主要特征是体表无毛或少毛的皮肤上发生痘疹，或在上呼吸道、口腔、咽喉部黏膜形成纤维素性伪膜和增生性病灶。

【病原】 鸡痘病毒属于痘病毒科、禽痘病毒属。该病毒对外界环境抵抗力很强，耐干燥，痂皮中的病毒能存活 6～8 周，对热、酸、碱、消毒剂敏感。

【流行病学】 鸡对本病最易感，其次是火鸡，鸟类也常发生本病。各种年龄、品种的鸡均可感染，雏鸡和青年鸡最严重，雏鸡死淘率高。成年鸡感染可引起产蛋率下降。本病的传染源主要是病鸡，蚊子和体表寄生虫是主要传播媒介，通过皮肤、黏膜的伤口感染或经蚊虫叮咬传染。

本病一年四季均可发生，蚊虫活跃的季节最易流行。夏、秋季皮肤型发生较多，冬季白喉型发生较多。

【症状及病理】 本病可分为三种类型。

（1）皮肤型 鸡体表无毛或少毛部位［如鸡冠、肉髯、喙、眼皮、耳垂、腿、脚等（图9-67、图9-68）］，出现灰色或黄灰色的痘疹，进而增大，呈干硬结节。有的痘疹融合成较大的棕色块状痂，结痂脱落后留下灰白色疤痕而康复。如果痘痂发生在眼部，使眼完全闭合，则影响鸡采食。

（2）黏膜型 又称白喉型，幼雏和中雏多发，病死率达50%

图9-67 鸡冠长痘疹（李婧 拍摄）

图9-68 鸡冠、肉髯、喙上长痘疹（李兆华 拍摄）

左右。发病初期流浆液性或脓性鼻液、眼睑肿胀，2～3天后口腔、咽喉黏膜出现白色痘疹结节，进而增大、增厚、融合呈黄白色假膜。随着病程发展，假膜逐渐扩大、增厚，影响病鸡呼吸和吞咽，病鸡常因窒息而死。

（3）混合型　皮肤和口腔黏膜上均出现痘疹或假膜、结痂等，病情较严重，死亡率较高。

【诊断】　根据流行病学、临诊症状和病理变化（如鸡无毛或少毛皮肤处或黏膜上出现痘疹、结痂、假膜等特征）容易作出诊断。实验室诊断可以采用琼脂扩散试验、血凝试验、免疫荧光法、ELISA、病毒中和试验等方法，也可以采集病料接种易感鸡，通过观察是否发病进行确诊。

【防治】　① 采取严格的生物安全措施，做好饲养管理和卫生消毒工作，提高鸡群的抵抗力。夏、秋季节应加强鸡舍内的驱蚊、杀虫工作，注意通风，饲养密度不宜过大，饲料要全价，避免各种原因引起的机械性外伤，以防止该病的发生。

② 疫苗免疫。常用疫苗是鸡痘鹌鹑化弱毒苗，接种方法是刺种。一般在鸡痘苗接种7～10天后抽检接种部位是否出现结痂，若有反应表示免疫成功，否则应进行补免。

③ 治疗。目前尚无特效治疗药物，主要采取对症治疗。白喉型鸡痘，先用镊子除去痘疹或假膜，然后用1%碘甘油局部治

疗；眼型鸡痘，先将眼内干酪样物质挤出，2%硼酸洗眼，然后庆大霉素眼药水点眼治疗。痂皮、痘疹和假膜应集中焚烧。

该病常继发葡萄球菌感染，可在饮水中添加环丙沙星，连用4～5天。饲料中增加维生素A或胡萝卜素有利于黏膜和皮肤的修复，提高鸡群的抗病力。

九、鸡腺病毒感染

1. 包涵体肝炎

包涵体肝炎是由禽腺病毒引起鸡的一种急性传染病，以突然死亡、贫血、黄疸、肌肉出血、肝炎、肝细胞内形成包涵体为特征。

【病原】 包涵体肝炎病毒属于腺病毒科、禽腺病毒属Ⅰ群，有12个血清型，为双股DNA病毒。

该病毒对外界环境抵抗力强。耐热，在干燥条件下25℃可存活7天。对乙醚、氯仿不敏感，对福尔马林、次氯酸钠、碘制剂较敏感。

【流行病学】 3～10周龄肉鸡和18周龄以内蛋鸡多发，尤其是5～7周龄肉鸡最易感。传染源主要是病鸡和带毒鸡，传播途径主要是垂直传播，也可通过接触病鸡和被污染的鸡舍、饲料、饮水而感染。

【症状】 病鸡精神沉郁、嗜睡、羽毛粗乱、贫血、黄疸。水样下痢，肛门周围有污垢。鸡群死亡率、淘汰率提高，持续2～5天后逐渐下降。

【病理变化】 全身皮肤苍白贫血，血液色淡、稀薄如水。特征性病变在肝脏，肝肿大，质地脆弱，表面呈点状或条索状出血（图9-69），包膜下有较大面积的瘀血和灶状出血，并有大小不等的

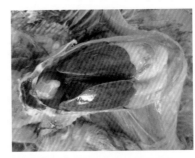

图9-69 肝脏表面有出血斑
（李兆华 拍摄）

黄色坏死点或坏死斑。肾肿大呈灰白色，有出血点。脾脏有白色点状和环状坏死。骨髓呈灰白色胶冻样或黄色油脂状。胸部及腿部肌肉有出血斑点。

特征性组织学变化是肝细胞出现核内包涵体。

【诊断】 根据流行病学、临诊症状、病理变化特点可作出初步诊断。实验室诊断主要采用病毒分离鉴定、血清中和试验、免疫荧光抗体试验、酶联免疫吸附试验等方法。

【防治】 目前尚无有效的疫苗和药物，只能采取综合性防治措施。

① 采取严格的生物安全措施，做好饲养管理和卫生消毒工作，提高鸡群的抵抗力。避免从疫区引进种蛋和雏鸡，做好传染性法氏囊病、鸡传染性贫血等病的防治工作。

② 发病后的处理。发病后，可用2%～3%葡萄糖饮水或维生素C饮水，保护肝脏。饲料中添加抗生素，防止继发感染。

2. 产蛋下降综合征

产蛋下降综合征（EDS_{76}）是由禽腺病毒引起鸡的一种传染病，主要表现产蛋率下降，蛋壳异常、畸形、蛋质低劣。

【病原】 鸡产蛋下降综合征病毒属于腺病毒科、禽腺病毒属成员，为无囊膜的双股DNA病毒。该病毒能凝集鸡、鸭、鹅的红细胞，可用血凝-血凝抑制试验诊断本病。

病毒对外界抵抗力较强，对乙醚、氯仿不敏感。

【流行病学】 本病主要感染鸡，各种年龄的鸡均易感，尤其是产蛋高峰期的鸡最易感。本病主要传播方式是经蛋垂直传播，水平传播较慢，且呈间断性。

【症状】 蛋鸡在产蛋高峰时突然出现产蛋率下降，可达20%～30%，甚至50%。出现浅色蛋、畸形蛋、沙壳蛋、软壳蛋，蛋的破损率提高。

【病理变化】 子宫和输卵管管壁增厚、水肿，表面有大量白色渗出物或干酪样分泌物。

【诊断】 根据流行病学、临诊症状和病理变化可作出初步诊断。实验室诊断可采用病毒分离鉴定、血凝抑制试验、琼脂扩散试验、免疫荧光抗体技术、中和试验和ELISA等方法。本病应与新城疫、传染性支气管炎进行鉴别诊断。

【防治】 目前没有特异性治疗方法，只能采用综合性防治措施。

① 采取严格的生物安全措施，做好饲养管理和卫生消毒工作，提高鸡群的抵抗力。防止从疫区引进种蛋和种鸡，引种后要隔离饲养一段时间。

② 疫苗免疫。目前国内外常用疫苗为EDS_{76}油乳剂灭活苗，在开产前2周进行免疫。

③ 发病后的处理。淘汰病鸡和血清学阳性鸡，所产种蛋不留作种用，坚持带鸡喷雾消毒。有必要时可添加抗生素，以防继发感染。

3. 心包积水-肝炎综合征

心包积水-肝炎综合征是由血清4型禽腺病毒引起的一种新发的家禽疾病，主要发生于3～6周龄肉鸡。1987年巴基斯坦临近卡拉奇的安卡拉首先报道本病，因此又称为安卡拉病。

【病原】 血清4型腺病毒呈二十面体对称，可凝集大鼠红细胞。60℃经30分钟、50℃经1小时可灭活病毒，该病毒对乙醚、氯仿敏感。

【临床症状】 本病主要发生于3～6周龄肉用仔鸡，也可见于种鸡和蛋鸡。病鸡无明显先兆突然倒地，两腿划空，数分钟内死亡。有的表现呼吸道症状，呼吸加快，部分有啰音，排黄色稀粪，出现神经症状。发病鸡群多于3周龄开始死亡，4～5周龄达死亡高峰，高峰持续期4～8天，5～6周龄死亡减少。病程8～15天，死亡率达20%～80%。

【病理变化】 病鸡心肌柔软，心包积有淡黄色透明的渗出液，积液多达20毫升，心包呈水囊状（图9-70、图9-71）。肝脏肿胀、充血、变脆，色黄，有出血点和坏死点（图9-72）。肾脏肿大、苍白、出血（图9-73），肾小管上皮细胞变性。肺脏水肿。

图9-70 心包有淡黄色透明渗出液（一）（提金凤 拍摄）

图9-71 心包有淡黄色透明渗出液（二）（提金凤 拍摄）

图9-72 肝脏肿大（提金凤 拍摄）

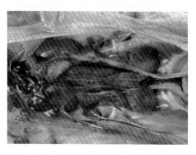

图9-73 肾脏肿大、苍白、出血（提金凤 拍摄）

【诊断】 根据流行特点、症状与病理变化可作出初步诊断。确诊需要进行实验室诊断，可采用ELISA、间接HA、琼脂扩散试验、PCR、反向免疫电泳等方法。

【防治】 本病目前尚无疫苗。采用高免卵黄抗体预防和治疗改变效果明显，添加磺胺类药物、抗生素、维生素和矿物质效果不明显。

十、病毒性关节炎

禽病毒性关节炎（AVA）又名传染性腱鞘炎，是由呼肠孤病毒引起鸡和火鸡的一种传染病。主要特征是跗关节肿胀、跛行、瘫痪，严重的病例发生腓肠肌腱断裂。由于病鸡运动障碍，生长停滞，饲料转化率降低，淘汰率提高，给养鸡业造成严重的经济损失。

【病原】 呼肠孤病毒属于呼肠孤病毒科、正呼肠孤病毒属、禽呼肠孤病毒成员。该病毒无囊膜，不凝集禽类及哺乳动物的红细胞。禽呼肠孤病毒有11个血清型，不同呼肠孤病毒对禽类的致病性不同，对禽胚的致病性也不同。病毒对热、乙醚、氯仿等有抵抗力；对2%的来苏儿、3%的甲醛有抵抗力；对2%～3%氢氧化钠、70%乙醇敏感。

【流行病学】 本病主要发生于肉鸡，其次是蛋鸡和火鸡。水平传播是主要的传播方式，其次是垂直传播。病鸡、带毒鸡是主要传染源。

【临床症状】 多表现关节炎和腱鞘炎。急性感染期，病鸡出现跛行（图9-74）。慢性感染跛行更明显，少数病鸡跗关节不能自由运动。病鸡喜坐在跗关节上不愿走动，经驱赶才跳动。

【病理变化】 趾屈肌腱和跖伸肌腱肿胀，跗关节腔内有少量草黄色或血样渗出物，有时出现大量脓性渗出物。日龄较大的肉鸡可见腓肠肌腱断裂（图9-75）。有的病鸡表现心外膜炎，雏鸡可见肝、脾和心肌有小坏死灶。

图9-74 病鸡跛行

图9-75 肌腱断裂

【诊断】 根据流行病学、临诊症状和病理变化可作出初步诊断，确诊需要做病毒的分离鉴定和血清学试验。

【防治】 ① 加强饲养管理和卫生消毒工作，采用全进全出的饲养方式，对鸡舍彻底清洗，用3%烧碱溶液或0.5%有机碘消毒，彻底消灭环境中的病毒。

② 疫苗免疫。疫苗接种是预防病毒性关节炎最有效的方法。目前常用的疫苗有弱毒苗和灭活苗，应用较多的弱毒苗有SI133株、VMO207株。弱毒苗主要用于7日龄或更大日龄的雏鸡，灭活苗主要用于种鸡免疫，以保证雏鸡体内有母源抗体。

③ 治疗。本病尚无有效治疗方法，发病后可采用广谱抗生素拌料或饮水，以防继发感染。

十一、鸡传染性贫血

鸡传染性贫血（CIA）曾称为蓝翅病，是由鸡传染性贫血病毒引起的雏鸡的一种免疫抑制性疾病，主要特征为再生障碍性贫血，全身淋巴组织萎缩和机体免疫抑制。

【病原】 鸡传染性贫血病毒（CIAV）属于圆环病毒科、圆环病毒属，是环状单股DNA病毒。该病毒呈球形，只有一个血清型。病毒耐酸、耐热，对一般消毒药物抵抗力较强。对福尔马林、含氯制剂敏感，可用于消毒。

【流行病学】 鸡是唯一的易感动物，主要发生在2～4周龄的雏鸡，1～7日龄雏鸡最易感，肉鸡（尤其是公鸡）最易感，2周龄以上鸡感染不发病。病鸡和带毒鸡是传染源。传播途径有两种，主要是经卵垂直传播，也可通过消化道和呼吸道水平传播。

鸡传染性贫血与马立克病、传染性法氏囊病、网状内皮组织增殖病混合感染时，能增强病毒的传染性和降低母源抗体的抵抗力，从而增加鸡的发病率和死亡率。

【临床症状】 病鸡精神萎靡，发育受阻，贫血，皮肤出血，可能继发坏疽性皮炎。成年鸡感染一般不表现症状，但可经种蛋传播病毒，危害很大。

【病理变化】 全身贫血，血液稀薄。骨髓萎缩，股骨骨髓脂

彩色图解科学养鸡技术

防化，呈淡黄红色（图9-76），这是本病的特征性病变。胸腺萎缩、退化。有的法氏囊萎缩，肝肿大发黄或有坏死斑点，肌肉和皮下出血。

【诊断】 根据流行病学、临诊症状和病理变化可作出初步诊断。实验室诊断常采用病毒分离培养、病毒中和试验、ELISA、间接荧光抗体试验、核酸探针技术和PCR技术等方法。

图9-76 骨髓呈黄红色
（提金凤 拍摄）

【防治】 ① 加强种鸡的饲养管理，建立无传染性贫血病污染的种鸡群。防止由传染病和其他因素导致的免疫抑制，注意做好传染性法氏囊病和马立克病的防治。

② 疫苗接种。目前主要有两种疫苗，一种是由鸡胚生产的有毒力的活疫苗，可通过饮水途径对13～15周龄种鸡进行接种，该疫苗不能在产蛋前3～4周接种，以防垂直传播。另一种是减毒活疫苗，可通过肌肉或皮下对种鸡接种，效果良好。

十二、禽网状内皮组织增殖病

网状内皮组织增殖病（RE）是由反转录病毒科、反转录病毒群的网状内皮组织增殖病病毒引起，以淋巴网状细胞增生为特征的肿瘤性疾病。包括急性致死性网状细胞肿瘤、慢性淋巴细胞性肿瘤和矮小综合征。

该病能造成感染鸡免疫抑制、生长缓慢、淘汰率提高等，给养鸡业带来严重损失。

【病原】 网状内皮组织增殖病病毒（REV）属于反转录病毒科、禽C型肿瘤病毒，为RNA病毒。病毒呈球形，有壳粒和囊膜。

【流行病学】 火鸡、鸭、鹅、鸡和鹌鹑均能自然感染，火鸡发病最常见。本病在商品鸡群中呈散在发生，在火鸡和野水禽中可呈中等程度流行。病鸡的泄殖腔排出物、眼和口腔分泌物带毒，通过水平方式传播。本病毒也能通过鸡胚垂直传播。

【症状及病变】（1）急性网状细胞性肿瘤　由不完全复制型网状内皮组织增殖病病毒引起。病程短，很少有特征性临床症状，新生雏鸡感染后死亡率可达100%。主要病理变化为肝、脾肿大，有局灶性灰白色肿瘤结节或弥漫性肿大。胰腺、心脏、肾脏、性腺等也可见肿瘤。

（2）慢性淋巴细胞性肿瘤　由完全复制型网状内皮组织增殖病病毒引起。鸡法氏囊型淋巴瘤潜伏期长，肝脏、法氏囊呈肿瘤性生长，肿瘤细胞是B细胞样；非法氏囊型淋巴瘤潜伏期短，法氏囊萎缩，心、肝、脾等有肿瘤。

（3）矮小病综合征　是由完全复制型网状内皮组织增殖病病毒引起的几种非肿瘤性疾病的总称。鸡群发育迟缓，消瘦苍白，羽毛粗乱、稀少。胸腺和法氏囊萎缩，外周神经肿大，肝脾坏死等。

【诊断】　根据流行病学、临诊症状和病理变化可作出初步诊断。但由于该病表现多种多样，易与其他肿瘤病相混淆，因此确诊需要进行实验室诊断。实验室诊断可采用病毒分离鉴定、直接免疫荧光试验、间接免疫荧光试验、病毒中和试验等方法。

【防治】　至今尚无特异性预防和治疗方法。净化种鸡群，剔出阳性鸡，防止疫苗污染是目前防治该病的重要措施。

第三节　细菌性传染病

一、鸡大肠杆菌病

鸡大肠杆菌病是由某些致病性血清型或条件致病性大肠杆

菌引起鸡的不同疾病的总称，包括急性败血症、输卵管炎、腹膜炎、全眼球炎、鸡胚和幼雏早期死亡、大肠杆菌性肉芽肿、脐炎、关节炎、肿头综合征、脑炎等一系列疾病。

【病原】 大肠杆菌属于肠杆菌科、埃希氏菌属，为革兰氏阴性、中等大小杆菌。37℃培养24小时后，普通培养基上形成光滑、透明或不透明的菌落，麦康凯培养基上形成红色菌落，伊红美蓝培养基上形成黑色带金属光泽的菌落，肉汤中生长良好。大肠杆菌是禽类肠道的常在菌，10%～15%是潜在致病性血清型。

本菌对外界环境的抵抗力中等，一般的消毒药能将其杀死，甲醛和氢氧化钠效力较强。

【流行病学】 各种日龄的鸡都能感染，雏鸡更易感，肉鸡比其他品种的鸡易感。呼吸道和消化道是本病的重要感染途径，经种蛋垂直传播及种蛋表面被粪便污染造成的感染也是本病重要的传播途径。

本病一年四季均可发生，冬春季节多发。一些不良的饲养管理因素（如通风不良、卫生条件差、饲养密度过大、疫苗接种等）可诱发本病。

【症状与病变】 （1）急性败血症 5周龄以内雏鸡多发，死亡率高，是目前危害最严重的类型。病鸡表现食欲减退，羽毛松乱，鸡冠、肉髯发紫，排黄白色稀粪，肛门周围羽毛被污染，逐渐消瘦，脱水。

典型病变是纤维素性气囊炎，气囊壁混浊增厚，囊腔内有黄白色的干酪样渗出物（图9-77）；纤维素性心包炎，心包膜混浊、增厚，严重者与心外膜甚至胸骨粘连（图9-78）；纤维素性肝周炎，肝脏肿大、瘀血，表面有纤维素性物质渗出，甚至整个肝脏覆盖一层黄白色纤维素性膜（图9-79、图9-80）；纤维素性腹膜炎，腹腔内有纤维素性渗出物，充斥于腹腔肠道和脏器间（图9-81）。

（2）输卵管炎 多发生于产蛋期母鸡，病鸡产畸形蛋和带菌蛋，产蛋减少甚至停产；剖检输卵管扩张变薄，黏膜充血、增厚，管腔内积有异形蛋样物，切面呈轮层状。

彩色图解科学养鸡技术

图9-77 纤维素性气囊炎
（李婧 拍摄）

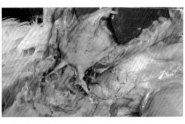

图9-78 纤维素性心包炎
（李婧 拍摄）

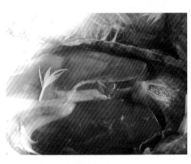

图9-79 纤维素性肝周炎（一）
（李婧 拍摄）

图9-80 纤维素性肝周炎（二）
（提金凤 拍摄）

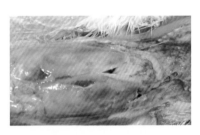

图9-81 纤维素性腹膜炎
（李婧 拍摄）

（3）卵黄性腹膜炎　成年母鸡多见，病鸡往往突然死亡，剖检可见腹腔中充满淡黄色腥臭的液体和破损的卵黄，脏器表面覆盖一层淡黄色、凝固的纤维素性渗出物；卵泡变形，呈灰色、褐色或酱油色，有的卵泡皱缩；输卵管黏膜发炎，管腔内有黄白色的纤维素渗出物（图9-82）。

（4）鸡胚和幼雏早期死亡 鸡胚出壳前死亡，卵黄囊内容物变为黄绿色黏稠物、干酪样物或黄棕色水样物。不死的鸡胚则孵出带菌的雏鸡，通常在出壳后1～2周内发病，成为重要的传染源。

图9-82 卵黄性腹膜炎
（李婧 拍摄）

（5）雏鸡脐炎 多发生于出壳后1周龄以内的雏鸡，表现为脐孔周围红肿，腹部膨大，脐孔闭合不全，卵黄吸收不良（图9-83），死亡率高。

（6）关节炎 多见于雏鸡及育成鸡，呈慢性经过。病鸡跛行，跗、趾关节肿大，关节腔内有混浊的关节液或纤维素性渗出物，滑膜肿胀、增厚。

图9-83 卵黄吸收不良
（李兆华 拍摄）

（7）全眼球炎 常见单侧或双侧眼睑肿胀，眼内有纤维素性渗出物，眼结膜潮红、肿胀，严重者失明。

（8）大肠杆菌性肉芽肿 病鸡呈慢性经过，十二指肠、盲肠、肠系膜、肝脏、心脏等处形成大小不一的肉芽肿。

（9）脑炎 有些大肠杆菌能突破鸡的血脑屏障进入脑组织，引起鸡昏睡和神经症状。

（10）肿头综合征 主要发生于3～5周龄的肉鸡，以颜面部皮下组织肿胀为特征。

【诊断】 根据本病的流行特点、症状及病理变化可作出初步诊断。确诊需进行细菌的分离、培养与鉴定。具体方法如下。

（1）病料触片镜检　取病变组织进行触片，瑞氏或美蓝染色、显微镜下观察是否有可见单在的中等大小的杆菌（图9-84、图9-85）。

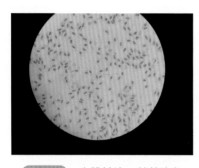

图9-84　心肌触片、美蓝染色
（李婧 拍摄）

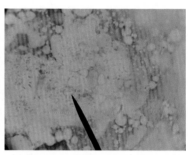

图9-85　脑组织触片、瑞氏染色
（李婧 拍摄）

（2）分离培养　取病料在普通营养琼脂平板或麦康凯琼脂平板、伊红美蓝琼脂平板上划线分离，37℃培养18～24小时，看有无可疑菌落长出。

（3）种属鉴定　挑取可疑菌落涂片，革兰氏染色镜检，若为革兰氏阴性小杆菌，再做纯培养进一步鉴定。符合下述主要指征者可确定为大肠杆菌：有运动性，吲哚试验阳性，枸橼酸盐利用试验阴性，H_2S试验阴性，乳糖发酵试验阳性。

（4）致病性检测　对已确定的大肠杆菌，可通过动物试验和血清型鉴定确定其病原性。动物试验有致病性者方可认为是原发性大肠杆菌病；在其他原发性疾病中分离出大肠杆菌时，应视为继发性大肠杆菌病。

【防治】　鸡大肠杆菌病病因错综复杂，须采取综合防治措施加以控制。

① 搞好鸡舍环境卫生和消毒工作。大肠杆菌是一种环境中的常在菌，因此，加强饲养管理、搞好环境卫生是预防本病的

关键。应加强对粪便的处理，每天清除粪便，清扫鸡舍，保持干燥卫生，定期消毒，一般每隔3～5天对鸡舍进行带鸡消毒；保证鸡舍内通风良好，降低鸡舍内氨气等有害气体的浓度；保证饲料、饮水的清洁，水槽要经常清洗，必要时可在饮水中加入适当浓度的消毒药。

② 加强种鸡饲养管理，及时发现和淘汰病鸡；采精、输精过程注意无菌操作。

③ 加强孵化厅、孵化用具和种蛋的卫生消毒管理。蛋壳污染是本病重要的传播方式，应加强种蛋污染的控制。及时收集蛋，种蛋存放时间不超过1周；种蛋入孵前、落盘后及孵化室、孵化器、出雏器应进行严格消毒。

④ 控制新城疫、传染性支气管炎、传染性法氏囊病、支原体感染等病的发生。

⑤ 免疫接种。大肠杆菌血清型较多，不同菌株之间缺乏完全保护。目前较为实用的方法是，从常发病鸡场分离大肠杆菌，制成自家灭活苗，预防效果较好。

⑥ 药物防治。大肠杆菌对抗菌药物易产生耐药性，治疗前最好能用分离出的大肠杆菌做药敏试验，选择敏感药物用于治疗。用于治疗本病的药物有阿米卡星、氟苯尼考、环丙沙星、头孢噻呋、强力霉素等，治疗时还应注意对症治疗，如补充多种维生素和电解质等。也可用上述药物预防本病。

二、禽沙门菌病

禽沙门菌病（Avian Salmonellosis）是由肠杆菌科沙门菌属中的细菌引起的禽类疾病的总称，根据沙门菌抗原结构的不同分为三类：鸡白痢、禽伤寒和禽副伤寒。

1. 鸡白痢与禽伤寒

鸡白痢是由鸡白痢沙门菌引起，禽伤寒是由禽伤寒沙门菌引起，主要引起鸡和火鸡发病。

【病原】 鸡白痢沙门菌属于肠杆菌科沙门菌属D血清群，

为两端钝圆的小杆菌，无荚膜，无鞭毛，大小为（1.0～2.5）微米×（0.3～1.5）微米，不形成芽孢，不能运动，革兰氏染色阴性。本菌为需氧或兼性厌氧菌，在营养琼脂平板和麦康凯琼脂平板生长良好，形成圆形、光滑、湿润、边缘整齐、半透明、灰白色或无色菌落；SS培养基上形成无色透明、圆形、光滑或略粗糙的菌落，产H_2S气体的菌株会形成黑色中心；伊红美蓝琼脂上形成淡蓝色菌落；在普通肉汤中生长呈均匀混浊。

鸡白痢沙门菌对热和常规消毒剂的抵抗力不强，60℃下10分钟，0.1%升汞、0.2%福尔马林和3%石炭酸15～20分钟均可将其杀死。在鸡舍内，患病鸡粪便中的病原菌可存活10天以上。

禽伤寒沙门菌与鸡白痢沙门菌相似。

【流行病学】 各种品种、日龄和性别的鸡均可感染鸡白痢，2～3周龄雏鸡的发病率和死亡率最高，3周龄以上的发病率和死亡率显著下降。成年鸡常呈局限性、慢性型或隐性感染。禽伤寒多数发生于育成鸡和成年鸡。

鸡白痢和禽伤寒可通过多种途径水平传播，也可垂直传播。病鸡和带菌鸡是主要传染源，经蛋垂直传播（蛋内带菌）是本病最重要的传播方式。带菌鸡产的蛋带菌率约为30%，大部分带菌的种蛋在孵化过程中死亡，少部分能孵化出雏鸡，但在出壳后不久发病，成为重要的传染源。病雏飞散的胎绒和粪便污染孵化室、育雏室的用具、饲料、饮水、垫料等，同群雏鸡感染后多数死亡，不死的长大后大部分成为带菌鸡。

饲养管理不当，环境卫生恶劣，鸡群过于密集，育雏温度偏低或波动过大，环境潮湿等都容易诱发本病。

【临床症状】 鸡白痢可发生于雏鸡、育成鸡和成年鸡，其中雏鸡白痢多见。禽伤寒主要发生于育成鸡和成年鸡。

（1）雏鸡 蛋内感染者多数在孵化过程中死亡，孵出病弱雏出壳后很快发病。出壳后感染的雏鸡，5～7日龄开始发病，7～10日龄发病逐渐增多，通常2～3周龄达死亡高峰。病雏怕冷，成堆拥挤在一起，精神不振，翅下垂，不食。典型症状是下痢，排白色、糊状稀粪，肛门周围的绒毛常被污染、结块，封堵肛门，造成排便困难，发出尖叫声。有的病鸡还表现呼吸困难，跛行，关节肿大。死亡率可达40%～70%或更多，3周龄以上的较少死亡，耐过鸡成为带菌鸡。

（2）育成鸡与成年鸡　病鸡表现为精神萎靡、鸡冠苍白萎缩，腹泻，排出颜色不一的粪便，不断地有鸡零星死亡。

【病理变化】（1）雏鸡　急性死亡的雏鸡肉眼病变不明显。病程稍长的主要表现为肝脏（图9-86）、心肌（图9-87、图9-88）、肺脏（图9-89、图9-90）、肠道（图9-91、图9-92）、胰脏（图9-93）、肌胃（图9-94）等出现大小不等的灰白色坏死结

图9-86　肝脏肿大、有黄白色坏死灶（李婧 拍摄）

图9-87　心肌有黄白色坏死结节（李婧 拍摄）

图9-88　心肌有坏死结节（提金凤 拍摄）

图9-89　肺脏有黄白色坏死结节（李婧 拍摄）

图9-90 肺脏有坏死结节
（提金凤 摄）

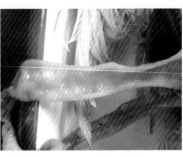

图9-91 肠道有坏死结节（一）
（李婧 拍摄）

图9-92 肠道有坏死结节（二）
（提金凤 拍摄）

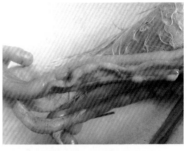

图9-93 胰脏有坏死结节
（李婧 拍摄）

图9-94 肌胃有坏死结节
（李婧 拍摄）

节；胆囊充盈；盲肠内有干酪样物充斥，形成"盲肠芯"；卵黄吸收不良，内容物呈带黄色的奶油状或干酪样。

（2）育成鸡与成年鸡 急性病例特征性变化是肝、脾、肾充血肿大，有时可达正常的2～3倍，质脆易破。慢性病例表现为肝脏肿大，呈青铜色，有的肺和心肌有灰白色粟粒大坏死灶，卵泡出血、变形、变色，卵泡破裂引起腹膜炎。

【诊断】　根据流行病学特点、临床症状和病理变化可作出初步诊断，确诊则需要通过血清学诊断和细菌的分离鉴定。

（1）血清学诊断　主要用于鸡场鸡白痢的检疫。成年鸡及青年鸡常为隐性带菌者，无可见症状，必须对整个鸡群进行血清学诊断，才能查出感染鸡。临床上最常用的方法是全血平板凝集试验。

（2）细菌分离　取病死鸡的肝、脾、未吸收的卵黄、病变明显的卵泡等作为病料，在普通琼脂平板及SS琼脂、麦康凯琼脂平板上划线分离，37℃培养12～24小时，在麦康凯或SS琼脂平板上若出现细小、无色透明、圆形、光滑的菌落，即可判为可疑菌落。若在鉴别培养基上无可疑菌落出现时，应从增菌培养基中取菌液在鉴别培养基上划线分离，37℃培养24～48小时，若有可疑菌落出现，则作进一步鉴定。

（3）细菌的鉴定　可通过相应生化试验及血清学试验进一步鉴定。

（4）鉴别诊断　雏鸡白痢应注意与禽曲霉菌病进行鉴别诊断。这两种病发病日龄相似，且均可见到肺部结节性病变，但禽曲霉菌病的肺部结节明显突出于肺表面，质地较硬，有弹性，切面可见有层状结构，中心为干酪样坏死组织，内含绒丝状菌丝体。且肺、气囊等处有霉菌斑。

【防治】（1）净化种鸡场　鸡白痢和禽伤寒均能垂直传播，淘汰种鸡群中的带菌鸡是控制本病的最重要措施。采用全血平板凝集试验，在鸡40～70日龄第1次检疫，剔除阳性鸡和可疑鸡。以后每隔1个月检疫1次，直到全群无阳性鸡，再隔2周做最后1次检疫，若无阳性鸡，则为阴性鸡群。

（2）加强饲养管理，做好卫生消毒工作　采用全进全出的生产模式；每次进雏前都要对鸡舍、用具等彻底消毒；育雏室做好保温及通风工作；保持饲料、饮水的清洁卫生。

（3）做好种蛋、孵化器、孵化室、出雏器的消毒工作　孵化用的种蛋必须来自鸡白痢阴性的鸡场，种蛋2小时收集1次，先用0.1%新洁尔灭消毒，然后放入种蛋消毒柜熏蒸消毒，最后再送入蛋库中储存。种蛋放入孵化器后，进行第2次熏蒸，排气后按孵化规程进行孵化。出雏60%～70%时，用福尔马林（14毫升/米³）和高锰酸钾（7克/米³）在出雏器对雏鸡熏蒸15分钟。

（4）药物防治　发病后可通过药敏试验选择敏感药物进行治疗，环丙沙星、氨苄青霉素、强力霉素、氟苯尼考、庆大霉素、阿米卡星、链霉素等对本病具有很好的治疗效果，但无法做到彻底清除该病。以上药物也可用于预防。

2. 禽副伤寒

【病原】　引起禽副伤寒的沙门菌约有90多个血清型，常见的有鼠伤寒沙门菌、肠炎沙门菌、鸭沙门菌、乙型副伤寒沙门菌、猪霍乱沙门菌等。

禽副伤寒沙门菌为革兰氏阴性杆菌，大小为（1.0～3.0）微米×（0.4～0.6）微米，有鞭毛、能运动，不形成荚膜和芽孢。最适生长温度37℃，最适pH值为7.0。对营养物质的要求不高，在营养琼脂平板上形成圆形、光滑、湿润、闪光、边缘整齐、直径1～2毫米的菌落；产生H_2S气体的菌株，在SS琼脂上形成黑色中心的菌落。

该菌抵抗力不强，60℃下15分钟可被杀死；酸、碱、酚类及甲醛等常用消毒剂对其有很好的杀灭效果。本菌在外界环境中的生存能力很强，在土壤、粪便、蛋壳、孵化室脱落的绒毛中可长期存活，这成为本病易于传播的一个重要因素。

【流行病学】　鸡和火鸡易感，尤其是2～3周龄内的雏鸡发病率、死亡率高。病鸡、带菌鸡及其他带菌动物是主要传染源。通过粪便排出的病原菌污染饲料、饮水，经消化道水平传播；也可通过污染的种蛋（蛋壳污染和蛋内感染）传播；野鸟、猫、鼠、蝇、蟑螂、人类也都可成为本病的机械性传播者。

鸡舍闷热、潮湿、拥挤、卫生条件差或微量元素缺乏等易诱发本病。鸡群感染传染性法囊病、球虫病、马立克病、淋巴白血病等也会增强对该病的易感性。

【临床症状】 雏鸡多呈急性或亚急性经过，与鸡白痢相似，而成年鸡一般为隐性感染或慢性经过。

胚胎感染者在孵化器内就出现死亡，有很大一部分啄开或未啄开的蛋中含有死胚。有的出壳后最初几天发生死亡。出壳后感染的雏鸡表现嗜睡、呆立、羽毛松乱（图9-95）、怕冷扎堆，食欲减少、水样下痢（图9-96），少数病鸡还会出现结膜炎，病程1～4天。

图9-95 病鸡羽毛松乱、呆立（提金凤 拍摄）

图9-96 病鸡排黄绿色水样稀粪（提金凤 拍摄）

【病理变化】 最急性死亡的病雏一般没有明显病变。病程稍长的雏鸡主要表现为卵黄呈凝固状，不吸收；肝和脾充血，有条纹状出血斑或针尖大小的灰白色坏死点（图9-97、图9-98）；肾肿胀、充血（图9-99）；心肌和肺脏的坏死结节不如鸡白痢那样

图9-97 肝脏充血肿胀、有白色坏死灶（提金凤 拍摄）

图9-98　脾脏出血肿胀、有白色
坏死灶（提金凤 拍摄）

图9-99　肾脏肿胀
（提金凤 拍摄）

常见；肠道炎症明显，尤其是十二指肠的出血性炎症特别突出；盲肠内可见有干酪样栓塞。

成年鸡或火鸡的急性病例一般可见到肝、脾、肾脏充血性肿胀，出血性肠炎，严重者可见心包炎等。慢性者可见卵泡变形、变色、变质，有时可见卵黄性腹膜炎。

【诊断】　根据流行病学、临床症状和病理变化可以作出初步诊断，确诊需做病原的分离与鉴定。病料可取自肝、脾、心血、肺、十二指肠和盲肠，在营养琼脂上划线，37℃培养24～48小时，观察结果，然后再进行生化鉴定。

【防治】（1）综合防治措施　做好饲养管理、卫生消毒、检疫和隔离工作，感染过沙门菌的种鸡群不能作种用。种鸡群和种蛋应来自无副伤寒鸡群；种鸡要使用洁净的产蛋箱，种蛋的收集频率要高，收集后要熏蒸消毒；孵化室、孵化器、出雏器等要严格消毒，鸡舍内的垫料要清洁卫生，必要时进行消毒；料槽和水槽要经常清洗，位置要适宜，以防被粪便污染；注意饲料的卫生，最好使用颗粒饲料。

（2）治疗　药物治疗可以降低发病鸡群的死亡，有助于控制本病，但不能完全消灭本病。急性病例要迅速隔离、治疗。环丙沙星、氨苄青霉素、强力霉素、氟苯尼考、庆大霉素、阿米卡星、链霉素等对本病具有很好的治疗效果，最好通过药敏试验选择敏感药物。病死鸡应立即焚烧、深埋，防止疫情扩散。由于治愈后的鸡只往往成为带菌者，所以不能留作种用。

【公共卫生】 禽副伤寒沙门菌能广泛感染人和多种动物，污染的家禽及产品已成为人感染沙门菌和食物中毒的主要来源，具有重要的公共卫生意义。

三、禽霍乱

禽霍乱又称禽巴氏杆菌病、禽出血性败血症，是多杀性巴氏杆菌引起鸡、鸭、鹅、火鸡等禽类的一种接触性传染病。该病在世界大多数国家都有分布，呈散发性或流行性。

【病原】 禽霍乱的病原为多杀性巴氏杆菌。菌体为两端钝圆的短杆菌，革兰氏染色呈阴性，无鞭毛，不形成芽孢，大小为（0.6～2.5）微米×（0.2～0.4）微米，初次分离有荚膜。病料组织或血液涂片采用美蓝、姬姆萨或瑞氏染色，可见菌体两端着色深，中央部分着色浅，很像并列的两个球菌，呈典型的两极着色。本菌在普通培养基上可以生长，但不茂盛；在鲜血琼脂、血清琼脂和马丁琼脂上生长良好，不溶血。

多杀性巴氏杆菌的抗原结构复杂，可用特异的荚膜（K）抗原和菌体（O）抗原进行荚膜血清型和菌体血清型的鉴定。根据K抗原的红细胞被动凝集试验，多杀性巴氏杆菌可分为A、B、D、E、F 5个血清型。利用O抗原的凝集试验，多杀性巴氏杆菌可分为12个血清型，用阿拉伯数字表示。

我国流行的禽源多杀性巴氏杆菌大部分属于血清A型，其中5∶A、8∶A、9∶A血清型最常见。本菌抵抗力不强。直射阳光和干燥条件下很快死亡，56℃经15分钟、60℃经10分钟可被杀死，常用消毒药短时间内将其杀死。

【流行病学】 本病主要发生于4个月以上的鸡，高产体况好的鸡更易发生，2个月以下的雏鸡很少发生。禽霍乱主要是通过呼吸道、消化道传播，也可通过损伤的皮肤、黏膜传播。病鸡、带菌禽是主要的传染源。吸血昆虫、苍蝇、鼠、猫也可成为传播媒介。本病的发生无明显的季节性；南方一年四季均有发生，北方则多在高温、潮湿、多雨的夏、秋季节流行，多数情况下呈散发性或地方性流行。

【临床症状】 临床上按病程长短分为最急性、急性和慢性三种类型。

（1）最急性型 见于流行初期，成年高产蛋鸡常发生。病鸡突然倒地，拍翅、抽搐、挣扎，迅速死亡，病程短者数分钟，长者不过数小时。

（2）急性型 临床上常见，鸡群突然发病，体温高达43～44℃，精神沉郁，食欲减退，羽毛松乱，缩颈闭目，离群呆立。呼吸急促，口、鼻流出带泡沫的黏液。鸡冠及肉髯发绀，甚至呈黑紫色。剧烈下痢，粪便呈灰黄色或绿色，有时混有血液。产蛋鸡产蛋率下降，最后衰竭、昏迷而死。病程不超过3天。

（3）慢性型 多见于流行后期，常为局部感染。有的病鸡仅局限于鸡冠、肉髯的病变，主要表现鸡冠和肉髯水肿、苍白，随后出现干酪样、坏死或脱落；有的病鸡只表现关节炎，出现跛行、瘫痪，翅、腿关节肿大、变性；有的病例局限于呼吸道的症状，表现为鼻孔流出少量黏性分泌物，鼻窦肿大，呼吸困难，可听到啰音；有的产蛋鸡停止产蛋。

【病理变化】 （1）最急性型和急性型 皮下组织、腹部脂肪、心冠脂肪、心外膜有出血点（图9-100、图9-101），肺脏、肠黏膜也有点状或斑块状出血。具有诊断意义的病变是肝脏肿大、质脆，呈棕黄色或棕红色，表面及肝实质有针头至小米粒大小灰白色或黄白色的坏死点，有时有出血点。

（2）慢性型 病变常局限于某些器官。以呼吸道症状为主的病例，鼻腔、鼻窦、气管、支气管呈卡他性炎症，分泌物增

彩色图解科学养鸡技术

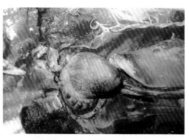

图9-100　心冠脂肪出血（宋宗好 拍摄）　　　图9-101　心外膜出血（宋宗好 拍摄）

多，肺脏质地变硬；以肉髯炎症为主的病例，肉髯肿胀，有干酪样渗出物；以关节炎症为主的病例，关节肿大、变形，有炎性渗出物和干酪样坏死。产蛋鸡卵巢出血，卵黄破裂，腹腔脏器表面附着干酪样的卵黄物质。

【诊断】　根据剖检变化，结合临床症状和流行特点，可以作出初步诊断。确诊需进行实验室诊断。

（1）微生物学检测　急性死亡病例可采集鸡只的肝、脾、心血等，慢性病例一般采集局部病变组织，涂片或触片后采用美蓝或瑞氏染色，显微镜检查是否有两极浓染的卵圆形小杆菌。同时将病料接种鲜血琼脂培养基和普通肉汤，置37℃温箱中培养24小时，观察鲜血琼脂培养基上是否有圆形、湿润、边缘整齐、光滑的露滴状菌落，菌落周围不溶血。普通肉汤培养物应呈均匀混浊，放置后有黏稠沉淀，摇动时呈辫状上升。

巴氏杆菌的培养物进行涂片、染色、镜检，大多数细菌不表现为两极着色，可对其进一步作生化特性鉴定。

（2）动物接种试验　病料研磨后用生理盐水做成1∶10悬液（24小时的肉汤纯培养物也可以），取上清液接种小白鼠、鸽或鸡，0.2毫升/只。动物接种后1～2天发病、死亡。取死亡试验动物的病料（心血、肝、脾等）涂片、染色、镜检，或做纯培养，即可确诊。

（3）鉴别诊断　急性型鸡霍乱易与新城疫混淆，注意鉴别诊断。新城疫发病后期有神经症状，剖检时常见腺胃乳头出血，而禽霍乱常见的肝脏坏死新城疫很少出现。

【防治】（1）加强饲养管理，做好卫生消毒工作　定期进行环境和鸡舍的消毒，避免或杜绝发病的诱因是预防本病的关键。

（2）免疫接种　目前我国生产的禽霍乱菌苗有弱毒苗、灭活苗和亚单位疫苗。弱毒苗主要有731弱毒疫苗、G190～E40等，6～8周龄首免，10～12周龄再次免疫，免疫期3个月左右；灭活苗主要有禽霍乱氢氧化铝甲醛苗、禽霍乱油乳剂灭活苗、蜂胶佐剂灭活苗等，10～12周龄首免，16～18周龄加强免疫1次，免疫期为3～5个月。

（3）发病后的处理　发病后，要及时隔离病鸡，对鸡舍、饲养环境、用具等彻底消毒，粪便及时清除、发酵处理，病死鸡焚烧、深埋，做无害化处理。

病情严重者淘汰、无害化处理，病情轻者可以进行治疗。阿米卡星、氟苯尼考、环丙沙星、头孢噻呋、强力霉素等对本病有较好的治疗效果，但可能存在一定的耐药性，最好根据药敏试验结果选用敏感药物。对鸡群中尚未发病的鸡可采用禽霍乱自家组织灭活苗紧急免疫接种，也可用以上药物进行预防。

四、鸡葡萄球菌病

鸡葡萄球菌病是由金黄色葡萄球菌引起鸡的一种急性败血性或慢性传染病，主要表现为急性败血症、关节炎、雏鸡脐炎等，是集约化养鸡场的重要传染病之一。

【病原】　金黄色葡萄球菌属于微球菌科、葡萄球菌属，菌体为圆形或卵圆形。在固体培养基上生长的细菌常呈葡萄串状排列（图9-102），而在脓汁或液体培养基中生长的细菌则单在、成对或呈短链状排列。革兰氏染色呈阳性，无鞭毛，无荚膜，不形成芽孢。

金黄色葡萄球菌为需氧或兼性厌氧菌，在普通营养琼脂培养基上生长良好，37℃培养18～24小时形成湿润、表面光滑、隆起的圆形菌落。菌落在室温放置一段时间由灰白色变成金黄色，这是产生了色素。鲜血培养基生长的菌落较大，有的菌落周围出现β溶血环。

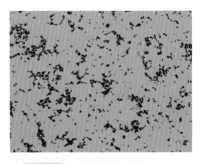

图9-102　葡萄球菌，革兰氏染色（提金凤 拍摄）

本菌抵抗力强，尘埃、干燥的脓汁或血液中存活几个月，80℃作用30分钟才能杀死。

【流行病学】　葡萄球菌广泛分布于空气、尘埃、污水及土壤中，也是鸡体表及上呼吸道的常在菌。损伤的皮肤、黏膜是葡萄球菌的主要入侵途径，如脐带感染、鸡痘、啄伤、刺种、带翅号或断喙、网刺、刮伤和扭伤、吸血昆虫的叮咬等。本病也可通过直接接触和空气传播，当鸡群密度过大、拥挤，通风不良、有害气体浓度过高，饲料单一、维生素和矿物质缺乏、种蛋及孵化器消毒不严等容易诱发本病。当鸡的免疫系统由于传染性法氏囊病或马立克病毒感染受到损害时，容易发生败血性葡萄球菌病，导致鸡急性死亡。

各种年龄的鸡均可发生，以40～60日龄多发，平养与笼养都有发生，但以笼养发病较多，国外曾称为"笼养病"。本病一年四季均可发生，雨季、潮湿季节多发。

【临床症状】

（1）急性败血型　该型最为常见，多发生于40～60日龄的中雏。病鸡精神沉郁，羽毛松乱，呆立，缩颈，双翅下垂，眼半闭，食欲减退或废绝；部分病鸡下痢，排出灰白色或黄绿色稀便。典型症状是胸、腹部皮肤呈紫色或紫褐色，皮下积聚数量不等的血样渗出液，有时可延伸至大腿内侧，局部羽毛脱落，皮肤破溃，流出茶色或紫红色液体，局部污秽（图9-103）。有的病鸡在翅膀背侧及腹侧、翅尖、背部、腿部等处的皮肤出现大小不等的出血、皮下浸润、溶血糜烂（图9-104），后期表现为炎性坏死，局部形成暗紫色干燥的结痂，无毛。病雏多在2～5天死亡，严重的1～2天死亡。

图9-103 胸、腹部皮肤出血、糜烂（提金凤 摄）　　**图9-104** 翅部皮肤溶血糜烂（李婧 拍摄）

（2）脐炎型 多发生于刚出壳不久的幼雏，因脐孔闭合不全而感染葡萄球菌，俗称"大肚脐"。病雏眼半闭、无神，腹部膨胀，脐孔发炎肿胀，局部质硬呈黄红色或紫黑色，有时脐部有暗红色或黄色液体，病程稍长则变成干涸的坏死物。发生脐炎的病鸡一般在出壳后2～5天死亡。

（3）关节炎型 主要表现多个关节肿胀，特别是趾、跖关节多见。肿胀的关节呈紫红色或紫黑色，有波动感，有的破溃，形成污黑色结痂。病鸡跛行，不愿站立和走动，多伏卧，一般仍有饮欲、食欲，多因采食困难或被其他鸡只踩踏，逐渐消瘦，衰竭死亡。

（4）眼炎型 败血型后期出现，也可单独出现。上下眼睑肿胀、眼睛闭合，有脓性分泌物，眼结膜红肿，并见有肉芽肿。病程长的，眼球下陷，失明。最后常因饥饿、踩踏、衰竭而死。

彩色图解科学养鸡技术

（5）肺炎型　多发生于中雏，主要表现为呼吸困难和全身症状，病死率一般在10%以上。该种病型较为少见，常和败血型混合发生。

【病理变化】（1）急性败血型　皮下充血和溶血，皮下组织呈弥漫性紫红色或黑红色，积有大量胶冻样粉红色水肿液或血样渗出液（图9-105），胸、腹、腿内侧见有散在的出血斑点或条纹（图9-106）。有些病鸡出现肝脏肿大，淡紫红色，有花纹或斑驳样变化，病程较长可见白色坏死点（图9-107）。脾脏肿大，紫红色，病程稍长者有白色坏死点。心包积蓄黄白色心包液，心冠脂肪和心外膜偶见出血点。

（2）关节炎型　关节肿胀，滑膜增厚，关节腔内有浆液性或纤维素性渗出物。病程较长的病例，渗出物变为干酪样物，关节周围结缔组织增生及关节变形。

（3）脐炎型　脐部肿大，呈紫红色或紫黑色，有暗红色或黄红色液体，时间稍久，则为脓样干涸坏死物。卵黄

图9-105　皮下有血样渗出液
（李婧 拍摄）

图9-106　腿肌出血、皮下有胶冻样渗出液（李婧 拍摄）

图9-107　肝脏有白色坏死灶
（朱俊平 拍摄）

吸收不良，呈黄红色或黑灰色，并混有絮状物。

（4）眼炎型　病变与症状相似。

（5）肺炎型　肺瘀血、水肿、实变，甚至可见到黑紫色坏疽。

【诊断】　根据流行病学特点、临床症状及病理变化可作出初步诊断，通过实验室检查进行最后确诊。

（1）细菌的分离与鉴定　采集皮下渗出液、血液、脾、肝、关节腔渗出液、雏鸡卵黄囊、脐炎部、眼分泌物等进行涂片、革兰氏染色、镜检，可见到蓝紫色、成串状排列的球菌。根据镜检细菌的形态、排列和染色特性可以作出诊断。必要时可通过细菌分离培养及生化试验进一步鉴定。

（2）动物接种试验　用病料或分离的葡萄球菌纯培养物，肌内接种40～50日龄的健康鸡，20小时后可见注射部位出现炎性肿胀，破溃后流出大量污秽、紫黑色的渗出液。24小时后开始死亡，症状、病变与自然病例相似。

（3）鉴别诊断　本病应注意与病毒性关节炎、滑液囊支原体感染、硒缺乏症等进行鉴别诊断。

病毒性关节炎多发生于肉仔鸡，主要表现关节肿大，腿外翻、跛行，死亡率低。而葡萄球菌病肉鸡和蛋鸡均可发生，蛋鸡发病率稍高，关节肿大、发热，触摸有疼痛感，卧地不起，经细菌学检查可确诊。

滑液囊支原体感染多发生于9～12周龄的鸡，表现跛行，死亡率低，经血清学检查可确诊。

硒缺乏症多发生于15～30日龄的雏鸡，皮下渗出液呈蓝绿色，局部羽毛不易脱落，出现明显的神经症状。而葡萄球菌病多发生于40～60日龄的中雏，皮下渗出液呈紫黑色，局部羽毛易脱落，无神经症状。

【防治】

① 加强饲养管理，搞好鸡舍卫生和消毒工作，定期带鸡消毒，减少鸡舍环境中的细菌数量，减少感染机会；防止和减少外伤的发生，可有效预防葡萄球菌病发生，如消除鸡笼、网具

等的一切尖锐物品，断喙、带翅号、剪趾、免疫接种时注意消毒，适时断喙、防止互啄；适时做好鸡痘的预防接种，防止继发感染。饲喂全价饲料，特别注意供给充足的维生素和矿物质，保持良好通风和干燥，避免拥挤。

② 预防接种。国内研制的疫苗有葡萄球菌多价氢氧化铝灭活苗和油乳剂菌苗，在20～25日龄免疫，对本病有良好的预防效果。

③ 治疗。鸡群一旦发病，要立即全群给药治疗。金黄色葡萄球菌易产生耐药性，应通过药敏试验，选择敏感药物，有效药物包括青霉素、链霉素、四环素、红霉素、大观霉素等。也可选用中药治疗，急性败血型可用清热泻火、凉血解毒的加味三黄汤（黄芩、黄连叶、黄柏、焦大黄、板蓝根、茜草、大蓟、车前子、神曲、甘草各等份），按每羽每天2克计算，煎汁拌料，每天1剂，连用3天；慢性关节炎、眼炎型可用活血化瘀、清热利湿的金荞麦全草制剂或根制剂，预防量以0.1%拌料，连喂3天，治疗量以0.2%拌料，连喂3～5天。

五、传染性鼻炎

传染性鼻炎是由副鸡禽杆菌引起鸡的一种急性上呼吸道传染病。该病主要症状为鼻腔、眶下窦发炎，流鼻液、打喷嚏、颜面部肿胀，并伴发结膜炎。

【病原】 副鸡禽杆菌属于巴氏杆菌科、禽杆菌属。副鸡禽杆菌曾命名为副鸡嗜血杆菌，分类上的变化是由于副鸡禽杆菌随巴氏杆菌属的细菌一起划归到禽杆菌属。菌体呈多形性，初次分离时为革兰氏阴性小球杆菌，两极染色，不形成芽孢，无鞭毛，不能运动。新分离的菌株可形成荚膜。

副鸡禽杆菌为兼性厌氧菌，在含5%～10% CO_2的环境中生长良好。本菌对营养要求较高，培养时需添加V因子，鲜血琼脂或巧克力琼脂可满足本菌的营养需求。由于葡萄球菌生长过程中可生成V因子，因此，副鸡禽杆菌和葡萄球菌在同一培养基上交叉划线培养时，葡萄球菌菌落周围可长出副鸡禽杆菌的菌落，又称为"卫星菌落"。

副鸡禽杆菌包括A、B、C三个血清群和A_1、A_2、A_3、A_4、B_1、C_1、C_2、C_3、$C_4$9个血清型，目前我国主要流行的血清型为A型和C型。

副鸡禽杆菌抵抗力弱，对一般消毒剂敏感。固体培养基上的细菌4℃能存活2周，自然界中数小时死亡。该菌对寒冷抵抗力强，低温下可存活10年。

【流行病学】 本病主要发生于鸡，各种年龄的鸡均可感染，1周龄内雏鸡有高水平的母源抗体不易发病，8～9周龄及以上的育成鸡和产蛋鸡最易感，尤以产蛋鸡发病最多。慢性病鸡及带菌鸡是重要传染源。本病通过飞沫、尘埃经呼吸道感染，也可通过污染的饲料、饮水经消化道感染；饲养用具（食槽、水槽等）、管理人员的衣物、麻雀等是重要的传播媒介。本病不能垂直传播。

本病发病急、传播迅速，一旦发病，3～5天内很快波及全群，发病率可达70%，甚至100%。一般死亡率较低，但偶有商品肉鸡或雏鸡感染后死亡率可达5%～20%。当有其他疾病混合或继发感染时会加重病情，导致更高的死亡率。

传染性鼻炎一年四季均可发生，主要发生于冬、春两季。鸡群饲养密度过大，不同日龄的鸡混群饲养，通风不良，鸡舍内氨气浓度过高，鸡舍过于寒冷潮湿，维生素A缺乏，寄生虫侵袭、气候突变等因素都能诱发本病。

【临床症状】 本病的潜伏期短，自然感染1～3天，很快蔓延整个鸡群。特征性症状是鼻腔和窦内炎症。发病初期鼻腔流出稀薄水样的鼻液，很快转为黏稠脓性，病鸡甩头，打喷嚏。中后期，眼睑和面部出现一侧或两侧水肿（图9-108、图9-109），眼结膜潮红、肿胀，有的眼睑被分泌物粘连，严重的整个头部肿大，眼球陷于肿胀的眼眶内，眼内有黄白色干酪样分泌物（图9-110、图9-111）。产蛋鸡产蛋率下降为25%左右，

彩色图解科学养鸡技术

図9-108 眼睑水肿
(李婧 拍摄)

图9-109 面部水肿、眼睑粘连
(李婧 拍摄)

严重者可达50%以上。病鸡消瘦、下痢、排绿色粪便。公鸡肉髯常见肿胀。本病很少造成鸡只死亡，多数病鸡可以恢复而成为带菌鸡。

图9-110 眼球凹陷、眼内有黄白色干酪样分泌物（提金凤 摄）

图9-111 眼睑粘连，眼球凹陷失明（李婧 摄）

【病理变化】 主要病变为鼻腔和鼻窦黏膜呈急性卡他性炎症，黏膜充血肿胀，表面覆有大量黏液，窦内有纤维素性渗出物，后期变为干酪样物（图9-112）。常见卡他性结膜炎，结膜充血、肿胀，面部及肉髯水肿。

【诊断】 根据该病流行病学特点、症状和病理变化可作出初步诊断。进一步确诊须进行病原的分离鉴定、血清学试验、动物接种试验。

图9-112 眶下窦内有黄白色干酪样物（提金凤 拍摄）

【防治】

① 采取综合防治措施，消除发病诱因。杜绝引入病鸡或带菌鸡；鸡场与外界、鸡舍与鸡舍间要保持一定距离；康复带菌鸡应隔离饲养或淘汰。保持鸡舍合理的饲养密度和良好的通风条件，不同日龄的鸡不能混养。做好鸡舍的卫生和消毒工作，定期清洗、消毒饮水用具，定期饮水消毒。饲料营养要全面。

② 免疫接种。目前预防传染性鼻炎的疫苗主要是多价油乳剂灭活苗，免疫期3～4个月。健康鸡群在3～5周龄接种1次，开产前再接种1次，每只鸡0.5毫升，可有效地预防本病。发病鸡群也可紧急接种，并配合药物治疗，可以较快地控制本病。

③ 治疗。鸡群一旦发病，应全群给药，临床上可选用氟苯尼考、强力霉素、环丙沙星等药物，投药途径可选用饮水或拌料。传染性鼻炎易与支原体混合感染，治疗时配合红霉素、泰乐菌素和大观霉素等可获得较好效果。饮水中加入氯制剂、碘制剂或百毒杀等消毒剂，可减少本病通过饮水传播的机会。

六、铜绿假单胞菌病

鸡铜绿假单胞菌病是由铜绿假单胞菌引起的，主要发生于雏鸡的一种败血性疾病。其特征是发病急、发病率和死亡率高，临诊表现为败血症、关节炎和眼炎。

【病原】 铜绿假单胞菌属于假单胞菌科、假单胞菌属。菌体两端钝圆，革兰氏染色呈阴性，大小为（1.5～3.0）微米×（0.5～0.8）微米，一端有一根鞭毛，能运动，单在或成双排列，偶见短链排列。普通营养琼脂培养基上生长良好，菌落圆形、光滑、边缘不整齐、带蓝绿色荧光、有芳香气味。血液琼脂平板上生长的菌落大而扁平，灰绿色，周围有 β 溶血环；麦康凯琼脂平板上生长良好，培养基呈淡暗绿色，菌落不变红；SS 琼脂平板上形成类似沙门菌的菌落，培养 48 小时后菌落中央呈棕绿色。

本菌有 O 抗原、H 抗原、黏液抗原等多种抗原，用于本菌血清学分型的系统至少有 10 种以上，目前尚无统一的分型标准，但各国多采用凝集试验分型法。

【流行病学】 禽类中以雏鸡发病最为常见，多为 1～35 日龄。铜绿假单胞菌广泛存在于土壤、水、空气以及人、畜肠道和皮肤。当饲养管理差，或幼鸡长途运输导致体质下降，特别是环境污染、注射用具消毒不严时，可经消化道、呼吸道或创伤感染，引起雏鸡发病。种蛋污染，蚊蝇叮咬，也可引起感染。

【临床症状】 病雏表现精神沉郁，采食减少，羽毛粗乱，卧地不起。下痢，排黄绿色水样稀粪，严重时粪便中带有血丝。由于下痢脱水，病雏消瘦，皮下水肿，全身衰竭死亡。有的病雏眼周围水肿，眼闭合或半闭，眼流泪，角膜或眼前房混浊，常造成眼单侧失明。有的雏鸡发生关节炎，跗关节和跖关节明显肿大，微红，跛行，严重者跗关节着地，不能站立。

【病理变化】 头颈部、胸腹部及两腿内侧皮下水肿、瘀血或溃烂，皮下有淡黄绿色胶冻样浸出物，严重者有出血点或出血斑。肝脏肿大质脆，呈土黄色，有灰黄色小米粒大小的坏死点。脾脏肿大，有出血点。肾脏肿大，表面有散在出血点。心包积液，心冠脂肪出血，心内膜、心外膜有出血斑点。肺脏充血、出血，呈紫红色或大理石样变化，气囊混浊、增厚。腺胃黏膜脱落，肌胃黏膜有出血斑，易于脱落。肠黏膜充血、出血严重。

【诊断】 本病主要危害初生雏鸡，从 2 日龄开始大批死亡，死亡曲线呈尖峰式，死亡集中在3～5日龄，随后迅速下降，结合症状和剖检变化，可作出初步诊断。确诊需进行病原的分离和鉴定。

（1）细菌的分离培养　采集病死鸡头颈部或胸腹部皮下水肿液、心血、肝或脾等病料，分别接种于普通琼脂平板、血液琼脂平板、麦康凯琼脂平板、SS琼脂平板，37℃恒温培养18～24小时，观察菌落特性和颜色。菌落呈蓝绿色者，即可初步诊断为铜绿假单胞菌。

（2）培养物涂片镜检　取细菌的纯培养物，涂片、革兰氏染色、镜检，观察菌体的形态特征，如为革兰氏阴性杆菌，即可判定。

（3）动物接种试验　取24小时肉汤纯培养物，腹腔接种健康雏鸡，每只0.2毫升，并设对照组。病死鸡的心、肝、脾等脏器中能分离到铜绿假单胞菌，即可确诊。

【防治】　加强饲养管理，搞好卫生消毒工作。做好种蛋的收集、保存及孵化设备、孵化厂的消毒，接种马立克病疫苗时对注射器、针头严格消毒；雏鸡转入育雏舍后，可在饲料或饮水中加入环丙沙星、多黏菌素等，对本病有很好的预防作用。

治疗本病可选择庆大霉素、环丙沙星、多黏菌素、新霉素等药物，大群雏鸡发病通过饮水或拌料方式给药，效果明显。

七、鸡坏死性肠炎

鸡坏死性肠炎又称肠毒血症、梭菌性肠炎，是由A型或C型产气荚膜梭菌及其产生的毒素引起鸡的一种急性传染病。

【病原】　坏死性肠炎的病原为A型或C型产气荚膜梭菌（又称A型或C型魏氏梭菌），产生的α毒素和β毒素均与坏死性肠炎的肠黏膜坏死有关。

产气荚膜梭菌在自然界分布极广，土壤、饲料、污水、粪便及人畜肠道内均可分离到，健康鸡与病鸡的肠道内均存在A

彩色图解科学养鸡技术

型产气荚膜梭菌。该菌为直杆状、两端钝圆的大杆菌，大小为（1.3～19.0）微米×（0.6～2.4）微米，革兰氏染色呈阳性，无鞭毛，单在或成对存在，不能运动。芽孢大而圆，位于菌体中央或近端，但一般条件下罕见形成芽孢。多数菌株在动物体内可形成荚膜。

本菌为厌氧菌，普通培养基上可以生长，若加入葡萄糖、血液，则生长得更好。在血液琼脂平板上形成圆形、边缘整齐、灰色至灰黄色、光滑半透明的大菌落。大多数菌株形成的菌落呈现双重溶血，内环完全溶血，外环不完全溶血。

【流行病学】 禽类中仅有鸡自然感染发病，蛋鸡发病日龄为2周龄至6月龄，肉鸡发病日龄为2～6周龄，易感鸡通过污染的饲料、饮水经消化道感染，带菌鸡和病鸡是重要的传染源。

本病一年四季均可发生，炎热潮湿的夏季多发。本病多呈散发，若鸡群密度大、通风不良、饲料蛋白质含量提高、滥用药物、高纤维素性垫料增多、球虫病等均会诱发本病。

【临床症状】 本病常常突然发生，病鸡往往无明显症状就突然死亡。病程稍长者可见精神沉郁，食欲减退，羽毛松乱，腹泻，排出黑色或混有血液的粪便。病程极短，常急性死亡。一般情况下发病鸡只较少，若治疗及时，1～2周痊愈，死亡率仅为2%～3%；若治疗不及时或有继发感染，死亡明显增加，最高可达50%。

【病理变化】 小肠病变最典型，尤其小肠中后段（空肠和回肠）。表现为肠壁脆弱，肠管扩张，是正常的2～3倍，肠腔内充满气体和带血的内容物。肠黏膜充血、出血、坏死（图9-113），常附着一层黄色或绿色假膜或黄色干酪样物质（图9-114），易剥脱。本病常与球虫病同时发生，有时剖检可见到球虫病的病变。

【诊断】 根据流行病学特点和特征性的临床症状及病理变化可作出初步诊断。确诊需实验室诊断。

（1）病料涂片镜检 取新鲜病死鸡（夏季不超过2小时，其他

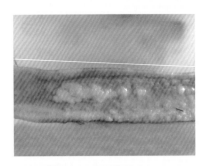

图9-113 肠黏膜充血、出血、坏死（李婧 拍摄）　　图9-114 肠黏膜表面附着黄色干酪样物（李婧 拍摄）

季节不超过6小时）肠黏膜刮取物和肠内容物，涂片、革兰氏染色、镜检，可见大量均一的革兰氏阳性、短粗、两端钝圆的大杆菌，呈单个或成对排列，有荚膜。

（2）病原菌的分离鉴定　取新鲜病料，划线接种血液琼脂平板，37℃厌氧培养过夜，可形成典型的大菌落，即可确诊。

（3）动物接种试验　用肠内容物的纯培养物腹腔接种小鼠，每只小鼠0.5毫升，18～24小时内可致死小鼠，病变与自然病例相同。鸡接种后，主要表现排黑色或黑红色粪便，不致死，剖杀后可见小肠下1/3处有轻度病变，肠内容物涂片可见大量革兰氏阳性粗大杆菌。

（4）鉴别诊断　坏死性肠炎的临床症状和病变与溃疡性肠炎有相似之处，但溃疡性肠炎是由肠道梭菌引起的，特征性病变为小肠后段和盲肠的多发性坏死和溃疡，以及肝坏死。而坏死性肠炎病变局限于空肠和回肠，肝脏和盲肠很少发生病变。

球虫病的病变以肠黏膜出血为特征，与坏死性肠炎常混合感染，在诊断时注意。

【防治】

（1）预防　加强饲养管理和卫生消毒工作，提高机体的抵抗力。减少各种应激因素的影响，饲养密度要合适，注意垫料的质量，减少细菌的污染等，可预防和减少本病的发生。平养

彩色图解科学养鸡技术

鸡要控制球虫病的发生，对防治本病有重要意义。

（2）治疗　临床上常用的药物有青霉素、氨苄青霉素、四环素、杆菌肽锌、泰乐菌素等，通过饮水或拌料对本病有较好的预防和治疗作用。治疗的同时，改善鸡舍的卫生条件，做好消毒工作，减少饲养密度，加强通风等对迅速控制本病具有重要意义。

第四节　其他传染病

一、鸡毒支原体感染

鸡毒支原体（Mycoplasma gallisepticum，MG）感染，又称鸡慢性呼吸道病。本病发展缓慢、病程长，其特征性表现为咳嗽、甩鼻，呼吸时有啰音，气囊炎等。

【病原】　鸡毒支原体呈球形或卵圆形，革兰氏染色呈弱阴性，姬姆萨染色着色良好。培养时对营养要求高，需要在培养基中加入血清、胰酶水解物和酵母浸出液等。固体培养基上培养生长缓慢，37℃培养3～5天长成直径为0.25～0.60毫米的荷包蛋样菌落。菌落能吸附鸡的红细胞，可以与其他菌株进行鉴别。MG能凝集鸡的红细胞，可以通过血凝和血凝抑制实验来诊断本病。

MG对外界环境抵抗力不强，一般消毒剂均能将其迅速杀死。阳光直射下迅速死亡，在低温条件下可长期存活。MG对青霉素、醋酸铊不敏感，因此可以将它们加入培养基中抑制其他杂菌的生长，利于本菌的分离。MG对支原净、泰乐菌素、螺旋霉素、红霉素和链霉素等敏感，对青霉素和磺胺类药物有抵抗力。

【流行病学】　各种日龄的鸡和火鸡都可感染，4～8周龄最易感，成年鸡多为隐性感染。传染源是病鸡和隐性带菌鸡。本病的主要传播途径是经种蛋垂直传播，有的产蛋期种鸡带菌率可达50%～70%，本病也能通过呼吸道和消化道传播。

本病在鸡群中传播较慢，单独感染支原体的鸡群，在正常饲养管理条件下，常不表现症状，而呈隐性经过。但当出现气温突变、寒冷、饲养密度大、通风不良、疫苗接种等因素时易发病。

本病一年四季均可发生，以寒冷季节多发。

【临床症状】 幼龄鸡发病，症状典型，主要表现精神不振（图9-115）、张口呼吸、咳嗽、喷嚏、甩鼻、气管啰音等。初期流出浆液性或黏液性鼻液，鼻孔堵塞，妨碍呼吸，频频摇头。眼睛流泪（图9-116），后期眼部肿胀，重者形成"金鱼眼"样。眶下窦肿胀，病程长者，窦内渗出物呈干酪样。病鸡排白色稀粪（图9-117）。

本病一般呈慢性经过，病程长达1个月以上。产蛋鸡感染只表现产蛋量、孵化率降低，雏鸡出壳后增重受阻。

该病常与大肠杆菌病混合感染，使死亡率升高。

【病理变化】 主要表现为气管和喉头有黏液，气囊壁增厚、混浊、有泡沫样渗

图9-115 病鸡精神不振（单庆美 拍摄）

图9-116 病鸡眼睛流泪（单庆美 拍摄）

图9-117 病鸡张口呼吸、排白色稀粪（单庆美 拍摄）

彩色图解科学养鸡技术

出物（图9-118），病情后期气囊壁有干酪样物质（如珠状），严重时成堆成块（图9-119、图9-120）。眶下窦充血、出血、有干酪样物质（图9-121）。如有大肠杆菌混合感染时，可见纤维素性心包炎和肝周炎。

图9-118 气囊有泡沫样渗出物
（单庆美 拍摄）

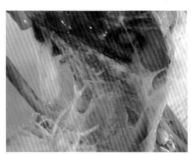

图9-119 气囊浑浊
（单庆美 拍摄）

图9-120 气囊有黄色干酪样物渗出（单庆美 拍摄）

图9-121 眶下窦有干酪样物质渗出（单庆美 拍摄）

【诊断】 根据流行特点、症状和剖检变化可作出临床诊断。实验室诊断须进行病原分离鉴定和血清学试验。

病原的分离鉴定需要一定条件才能进行，血清学试验最常用的是血清平板凝集试验。方法是取待检鸡血或血清1滴，置于干净的玻片或白瓷板上，滴加鸡毒支原体诊断抗原1滴，混合后轻轻搅拌均匀，作用2分钟观察结果。若出现蓝紫色的凝集颗粒为阳性反应。该方法简便快速，主要对鸡群的感染情况作出判断。

本病在临诊上应注意与传染性鼻炎、传染性支气管炎等相区别。

【防治】

① 加强饲养管理，搞好卫生消毒工作，避免各种应激因素的出现是预防本病的关键。

② 药物预防。由于本病能垂直传播，雏鸡的早期用药是预防本病的重要措施，如在饮水中加泰乐菌素。

③ 疫苗接种。疫苗有弱毒苗和灭活苗两种，弱毒苗可采用点眼、饮水免疫，不宜滴鼻，蛋鸡和种鸡在6～8周龄和开产前各免疫1次。也可以使用油乳剂灭活苗，雏鸡3～4周龄肌内注射1次，开产前再注射1次。

④ 净化种鸡群。采用血清平板凝集试验定期检测，淘汰阳性鸡。

⑤ 治疗。该病尽早治疗效果明显，常用药物有泰乐菌素，每升水加0.5克，混饮，连用3～5天，或每千克饲料添加1克，混饲，连用3～5天；泰妙菌素（支原净），每升水加250毫克，混饮，连用5～7天；替米考星，每千克饲料添加100毫克混饲，连用3～5天。若继发大肠杆菌感染时，可配合使用抗大肠杆菌的药物。

二、滑液囊支原体感染

滑液囊支原体（Mycoplasma synoviae，MS）感染又称滑液支原体病，以关节肿大、跛行、滑液囊和腱鞘发炎为特征。

【病原】　本病病原为滑液囊支原体，MS是多形态的球状体，直径为0.2微米，比MG稍小，革兰氏染色阴性。MS生长条件比MG要求严格，需要添加烟酰胺腺嘌呤二核苷酸（NAD）和血清才能生长，猪血清最佳。固体培养基上37℃培养3～7天长成圆形、隆起的菌落，直径1～3毫米，有的有中心，有的无中心。

MS能凝集鸡和火鸡的红细胞，可通过血凝抑制试验与MG进行鉴别。MS只有一个血清型，MS与MG之间有共同抗原。

彩色图解科学养鸡技术

感染MS的鸡的血清，有时也能凝集MG平板抗原，但感染MG的鸡血清很少凝集MS平板抗原。

MS对外界环境和一般消毒剂的抵抗力弱。MS污染的鸡舍经清洗、彻底消毒后，再空舍1周，放入1日龄雏鸡不会再感染。

【流行病学】 本病主要感染鸡和火鸡，4～16周龄的鸡和10～24周龄的火鸡易感。本病的传染源是病鸡和带菌鸡，带菌疫苗也能引起本病的发生，传播途径包括水平传播和垂直传播。本病一年四季均可发生，气温多变和寒冷季节多发，也易继发感染。

【临床症状】 病鸡表现食欲下降，生长停滞，消瘦，鸡冠苍白，严重时鸡冠萎缩。典型症状是病鸡跛行，跗关节和跖关节肿胀、变形（图9-122）；胸部龙骨部肿胀变硬，进而软化为胸囊肿。成年鸡症状轻微，仅关节肿胀。有的鸡还表现轻微呼吸道症状。

【病理变化】 病鸡的关节和龙骨的滑液囊内有黏稠的、黄白色或灰白色渗出物，随着病程的发展，出现黄白色干酪样物质（图9-123、图9-124）。

图9-122 右侧关节肿胀（单庆美 拍摄）

图9-123 龙骨炎性渗出（单庆美 拍摄）

图9-124 关节腔内干酪物渗出（单庆美 拍摄）

【诊断】 根据病史、临床症状及病理变化可作出初步诊断，进一步确诊需进行病原分离鉴定及血清学检测。

（1）病原分离 采集关节渗出物、肝或脾用肉汤按照1：（5～10）的比例进行稀释，然后卵黄囊接种5～7日龄鸡胚，每胚0.2毫升，这样分离的成功率高。将分离物接种于含10%猪血清和0.01%NAD的MS培养基上，观察菌落特征进行MS初步鉴定，纯化后可进一步通过生化反应和血清学鉴定。

（2）血清学试验 采集病鸡或感染鸡的全血或血清，取1滴与等量MS平板抗原混合，混匀后经2分钟观察结果。若出现凝集颗粒或凝集成块，即判为阳性。应注意的是血清平板凝集试验有时会产生非特异性反应，特别是使用油苗免疫的鸡群。

【防治】 防治同鸡毒支原体感染。

三、禽曲霉菌病

禽曲霉菌病是多种禽类和哺乳动物的一种真菌性疾病，本病特征为出现呼吸道炎症和形成霉菌结节，又称为曲霉菌性肺炎。

【病原】 本病病原主要是曲霉菌属的烟曲霉和黄曲霉菌，其他霉菌也有程度不同的致病性。曲霉菌的气生菌丝一端膨大成顶囊，上有放射状排列的小梗，并产生许多分生孢子（如串珠状）。烟曲霉的菌丝呈圆柱状，色泽由绿色、暗绿色至熏烟色。

烟曲霉菌在沙保弱葡萄糖琼脂、马铃薯葡萄糖琼脂上生长良好，25～37℃条件下生长迅速，培养7天后其菌落直径可达3～4厘米。菌落表面开始呈白色绒毛状，24～30小时后，逐渐变成浅灰色、灰绿色、暗绿色、熏烟色以及黑色。

曲霉菌孢子对外界环境抵抗力强，干热120℃、煮沸5分钟才能将其杀死。对化学药物和消毒剂也有较强的抵抗力，如2.5%福尔马林、3%石炭酸1～3小时才能将其灭活。

【流行病学】 曲霉菌的孢子在自然界中分布广泛，如土壤、饲料、谷物、养禽环境、动物体表等都可存在，适宜条件下可大量生长繁殖，感染禽类。

彩色图解科学养鸡技术

鸡、鸭、鹅、鸽、火鸡等多种禽类均能感染，幼禽易感性最高，常呈急性暴发和群发，成年禽多为散发。本病的传播媒介是被曲霉菌污染的垫料和饲料，鸡通过呼吸道吸入霉菌孢子或经消化道感染本病。种蛋保存条件差、消毒不严或孵化环境受到污染时，霉菌孢子易穿过蛋壳进入蛋内，引起胚胎死亡或出壳后发病。育雏阶段饲养管理、卫生条件差是本病暴发的主要诱因。育雏室内日温差大、通风换气不良、拥挤、阴暗、潮湿、营养不良等因素也能促使本病的发生和流行。

【临床症状】 急性型主要表现为精神沉郁，食欲减退，呼吸急促（图9-125）；眼睑肿胀，眼结膜充血，一侧或两侧眼睛混浊，严重者失明；后期出现共济失调、角弓反张、麻痹等神经症状。

慢性型多见于育成鸡，表现为生长缓慢，发育不良，渐进性消瘦，呼吸困难，腹泻。产蛋鸡出现产蛋率下降。

图9-125 病鸡呼吸急促（单庆美 拍摄）

【病理变化】 特征性病变主要表现在肺和气囊上。肺脏有灰黄色或灰白色粟粒样至珍珠状大小的霉菌结节（图9-126），气囊壁增厚，有干酪样结节或斑块，有的融合成片（图9-127）。病程后期，气囊壁上形成灰绿色霉菌斑，严重者整个腹腔和其他脏器表面均出现霉菌结节或灰绿色霉菌斑（图9-128）。

【诊断】 根据流行病学特点（饲料、垫草的霉菌污

图9-126 肺霉菌结节（单庆美 拍摄）

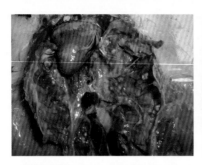

图9-127 肺、气囊霉菌结节
（单庆美 拍摄）

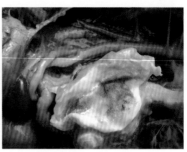

图9-128 肺部霉菌斑
（单庆美 拍摄）

染情况）、临床症状、病理变化等可作出初步诊断，确诊须进行实验室诊断。

（1）压片镜检 无菌采集病死鸡肺部的黄白色结节，剪碎，放载玻片上，加入10%～20%氢氧化钾1～2滴，加盖玻片压片后，在酒精灯上微热，轻压盖玻片后，显微镜下观察，若见有短分支状有隔菌丝和孢子可初步诊断。

（2）病原的分离培养 无菌采集病死鸡肺部的黄白色结节，接种沙保氏葡萄糖琼脂或马铃薯葡萄糖琼脂培养基，37℃温箱内培养24～48小时，观察菌落的形态、颜色及结构特点，进行检查和鉴定。

（3）鉴别诊断 雏鸡发病时要注意与雏鸡白痢、雏鸡支原体病进行鉴别，除一般症状和呼吸症状有相似之处外，病理剖检变化和病原学检查可将其区分开。霉菌性脑炎的病例，要与雏鸡脑脊髓炎、雏鸡新城疫等区别。

【防治】

① 加强饲养管理和卫生消毒工作，不使用发霉的饲料和垫料，改善鸡舍通风，控制湿度，减少空气中霉菌孢子的含量。及时收集种蛋，保持蛋库、蛋箱、孵化器及孵化厅的干净卫生。

②药物治疗。发生本病后，治疗时可以选用以下药物：制霉菌素，每只鸡5000单位饮水，2次/天，连用3天，或按每千

克饲料添加150万单位制霉菌素；硫酸铜，按1：3000倍稀释饮水，连用3天。也可采用中药治疗，取鱼腥草、蒲公英各60克，筋骨草15克，山海螺30克，桔梗15克，加水煎汁，供100只5～10日龄雏鸡1天饮用，连用7天，有一定防治效果。

第五节　寄生虫病

一、鸡球虫病

鸡球虫病是由艾美耳属的多种球虫寄生于鸡肠黏膜内引起的一种原虫病，主要特征是病鸡消瘦、贫血、血痢。

【病原】　世界上公认的鸡球虫有9种，即柔嫩艾美耳球虫、毒害艾美耳球虫、堆型艾美耳球虫、巨型艾美耳球虫、布氏艾美耳球虫、变位艾美耳球虫、哈氏艾美耳球虫、和缓艾美耳球虫和早熟艾美耳球虫。其中，致病性最强的是寄生于鸡盲肠的柔嫩艾美耳球虫，其次是寄生于鸡小肠的毒害艾美耳球虫，其他球虫均寄生于小肠。

鸡球虫生活史属于直接发育型，不需要中间宿主，发育过程包括孢子生殖、裂殖生殖和配子生殖三个阶段，完成整个生活史需要6.5～7天。孢子生殖是在体外完成的，裂殖生殖和配子生殖是在体内进行的。

【流行病学】　球虫的卵囊（图9-129）抵抗力强，土壤中可存活4～9个月，对一般消毒剂抵抗力强，但对高

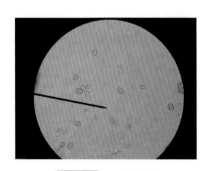

图9-129　球虫卵囊

温和干燥抵抗力差。26～32℃条件下有利于卵囊发育成感染性（孢子化）卵囊。

各品种和年龄的鸡均能感染球虫，感染方式是摄入被感染性卵囊污染的饲料和饮水。禽类、昆虫、工具和工作人员等均可机械地传播卵囊。

该病在温暖潮湿季节多发，当鸡舍潮湿、拥挤、卫生不良、饲养管理不当时最易发生。

【临床症状】 急性型球虫病多发生于雏鸡。病初表现为精神沉郁，食欲减退，甚至不饮不食，闭眼呆立；继而出现贫血，鸡冠苍白，下痢，粪便带血（图9-130），甚至排出鲜血，死亡率可高达50%以上。病鸡簇拥成堆，战栗，临死前体温下降。病程后期常引起神经症状，如运动失调、昏迷、翅轻瘫，两脚直伸或痉挛性反复踢蹬，继而死亡。死亡率与球虫的致病力、感染程度及是否处理得当有关，如处理不及时或不当，死亡率可高达50%以上。

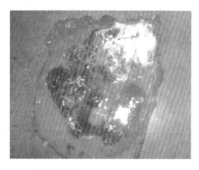

图9-130 下痢、粪便带血

慢性型球虫病多见于4～6月龄的鸡，病程较长，症状较轻，主要表现为间歇性下痢、消瘦、产蛋量下降等。

【病理变化】 柔嫩艾美耳球虫主要引起盲肠病变，表现为一侧或两侧盲肠高度肿胀（图9-131），为正常的3～5倍，肠腔中充满血凝块和肠黏膜碎片，后期形成坚硬的栓子堵塞肠管

图9-131 盲肠高度肿胀（提金凤 拍摄）

彩色图解科学养鸡技术

（图9-132），浆膜有大量出血斑点和灰白色坏死点（图9-133）。毒害艾美耳球虫主要损害小肠中段，可见小肠高度肿胀（图9-134），肠壁增厚，肠内容物中含有多量血液、血凝块和脱落的肠黏膜（图9-135）。浆膜有大量出血点和灰白色坏死点（图9-136、图9-137）。堆型艾美耳球虫损害十二指肠和小肠前段，可见大量灰白色斑点排列成横行，呈阶梯状（图9-138）。肠壁增厚，肠道内容物呈水样（图9-139）。巨型艾美耳球虫引起小肠病变，可见肠内容物呈淡灰色、淡褐色或淡红色。

图9-132 盲肠血栓子（提金凤 拍摄）

图9-133 盲肠浆膜有白色坏死点和出血点（提金凤 拍摄）

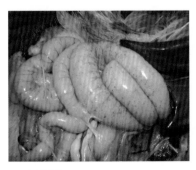

图9-134 小肠高度肿胀，有出血点（隋兆峰 拍摄）

图9-135 小肠中有多量血液、血凝块

图9-136 小肠浆膜有大量出血点

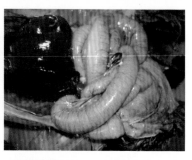

图9-137 小肠浆膜有大量灰白色坏死点（隋兆峰 拍摄）

图9-138 小肠可见灰白色斑点排列成横行（隋兆峰 拍摄）

图9-139 小肠肠壁增厚，水样内容物（隋兆峰 拍摄）

【诊断】 根据流行病学、临床症状、病理变化和病原学检查结果进行综合判断。病原学检查可采用饱和盐水漂浮法或粪便涂片法镜检球虫卵囊。

【防治】

① 加强卫生管理。采取网上平养或笼养，减少卵囊感染；加强消毒，保持鸡舍清洁卫生，供给清洁的饮水。

② 药物预防。该方法是目前预防球虫病最有效和切实可行的方法，常用预防用药有以下几种。

a. 氨丙啉：按照0.0125%混饲，休药期为7天。

b. 球痢灵：按照0.0125%混饲，休药期为5天。

c. 尼卡巴嗪：按照0.0125%混饲，休药期为4天。

d. 拉沙霉素：按照0.0075%～0.0125%混饲，休药期为3天。

e. 莫能菌素：按照0.01%～0.0121%混饲，无休药期。

f. 盐霉素：按照0.005%～0.006%混饲，无休药期。

g. 马杜拉霉素：按照0.0005%～0.0006%混饲，无休药期。

h. 常山酮：按照0.0003%混饲，休药期为5天。

i. 地克珠利：按照0.0001%混饲，无休药期。

使用上述药物时，应遵守休药期规定，不能滥用。

③ 疫苗接种。目前研制的球虫疫苗有强毒苗、弱毒苗和球虫基因工程苗，有的已在种鸡上应用。

④ 治疗措施。常用药物有以下几种。

a. 磺胺二甲基嘧啶（SM2）：0.1%混饮，连用3天，停2天，再连用3天，休药期10天。

b. 磺胺喹恶啉（SQ）：0.1%混饲，连用3天，停药2天，再喂3天；或0.04%饮水，饮2天，停3天，再饮2天，休药期10天。

c. 磺胺氯吡嗪：0.03%混饮，连用3天，休药期5天。

二、禽组织滴虫病

组织滴虫病又称盲肠肝炎或黑头病，是由火鸡组织滴虫寄生于禽类盲肠和肝脏引起的疾病。本病多发于火鸡和雏鸡，成年鸡感染后症状不明显。

【病原】 火鸡组织滴虫为多形性虫体，大小不一，近圆形或变形虫形（图9-140）。盲肠腔中虫体常有一根鞭毛，作钟摆样运动；在组织细胞中的虫体无鞭毛。

组织滴虫以二分裂法繁殖。寄生于盲肠中的组织滴虫，侵入盲肠内寄生的异刺线虫体内，并随其虫卵排出体外。鸡摄入异刺线虫虫卵，既感染了异刺线虫，又感染了组织滴虫。

【流行病学】 本病多发生于温暖潮湿的夏季，2周龄至4月龄的火鸡最易感，其次是8周龄至4月龄的鸡。病禽粪便污染饲

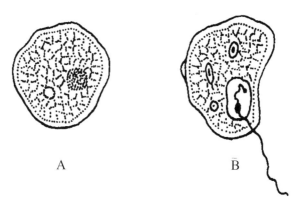

图9-140 火鸡组织滴虫（动物寄生虫病 张宏伟）

A—肝脏病灶内虫体；B—盲肠病灶内虫体

料、饮水、垫料、用具、土壤等，易感鸡摄入后通过消化道感染。

【临床症状】 组织滴虫病的潜伏期为7～21天。病鸡表现精神沉郁，食欲减退，翅下垂，嗜睡；下痢，粪便恶臭，呈淡黄色或淡绿色，有时带血。病鸡鸡冠、髯发绀，呈暗黑色，又称"黑头病"。

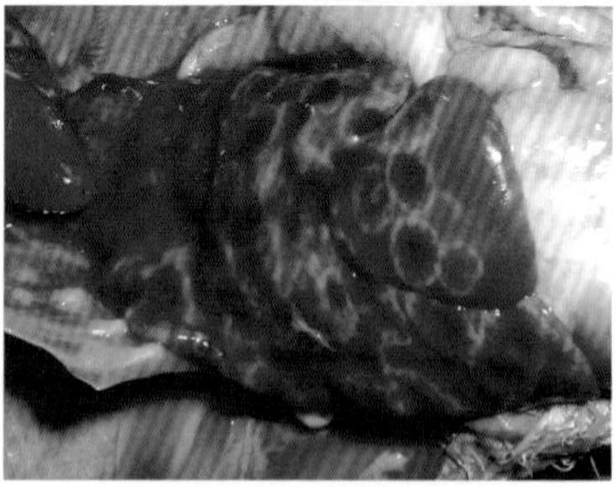

【病理变化】 病变主要在肝脏和盲肠。肝脏表面有圆形、中央凹陷、边缘隆起、黄绿色或黄白色、大小不一的坏死灶，周围有时环绕红晕（图9-141）。盲肠可见一侧性或两侧性的肿胀，肠壁增厚、溃疡，有干酪样物质（图9-142、图9-143）。

图9-141 肝脏表面圆形坏死灶，周围有红晕

【诊断】 根据流行病学、临床症状及剖检变化可作出诊断。取新鲜的盲肠内容物用生理盐水做悬滴标本，镜检可见组织滴虫。

图9-142 盲肠肠壁增厚、溃疡、有干酪样物质（隋兆峰 拍摄）　　**图9-143** 盲肠肠壁增厚、有干酪样物质

【防治】　加强饲养管理和卫生消毒，火鸡与鸡不能同场饲养。定期驱除鸡异刺线虫是防治本病的根本措施。

发病后立即隔离治疗，可采用二甲硝咪唑按0.05%混饲，连用7～14天。预防可按雏火鸡0.0125%～0.015%、雏鸡0.075%的浓度混饲，连用7天。鸡舍地面用3%火碱溶液消毒。

三、住白细胞虫病

住白细胞虫病是禽类的一种重要寄生虫病，对养禽业危害严重。该病的主要特征是下痢、贫血、鸡冠苍白、内脏器官和肌肉广泛性出血以及形成灰白色小结节，又俗称"白冠病"。

【病原】　住白细胞虫（图9-144）有两种，即卡氏住白细胞虫和沙氏住白细胞虫，其中卡氏住白细胞虫致病性强、危害较大。住白细胞虫的生活史分为孢子生殖、裂殖生殖和配子生殖3个阶段，孢子生殖是在吸血昆虫库蠓和蚋体内完成。

【流行病学】　该病是由吸血昆虫传播的，有明显的季节性。北方多发生于7～9月，南方多发生于4～10月。各个年龄的鸡均易感，成年鸡较雏鸡易感，但雏鸡的发病率较成年鸡高。

【临床症状】　1～3月龄雏鸡发病最严重，病鸡精神沉郁，食欲减退，两翅下垂，两腿轻瘫，口中流涎，呼吸困难，排黄

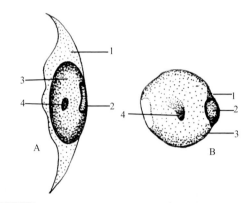

图9-144 住白细胞虫模式图（动物寄生虫病 张宏伟）

A—沙氏住白细胞虫；B—卡氏住白细胞虫；

1—宿住细胞质；2—宿主细胞核；3—配子体；4—核

绿色稀粪，常突然咯血而死。育成鸡和成年鸡表现贫血，鸡冠和肉髯苍白，又称"白冠病"；排白色或绿色水样稀粪，成年鸡产蛋率下降，甚至停产。

【病理变化】 本病的主要特征是血液稀薄，全身性出血，肌肉和某些器官上有出血点和白色小结节。

【诊断】 根据流行病学、临床症状和剖检变化可作出初步诊断。采鸡血涂成薄片，姬姆萨染色，镜检发现虫体即可确诊。

【防治】 消灭蠓和蚋是预防本病的关键措施。在流行季节，每隔6～7天用杀虫剂喷洒鸡舍及周围环境。防治该病常用的药物：乙胺嘧啶，按照0.0002%～0.0005%混饲，有预防作用；磺胺喹恶啉（SQ），按照0.05%混饲，有预防作用；磺胺二甲氧嘧啶（SDM），预防用每千克饲料加入25～75毫克混饲，治疗用每升水加入500毫克，连用2天，然后再按每升水加入300毫克，连用2天。

四、鸡绦虫病

绦虫是一些白色、扁平、带状而分节的蠕虫（图9-145），它利用吸盘、顶突、小钩等特殊结构吸附和钩着在禽类肠壁上。

【病原】 寄生在鸡体内的绦虫主要有4种，即四角赖利绦虫、棘盘赖利绦虫、有轮赖利绦虫和节片戴文绦虫。以上4种均寄生于小肠，主要是十二指肠内。

图9-145 白色、带状、扁平、分节的绦虫（李兆华 拍摄）

鸡绦虫的发育需要中间宿主的参与才能完成。棘盘赖利绦虫和四角赖利绦虫的中间宿主是蚂蚁，节片戴文绦虫的中间宿主是蛞蝓，有轮赖利绦虫的中间宿主是甲虫、家蝇等。中间宿主吞食了孕卵节片后发育成似囊尾蚴，鸡吞食了含有似囊尾蚴的中间宿主而感染，在小肠内发育为成虫。

【临床症状】 病鸡出现消化不良，腹泻，有时混有血样黏液，消瘦，贫血。雏鸡生长停滞或死亡，母鸡产蛋率下降。

【病理变化】 小肠黏膜增厚，有出血点，严重者虫体阻塞肠道（图9-146）。棘盘赖利绦虫感染时，肠壁上可见中央凹陷的结节。

【诊断】 根据临床症状、剖检病变进行诊断。粪便检查若发现节片或虫卵也可作出诊断。

【防治】 防治该病的关键措施是消灭中间宿主。搞好饲养管理，卫生消毒，加强粪便管理，定期驱虫。发病鸡群常用药物有以下几种。

① 氯硝柳胺（灭绦灵）：

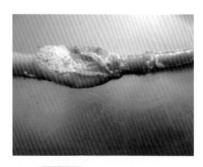

图9-146 虫体阻塞肠道（李兆华 拍摄）

每千克体重100～150毫克，1次内服。

②硫双二氯酚：每千克体重150～200毫克，1次内服，隔4天同剂量再服1次。

③吡喹酮：每千克体重15～20毫克，1次内服。

五、鸡蛔虫病

鸡蛔虫寄生于鸡小肠，是最常见的寄生虫病，常造成广泛感染。

【病原】 鸡蛔虫是鸡体内最大的一种线虫，呈黄白色。雌虫在小肠产卵，随粪便排出体外，在外界适宜条件下发育成感染性虫卵。

【流行病学】 雏鸡易感，发病严重，成年鸡多带虫。蛔虫繁殖力强，产卵数量多，虫卵对外界环境抵抗力强，能长期存活，对干燥和高温敏感。鸡吞食感染性虫卵污染的饲料和饮水或摄入携带感染性虫卵的蚯蚓而感染。

【症状与病变】 雏鸡表现为生长发育不良，精神沉郁，羽毛松乱，鸡冠苍白，贫血，腹泻，逐渐衰弱而死。成年鸡症状不明显。剖检，小肠中可见虫体，严重者虫体堵塞肠管（图9-147）。

【诊断】 剖检发现虫体或粪便镜检发现大量虫卵可确诊。

图9-147 肠管中堵塞蛔虫（提金凤 拍摄）

【防治】 采取离地饲养，防止鸡采食虫卵；及时清除、发酵处理粪便；定期药物驱虫，2月龄左右驱虫1次，开产前驱虫1次，常用药物有左旋咪唑、丙苯硫咪唑等。

六、鸡异刺线虫病

鸡异刺线虫寄生于盲肠中，又称盲肠线虫。

【病原】　鸡异刺线虫较小，白色细线状。成虫在鸡盲肠内产卵，随粪便排到体外，在适宜条件下发育成感染性虫卵。鸡采食感染性虫卵污染的饲料、饮水或吞食了感染性虫卵的蚯蚓后被感染。

【症状与病变】　病鸡表现食欲缺乏，下痢、消瘦、贫血、生长发育受阻。成年鸡产蛋量下降。剖检可见盲肠肿大、黏膜增厚、溃疡，在盲肠尖部可发现虫体。

【诊断】　通过粪便检查发现虫卵和剖检发现虫体确诊。

【防治】　参照鸡蛔虫病。

七、鸡羽虱

鸡羽虱寄生于鸡体表，是最常见的一种外寄生虫。

【病原】　鸡羽虱体形很小，呈淡黄色或灰色，发育过程包括卵、若虫和成虫三个阶段，全部在鸡体表进行。羽虱寄生于鸡羽毛上，以啮食羽毛和皮屑为生，一般不吸血，通过直接接触或间接接触传播。

【临床症状】　病鸡精神不振，食欲减退，消瘦，产蛋量下降。因为有痒感，鸡常啄食羽虱寄生部位，引起羽毛脱落。

【诊断】　羽虱寄生部位易发现成虫和虱卵，易于诊断。

【防治】　发病后可采用2.5%溴氰菊酯喷雾鸡体、鸡舍和产蛋箱等，也可将病鸡浸泡于药液中；地面平养鸡，可在饲养场内设置含10%硫黄粉或4%马拉硫磷粉的沙浴箱，供鸡自由沙浴；或将0.5%含蝇毒磷配成粉末，撒布于鸡体有虱寄生处。

八、鸡螨病

鸡螨病是由疥螨科、膝螨属和刺皮螨科、刺皮螨属的多种螨类寄生于鸡皮肤或皮内引起的一种外寄生虫病。常见的鸡螨病有鸡刺皮螨病和鸡膝螨病。

1. 鸡刺皮螨病

【病原】　鸡刺皮螨又称红螨，虫体呈长椭圆形，吸饱血后虫体膨大由灰白色变为红色。鸡刺皮螨夜间爬到鸡体上吸血，白天隐匿在鸡舍或鸡窝的缝隙处，吸饱血后离开鸡体，在鸡舍缝隙处产卵，虫卵发育成幼虫、若虫，若虫吸血后发育为成虫。鸡刺皮螨还传播禽霍乱和螺旋体病。

【症状】　病鸡消瘦，贫血，产蛋量下降。

【防治】　采用0.05%蝇毒磷、0.001%～0.002%杀灭菊酯或0.00125%溴氰菊酯对鸡体、产蛋箱、笼具、鸡舍内壁、缝隙等喷洒，可杀灭鸡刺皮螨。鸡舍内壁、缝隙也可用生石灰粉刷。

2. 鸡膝螨病

【病原】　病原有两种，鸡突变膝螨和鸡膝螨。鸡突变膝螨又称鳞足螨，虫体很小，呈球形，足短，身体背部横纹无间断；鸡膝螨又称脱羽螨，形态与鸡突变膝螨相似，但身体背部条纹有间断，形成隆起的刻痕。鸡突变膝螨的发育全部在鸡体上进行，它们主要侵害鸡脚鳞片，雌螨在其中产卵，发育成幼虫、成虫，寄居在皮肤鳞片下。

【临床症状】　鸡胫部和腿部皮肤发炎，鸡爪和腿肿大，鳞片上形成一种灰白色或灰黄色痂皮，好像涂了一层厚厚的石灰，俗称"石灰脚"。

鸡膝螨寄生于鸡羽毛根部，皮肤发痒，鸡啄拔身上的羽毛，引起皮炎，羽毛脱落，又称为"脱毛病"。

【防治】　脚鳞病采用药浴法，病鸡脚放在0.1%～0.2%三氯杀螨醇药液中浸泡4～5分钟，用小刀刮去痂皮，使药液浸入组织内杀死虫体。间隔2～3周后，再药浴1次。脱毛病喷洒上述药物。

第六节 营养代谢病

一、维生素A缺乏症

维生素A具有维持视觉功能、上皮组织完整性及机体免疫功能的作用，能够维护骨骼的正常生长和修补，促进机体生长和生殖等。维生素A缺乏导致上皮组织角质化，生长发育受阻，孵化率降低等。

【病因】 饲料中维生素A原或维生素A添加不足；饲料发霉变质、日光暴晒或储存时间过长等；维生素E缺乏，导致维生素A破坏增加或吸收下降；鸡患有肝脏疾病和慢性消化道疾病时导致维生素A和胡萝卜素吸收障碍。

【临床症状】 雏鸡主要表现为流泪，眼睑肿胀，眼内有黄白色干酪样物，眼球凹陷（图9-148），角膜混浊，严重者失明。生长速度缓慢，发育受阻。成年鸡主要表现为产蛋率和孵化率下降，公鸡精液品质下降。

【病理变化】 特征性病变为消化道黏膜特别是腺胃食管、嗉囊、咽、口腔、鼻腔黏膜上出现许多灰白色小结节（图9-149、图9-150）。

图9-148 眼睑肿胀、眼球凹陷

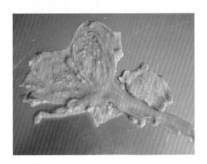

图9-149 嗉囊黏膜有白色小结节（单庆美 拍摄）

随着病程发展，逐渐融合成一层黄白色的假膜。肾肿大苍白，肾小管和输尿管充满尿酸盐（图9-151）。

图9-150 腺胃黏膜上有一层白色假膜（李兆华 拍摄）　　**图9-151** 肾脏肿大、苍白、有尿酸盐沉积（李兆华 拍摄）

【预防】　日粮中应添加足够剂量的维生素A和胡萝卜素；饲料不宜储存过久，防止发霉变质，避免日晒等，以免维生素A被破坏。

【治疗】　鸡群出现维生素A缺乏时，每千克饲料添加5000～10000单位维生素A，每天3次，连喂2周；也可在饲料中添加鱼肝油，每天每只2～4毫升，雏鸡可酌情减少用量。

二、维生素B₁缺乏症

维生素B₁又称硫胺素，是体内多种酶的辅酶，具有调节糖类代谢、促进生长发育以及维持正常的神经功能和消化功能的作用。维生素B₁缺乏主要表现为多发性神经炎。

【病因】　饲料被加热或混有碱性物质，硫胺素加速被破坏；饲料中含有硫胺素拮抗物质（如绿豆、米糠和氨丙啉等）使维生素B₁受到破坏；饲料长期储存或储存条件不当、发霉变质等；消化功能障碍或抗球虫药的过量使用，影响了维生素B₁的利用。

【临床症状】　雏鸡多于2周龄左右发病，主要表现为两腿无力，跗关节和尾部着地，头向后背部扭曲，角弓反张，呈"观星状"。有时倒地侧卧，头向后仰。

成年鸡发病较慢，病初厌食、体重减轻，继而出现神经症状，翅腿麻痹，行走困难等。

【病理变化】 胃肠壁萎缩变薄，心脏萎缩，雏鸡肾上腺肥大，生殖器官萎缩。

【预防】 饲料中添加足够剂量的维生素B_1，生长发育及产蛋期可适量增加谷类、麸皮和啤酒酵母等；防止碱性物质对硫胺素的破坏；配合饲料不宜储存太久。

【治疗】 对发病鸡群，每千克饲料添加5～10毫克维生素B_1，连用1～2周；病情严重者可肌内注射维生素B_1，雏鸡每次1～3毫克，成年鸡5毫克，每天1～2次，连用3～5天。

三、维生素B_2缺乏症

维生素B_2又称核黄素，是家禽体内多种酶的辅酶，与机体发育和组织修复关系密切。维生素B_2缺乏症以幼禽趾爪向内蜷曲，两腿瘫痪、皮肤干燥等为主要特征。

【病因】 维生素B_2体内合成较少，主要依赖饲料补充。饲料储存时间过长、日光暴晒或含碱性物质等，维生素B_2会受到破坏，导致维生素B_2含量不足。

【临床症状】 本病多发生于2周龄至1月龄雏鸡，特征性症状是趾爪向内蜷曲呈拳头状，跗趾关节肿胀，跗关节着地，或展开翅膀维持平衡，两脚瘫痪，腿部肌肉萎缩。

成年鸡主要表现为产蛋量和孵化率下降。

【病理变化】 坐骨神经和臂神经肿大，质地变软，颜色灰白，尤其是坐骨神经，肿大至正常的4～5倍。

【预防】 保证饲料中维生素B_2的添加量，使用全价饲料；饲料合理储存，避免阳光暴晒或混入碱性物质。雏鸡出壳后应在饲料或饮水中添加适量电解多维。

【治疗】 鸡发病时，每千克饲料中添加核黄素20毫克，连用7～10天，也可在饮水中添加复合维生素B，连用2～3天；重症病例，可按雏鸡1～2毫克，成年鸡5～6毫克肌内注射，连用3～5天。

四、泛酸缺乏症

泛酸又称遍多酸、维生素B₃或抗皮炎因子。泛酸缺乏的主要症状表现为皮炎，羽毛发育不良，脱落等。

【病因】 泛酸广泛存在于植物性饲料中，不易缺乏。但饲料加工时处于过热或加入酸性、碱性物质，易破坏泛酸。以玉米为主的配合饲料，要补充泛酸，否则会导致泛酸缺乏。

【临床症状】 雏鸡主要表现为羽毛发育不良、脱落，口角、眼睑以及肛门周围结痂，眼睑被渗出物粘连。趾间和足底皮肤发炎、角质化、脱落，出现裂隙。成年鸡症状不明显，但孵化率降低，死胚增加。

【病理变化】 剖检可见口腔中有脓样分泌物，腺胃有灰白色分泌物。

【防治】 配合饲料要多添加富含泛酸的酵母、米糠、麸皮、苜蓿草粉等，以满足机体的需求。鸡群出现泛酸缺乏时，每千克饲料应添加20～30毫克泛酸钙，连用2周。

五、烟酸缺乏症

烟酸又名尼克酸，与烟酰（动物体内烟酸的活性形式）统称为维生素PP，在能量生产、储存、组织生长及脂肪代谢等方面有重要作用。

【病因】 玉米为主的日粮中缺乏色氨酸或日粮中缺乏维生素B₂和维生素B₆，可导致烟酸缺乏。长期使用某种抗生素或患有寄生虫病、腹泻病、消化道疾病时，可导致肠道微生物合成烟酸量减少。

【临床症状】 烟酸缺乏时，表现为典型的"黑舌病"。病鸡出现口腔食管炎；皮肤发炎，有化脓性结节；腿部关节肿胀、骨短粗，严重者导致跛行，甚至瘫痪。产蛋鸡腿、爪等部位皮肤出现鳞状皮炎，产蛋率和孵化率下降。

【病理变化】 剖检可见口腔、食管黏膜有炎性渗出物，十二指肠、胰腺溃疡。产蛋鸡肝脏色黄、易碎，形成脂肪肝。

【防治】 日粮中配合富含B族维生素的麸皮、米糠、豆粕、花生粕、啤酒酵母和鱼粉等，调整玉米的用量。本病预防用量为每千克日粮中添加20～30毫克烟酸。鸡群发病后，每千克饲料中添加30～40毫克烟酸，连续饲喂。

六、叶酸缺乏症

叶酸对核酸合成有直接影响，对蛋白质合成和新细胞形成也有重要促进作用。

【病因】 以玉米为主要原料的日粮，若叶酸补充不足，易造成缺乏。饲料储存过久或阳光暴晒，易破坏叶酸，造成缺乏。若饲料中胆碱、维生素B_{12}、维生素C和铁缺乏，易造成家禽对叶酸需求量增加，导致叶酸缺乏。

【临床症状】 雏鸡主要表现为生长停滞，贫血，羽毛生长不良且缓慢，色素缺乏等。成年鸡表现为产蛋率和孵化率下降，种蛋孵化时破壳困难，胚胎死亡率增加。

【病理变化】 病鸡剖检时可见内脏器官贫血、肌肉苍白。

【防治】 饲料中应适量搭配酵母、黄豆饼和亚麻仁饼等，保证叶酸供给。玉米作饲料时要注意添加叶酸制剂，每千克饲料中加入0.5～1.0毫克叶酸，可防止缺乏症的出现。发病后，每只鸡每天补充10毫克叶酸，连用3天，效果较好。

七、钙、磷缺乏症和钙、磷失调症

家禽总钙量的99%用于形成骨骼和蛋壳，其余钙以离子状态分布于软组织及体液中。钙是维持家禽生理功能的重要矿物质元素，对骨骼生长、神经及心脏活动、肌肉收缩、细胞通透性等具有重要作用。家禽摄入的磷约80%用于骨骼构成（骨骼中钙占 36.5%，磷占 17%），其余分布于全身组织中，具有重要的生理功能。

【病因】 饲料中钙、磷比例失调或维生素 D 含量不足，鸡有胃肠疾病、光照不足等，均会导致钙磷吸收和利用障碍。

【临床症状】 鸡缺钙主要表现为生长发育受阻，腿骨弯曲，跛行，瘫软无力，喙趾变软。雏鸡强行站立时，两腿呈"八"字形（图 9-152），或向内弯曲呈"O"形。成年鸡缺钙主要表现为产蛋量下降，产薄壳蛋或软壳蛋，病鸡行走无力，骨质疏松、脆弱、易骨折，严重者瘫痪。

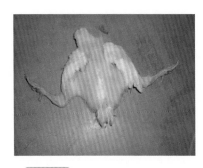

图9-152 病鸡两腿呈"八"字形（单庆美 拍摄）

磷缺乏症状与钙缺乏相似，主要表现为雏鸡突然发病，跛行，站立困难，但仍能采食。

【病理变化】 雏鸡胸骨弯曲变形，严重者呈"S"形。翅、腿部骨质变软，易弯曲，腿骨折而不断。脊柱骨质变软呈"S"形弯曲。肋骨增粗变圆，质软弯曲呈"V"形或波浪状。成年鸡骨骼变薄，易骨折。

【防治】 保证鸡日粮中钙、磷和维生素 D 的含量，且比例适当。蛋鸡不同生长阶段日粮中钙的最适需要量，雏鸡（0～8周）为 0.9%，育成鸡（8～18周）为 0.6%，产蛋鸡为 3.25%。根据日粮所用原料中钙、磷的含量，计算出实际添加量，调整好钙、磷比例。鸡群发病后，应及时调整饲料配方，可给予钙糖片进行治疗，同时补充维生素 D（为正常添加量的 2～3 倍），连用 3～5 天便可收到良好的治疗效果。也可以在饲料中添加鱼肝油，病情较重的鸡可喂服鱼肝油 2 滴，每天 1～2 次，连喂 2～3 天。

八、锰缺乏症

锰广泛分布于全身，在家禽骨骼形成、胚胎发育及物质代谢方面发挥重要作用。锰缺乏以骨短粗症或滑腱症为特征。

【病因】 以玉米-豆粕为主的家禽饲料，含锰量低，若锰添加不足，易发生缺乏。饲料中钙、磷、铁及植酸盐含量过多时，会影响机体对锰的吸收利用。饲料中胆碱、烟酸、生物素、维生素D_3、维生素B_2、维生素B_1等含量不足时，导致家禽对锰的需要量增加，从而引起锰缺乏。

【临床症状】 本病以雏鸡多发，主要症状为生长停滞，跗关节肿大、变形，胫骨变短增粗，腓肠肌腱从踝部滑出，又称"滑腱症"或"脱腱症"。病鸡腿弯曲或扭曲（图9-153），垂直外翻（图9-154），不能站立和行走。产蛋鸡表现为产的蛋硬度降低，孵化率下降，多数鸡胚在即将出壳时死亡。出壳后的雏鸡骨骼发育不良，翅短，腿短，鹦鹉嘴，头呈球状。

图9-153 鸡腿部弯曲（李兆华 拍摄）　　**图9-154** 趾爪外翻（李兆华 拍摄）

【防治】 鸡对锰的需求量较大，饲料中要注意添加锰。雏鸡对锰的需要量为每千克饲料添加55毫克，育成鸡和产蛋鸡添加25毫克，种鸡添加33毫克。鸡出现缺锰症状时，可在饲料中添加2～4倍正常剂量的硫酸锰，或采用1∶3000高锰酸钾溶液饮水，每天2～3次，连用4天。

九、硒–维生素E缺乏症

硒和维生素E具有抗氧化作用，保护细胞膜免遭氧化反应的破坏。硒能促进维生素E的吸收，增强抗氧化作用。

【病因】 饲料中含硒不足或缺乏。种植在缺硒土壤的植物性饲料，含硒量少，饲喂鸡后，可引起硒缺乏症。饲料加工储存不当或含过量不饱和脂肪酸，易造成维生素E有效含量降低。消化道疾病、肝胆功能障碍也会影响维生素E的吸收和利用。

【症状与病变】 渗出性素质是维生素E或硒缺乏引起。本病的特征性症状是皮下组织水肿，腹部和腿部明显，皮肤呈淡蓝绿色。剖检可见腹部和腿部皮下胶冻样水肿，流出黏液样蓝绿色液体，肌肉条纹状出血。

脑软化症主要发生于2～5周龄的雏鸡，特征性症状为共济失调，头向后或向下弯曲，两腿痉挛和抽搐，翅腿不完全麻痹，最后瘫痪。剖检可见小脑软化、肿胀，脑膜水肿（图9-155）；小脑表面有散在出血点，严重者脑内出现黄绿色浑浊的坏死区。

白肌病（肌营养不良），多发生于4周龄左右的雏鸡。主要症状表现为消瘦衰弱，运动失调，站立无力，可造成大批死亡。剖检可见胸肌和腿肌苍白、贫血，有灰白色条纹（图9-156）。

【防治】 鸡对硒的需求量为每千克饲料中含有0.1毫克，若

图9-155 小脑软化、肿胀、脑膜出血

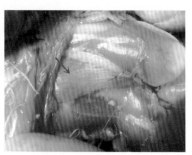

图9-156 腿肌有灰白色条纹

是缺硒地区和饲料来源于缺硒地区，应注意补硒。鸡群出现硒-维生素E缺乏症时，每千克日粮可添加维生素E 20 单位或植物油5克，同时饮水中添加亚硒酸钠，每升水加0.1 ～ 1.0毫克，连用3 ～ 5天，效果较好。

十、痛风

痛风是多种原因引起的尿酸在血液中积聚，造成尿酸盐在关节、内脏、皮下组织、肾小管及输尿管中沉积而引起的一种营养代谢病。

【病因】 痛风的病原有多种，如饲喂过多富含核蛋白和嘌呤碱基饲料；饲料中可溶性钙盐含量过高；某些药物中毒或传染性疾病引起肾功能受损，造成尿酸盐沉积，诱发本病。

【临床症状】 根据尿酸盐沉积的部位不同，分为内脏型痛风和关节型痛风。

内脏型痛风多见于雏鸡。病鸡表现食欲减退，鸡冠苍白，腹泻，排白色半黏状或石灰乳样稀粪，常突然死亡。关节型痛风多见于青年鸡和成年鸡，主要表现为趾、腿、翅等关节肿大，行动迟缓，跛行，站立困难。

【病理变化】 内脏型痛风剖检可见内脏器官表面有大量白色尿酸盐沉积，像石灰粉样（图9-157、图9-158）；肾脏肿大，

图9-157 心脏、肝脏表面有白色尿酸盐沉积（一）

图9-158 心脏、肝脏表面有白色尿酸盐沉积（二）

苍白，肾小管和输尿管中有尿酸盐蓄积，呈现花斑肾。关节型痛风剖检可见关节腔内有白色石灰乳样尿酸盐沉积。

【预防】 科学合理地配合日粮，钙磷比例合理，维生素A添加适量。避免长期过量使用对肾脏有损伤的药物，如磺胺类药物、氨基糖苷类药物等。给予鸡群充足的饮水。

【治疗】 找到病原，对症治疗。降低饲料中蛋白质含量，补充多种维生素，给予充足饮水，促进尿酸盐的排出。同时，可在饮水中添加肾脏解毒类或利尿类药物（如乌洛托品、别嘌呤醇等），提高肾脏对尿酸盐的排泄能力。

十一、胆碱缺乏症

胆碱缺乏症是由维生素B_4（胆碱）缺乏或不足引起的鸡脂肪代谢障碍。

【病因】 日粮中能量和脂肪含量高，鸡采食量下降，胆碱摄入不足，是诱发本病的主要原因。叶酸和维生素B_{12}缺乏也能造成胆碱缺乏，促使本病发生。

【临床症状】 病鸡生长缓慢，出现胫骨短粗症。大多数病鸡肥胖，鸡冠和肉髯发育正常，颜色苍白，腹部下垂。

【病理变化】 特征性病变为肝脏肿大，色泽变黄，质脆，表面有出血点或血肿。有的肝被膜破裂，肝脏表面和腹腔内有凝血块（图9-159）。

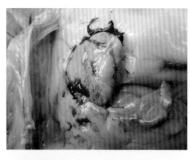
图9-159 肝脏肿大、变黄、出血（单庆美 拍摄）

【防治】 合理搭配饲料，保证饲料中蛋氨酸、胆碱、维生素B_{12}、叶酸等的含量。对于发病鸡群，每千克日粮中可添加22～110毫克胆碱进行治疗，1周后效果明显。

彩色图解科学养鸡技术

第七节 中毒病

一、磺胺类药物中毒

磺胺类药物是一类化学合成的抗菌药物，抗菌谱广，价格便宜。该类药物安全范围小，治疗量接近中毒量，若用药时间过长或药量过大，就会造成中毒。

【病因】 磺胺类药物一般可以连续使用5～7天，若时间过长或药量过大，会引起中毒。饲料中添加磺胺类药物的片剂或粉剂，若片剂粉碎不细或搅拌不均匀，易导致个别鸡摄入药量过大而造成中毒。

【临床症状】 急性中毒病例表现为兴奋不安、共济失调、痉挛、麻痹等神经症状，有的出现下痢，死亡率高（图9-160）。慢性中毒主要表现为食欲下降，饮欲增加，之后出现腹泻或便秘。贫血，可视黏膜黄染或苍白。产蛋鸡产蛋率下降，产软壳蛋或薄壳蛋。

图9-160 雏鸡大量死亡（李兆华 拍摄）

【病理变化】 本病以皮肤、肌肉、内脏器官出血为主要特征。皮下、胸肌及大腿内侧肌肉斑块状出血明显；肝脏肿大，淡红色或黄色，有出血斑点；肾脏肿大，土黄色，有紫红色出血斑；输尿管充满尿酸盐；脾脏肿大，有出血点和灰白色梗死区；肠道点状或弥漫性出血。

【诊断】 根据病史调查，详细了解磺胺类药物的使用剂量和用药时间，结合临床症状和病理变化可以确诊。

【防治】 严格掌握磺胺类药物的使用剂量和疗程，一般用药不超过1周，雏鸡和产蛋鸡应慎用该类药物。用药期间充分供给饮水，添加多维制剂，配合使用碳酸氢钠，以减轻磺胺类药物的副作用。

发生中毒，立即停药，供给充足饮水，可服用1%～2%碳酸氢钠溶液，饮水中可添加5%葡萄糖，饲料中加入维生素K连续数日，效果明显。

二、喹诺酮类药物中毒

喹诺酮类药物是一类人工合成的抗菌药，具有高效、广谱、杀菌力强的特点，对沙门菌、大肠杆菌、巴氏杆菌、葡萄球菌、毒支原体等感染均具有很好的治疗作用。临床上常用的有恩诺沙星、环丙沙星等，用量过大，就会出现中毒。

【病因】 用药剂量过大。

【临床症状】 病鸡精神沉郁，头颈扭曲，不愿走动，多瘫痪侧卧，排石灰渣样稀粪。

【病理变化】 剖检可见肌胃角质层、腺胃与肌胃交界处有出血、溃疡；肠黏膜脱落、出血；肝脏出血、瘀血；肾脏肿胀，有出血点；脑肿胀、充血。

【防治】 发现中毒，立即停药。饮水中可添加5%葡萄糖和电解多维，自由饮用。

三、聚醚类药物中毒

聚醚类药物是一类广谱高效抗球虫药，主要包括莫能菌素、盐霉素、马杜拉霉素等。该类药物能妨碍细胞内外阳离子传递，导致能量代谢障碍，肌肉损伤严重。

【病因】 药量过大或饲料混合不均匀。

【临床症状】 病鸡特征性症状表现为腿部麻痹，有的出现瘫痪，两腿向外伸展，排绿色水样稀粪，体温降低。

【病理变化】 肠黏膜充血、出血，尤其是十二指肠；肌胃角质层出血；肝脏肿大、出血；心冠脂肪有出血点。

【诊断】 根据中毒鸡群的用药情况，结合临诊症状及病理变化进行诊断。

【防治】 严格按照规定剂量使用药物，饲料混合要均匀，避免多种聚醚类药物同时使用。发现鸡群中毒，立即停药或更换饲料，饮水中添加电解多维和5%葡萄糖，效果明显。

四、食盐中毒

食盐是鸡日粮中必需的营养物质，具有增强食欲、促进消化、维持体液渗透压和酸碱平衡等作用。若日粮中添加过多或同时饮水不足，可引起中毒。

【病因】 正常情况下，日粮中食盐添加量为0.25%～0.5%，若雏鸡或成年鸡食盐添加量超过0.7%或1%，或鸡食盐摄入量超过1.0～1.5克/千克体重，便会引起中毒。饲料中鱼干或鱼粉含盐量过高，不检测就使用，会引起中毒。若超量饮用口服补液盐，特别是在缺水口渴时使用，也会引起中毒。

【临床症状】 中毒轻的病例表现为口渴严重，饮水量异常增加，食欲下降，生长发育缓慢。中毒严重的病例表现为极度口渴，狂饮不止，食欲废绝，口、鼻流出大量黏液，嗉囊膨大，排水样粪便。病鸡精神萎靡，运动失调，两脚无力，甚至瘫痪。后期呈昏迷状，呼吸困难，头颈弯曲，仰卧挣扎，衰竭而死。

【病理变化】 剖检病变主要在消化道。嗉囊充满黏性液体，黏膜脱落；腺胃黏膜充血，有时形成假膜；小肠黏膜充血，有出血点；腹腔、心包积液，心外膜有出血点；肺水肿，脑膜有针尖大小出血点；皮下组织水肿。

【诊断】 通过调查养殖过程是否存在食盐添加过量或限制用水的情况，分析饲料配方的组成，结合临诊症状及病理变化可以确诊。

【防治】 严格控制饲料中的食盐用量，不能过量，混合均匀。若日粮中使用鱼粉，应确知食盐含量，并将其计入食盐总量之内，不使用劣质鱼粉。

发现中毒，立即停用含盐饲料，改喂无盐饲料。轻度中毒的病例，应供给充足新鲜的饮水，可添加3%葡萄糖，一般会逐渐恢复。严重中毒病例，应控制饮水，采用间断给水，每小时饮水10～20分钟。若一次给予大量饮水，会导致食盐迅速吸收扩散，症状加重，诱发脑水肿，加快死亡。

五、黄曲霉毒素中毒

黄曲霉毒素是黄曲霉、寄生曲霉和软毛曲霉的一种代谢产物，对人和畜禽都有很强的毒性，并有致癌作用。黄曲霉菌在自然界分布广泛，玉米、花生、稻、麦等农作物很容易滋生黄曲霉菌，豆饼、棉籽饼和麸皮等饲料原料也可以被黄曲霉菌污染，发生霉变。

【病因】　鸡采食了大量含有黄曲霉毒素的饲料就会发生中毒。

【临床症状】　雏鸡对黄曲霉毒素敏感，中毒后主要表现为精神沉郁，生长不良，鸡冠淡染或苍白，共济失调，腿麻痹或跛行。腹泻，粪便中多混有血液。成年鸡呈慢性经过，主要表现为食欲下降，消瘦，贫血，产蛋率下降，孵化率降低。

【病理变化】　本病的特征性病变在肝脏。急性中毒的雏鸡肝脏肿大，呈灰色，有出血点；腺胃出血，肌胃褐色糜烂；肾脏肿大苍白；腿肌、胸部皮下和肌肉出血。慢性中毒的成年鸡肝脏呈黄色（图9-161），质地坚硬，有白色点状或结节状增生病灶。病程在1年以上者，肝脏中可

图9-161　肝脏黄色，呈网格状
（单庆美　拍摄）

能出现肝癌结节。

【诊断】　首先调查病史，检查饲料品质与霉变情况，结合临诊症状和病理变化，可作出初步诊断。确诊需做黄曲霉毒素测定。

【防治】　预防本病的根本性措施是防止饲料发霉。粮食作物收获后，及时晾干，储存于通风干燥处。饲料中可添加防霉剂，如2%丙酸钙。若场地被污染，可用福尔马林或环氧乙烷消毒。

本病尚无特效解毒药。发现中毒，立即更换新鲜饲料，饮用5%葡萄糖水，还可添加0.01%维生素C。也可服用轻泻剂，促进毒素排出。

六、一氧化碳中毒

一氧化碳中毒又称煤气中毒，是鸡吸入一氧化碳引起机体缺氧而导致中毒。该病冬春季节多发。

【病因】　冬季或早春季节，鸡舍烧煤取暖，煤炭燃烧不充分便会产生大量一氧化碳。若不能及时排出，含量达到0.1%～0.2%就会引起中毒，若含量超过3%，可导致鸡急性中毒而窒息死亡。

【症状】　轻度中毒者表现为精神沉郁，反应迟钝，食欲减退，生长缓慢。严重者表现为烦躁不安，呼吸困难，运动失调，死前发生痉挛和惊厥，抽搐而死。

【病理变化】　剖检可见血液呈鲜红色或樱桃红色，肺脏鲜红色。

【诊断】　根据接触一氧化碳的病史、结合群发症状及剖检变化即可诊断。

【防治】　冬春季节，鸡舍烧煤取暖时应避免煤炭燃烧不全，保持室内通风良好。一旦发现中毒，立即打开门窗或利用通风设备，换进新鲜空气，或将中毒鸡群转移到空气新鲜的鸡舍。轻度中毒者可自行恢复，中毒严重者可皮下注射糖盐水有一定的效果。

七、氨气中毒

氨气中毒冬春季节多发，由于天气寒冷，鸡舍为了保温缺乏通风，导致舍内氨气浓度过高而出现中毒。

【病因】 鸡舍中粪便、垫料、饲料等发酵产生氨气，若通风不良，导致氨气浓度过高，引起鸡群中毒。

【临床症状】 鸡中毒后主要表现为眼睛红肿流泪，有黏性分泌物；咳嗽，流鼻液，呼吸困难；中枢神经系统麻痹，最后窒息死亡。

【病理变化】 眼结膜充血，角膜混浊、坏死，气管、支气管黏膜充血，有大量黏性分泌物。

【诊断】 调查病史，鸡舍内有刺鼻、刺眼的氨气味，结合群发症状及病理变化即可诊断。

【防治】 发现中毒，立即通风换气，清除粪便、杂物等，必要时可将病鸡转移到空气新鲜的鸡舍。强力霉素、环丙沙星等抗生素饮水可防止继发感染；对于眼部有炎症的病例，可采用1%硼酸溶液洗眼，红霉素点眼，有良好效果。

八、硫酸铜中毒

硫酸铜是一种透明、蓝绿色、易溶于水及有机溶剂的化合物。饲料中添加硫酸铜可防止霉变，鸡发生曲霉菌病时可用硫酸铜治疗。

【病因】 饲料搅拌不均匀或治疗曲霉菌病时用量过大，鸡摄入过多而导致中毒。

【临床症状】 急性中毒病例表现流涎，腹泻，排混有绿色黏液或脱落的肠黏膜碎片的粪便，死前出现昏迷、麻痹等症状。轻度中毒仅表现精神沉郁，翅下垂，羽毛松乱，两腿无力。慢性中毒者表现精神萎靡、贫血。

【病理变化】 急性中毒病例表现腺胃、十二指肠黏膜出血、

彩色图解科学养鸡技术

溃疡，肌胃角质层脱落、坏死，肝、肾实质器官变性。慢性中毒者主要表现全身性黄疸和溶血性贫血。

【诊断】　根据病史调查，结合临床症状及病理变化可进行诊断。

【防治】　发现中毒，立即停用硫酸铜。轻度中毒者停用后可逐渐恢复。急性中毒病例可内服氧化镁，同时服用少量牛奶。或内服混有少量蛋清的氧化镁，然后再灌服硫酸镁。

第八节　其他病

一、肉鸡腹水综合征

肉鸡腹水综合征是危害快速生长的幼龄肉鸡的一种疾病，主要特征是大量浆液聚集在腹腔，给养禽业造成一定的危害。

【病因】　饲养密度大，舍内通风不良，氨气、二氧化碳等有害气体增多；饲料蛋白质和能量过高，鸡采食量大，生长速度过快；饲料中某些营养缺乏或食盐超标；鸡患病，呼吸困难，导致机体缺氧；大量使用损伤心肺功能的药物等均可引起腹水。

【临床症状】　本病4～5周龄快速生长的鸡多发，典型症状是腹部膨大，触压有波动感（图9-162），行动缓慢，似企鹅状走动。呼吸困难，鸡冠、肉髯发绀。

【病理变化】　本病特征性病变是腹腔积有大量清亮、淡黄色或淡红色液体（图9-163），液体中有纤维素块或絮状物（图9-164）。心脏肥大，心包积液（图9-165），心肌松弛；肝瘀血、萎缩，表面附有灰白色或淡黄色胶冻样物（图9-166）；肠道出血（图9-167）。

【防治】　搞好舍内卫生，保持适宜的饲养密度和良好通风，

图9-162　腹部膨大
（单庆美　拍摄）

图9-163　腹腔内液体
（单庆美　拍摄）

图9-164　腹腔内块状物
（单庆美　拍摄）

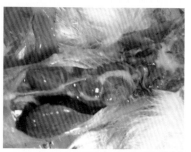

图9-165　心脏肥大、心包积液
（单庆美　拍摄）

图9-166　肝脏萎缩
（单庆美　拍摄）

图9-167　肠道出血
（单庆美　拍摄）

彩色图解科学养鸡技术

减少有害气体浓度；控制鸡群采食量，适当控制肉仔鸡生长速度；科学用药，防止药物中毒；饲料营养要全价。一旦发病，首先要消除病因，多采用对症疗法，可使用利尿药和抗生素。

二、鸡中暑

鸡中暑又称热衰竭，由于环境温度过高、湿度过大，鸡体热散发不出去，导致生理功能紊乱引发的疾病。

【病因】 气温高，湿度大，鸡舍通风不良，鸡群密度大，饮水供应不足，均可引起中暑。气温超过36℃易发生中暑，环境温度超过40℃会出现大批死亡。

【临床症状】 病鸡表现呼吸急促（图9-168），张口呼吸，发出"嘎嘎"声，鸡冠、肉髯充血（图9-169），有的苍白。食欲减退，饮水增加，最终虚脱而死。死亡多发生在下午和上半夜，笼养鸡比平养鸡严重，笼养鸡上层死亡较多。

图9-168 呼吸急促
（李义 拍摄）

图9-169 鸡冠、肉髯充血
（李义 拍摄）

【病理变化】 病鸡内脏器官温度升高，触之烫手，肺瘀血水肿（图9-170），胸肌苍白无力似鱼肉（图9-171），心冠脂肪出血，卵泡充血、出血（图9-172）。

【防治】 降低鸡舍温度，保持通风；搞好鸡舍周围绿化；调整喂料时间，选择气温凉爽时饲喂；加强饲养管理，供给新鲜清洁饮水；饲料或饮水中添加抗热应激药物，如维生素C、氯化

彩色图解科学养鸡技术

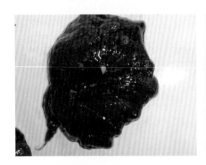

图9-170 肺瘀血水肿
（单庆美 拍摄）

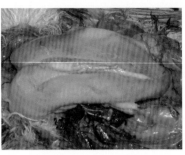

图9-171 肉鸡胸肌苍白
（单庆美 拍摄）

图9-172 卵泡充血、出血
（单庆美 拍摄）

钾、碳酸氢钠等。

一旦发现鸡中暑，尽快采取降温措施，或将其移至通风阴凉处，鸡体用冷水喷雾，可喂服小苏打水或0.9%生理盐水。

三、异食癖

异食癖是由于代谢功能紊乱、饲养管理不当等引起的一种多病因综合征。

【病因】 未断喙或断喙不良；营养缺乏，如日粮中必需氨基酸、食盐、钙不足，或微量元素、维生素缺乏，或粗纤维含量低；鸡舍通风不良，饲养密度过大；光照强度过大；不同品种或年龄的鸡混养；不及时拣蛋；限饲时间过长；其他诱因，如脱肛、体表外伤、体外寄生虫等，均会引起啄癖。

【临床症状】 啄肛：病鸡肛门出血，重者直肠被啄出，引起死亡。

啄趾：病鸡啄食脚趾，引起出血或跛行，严重者可啄断脚趾。

啄羽：常见于幼雏换羽期和产蛋母鸡换羽期。

啄蛋：鸡产蛋后，自己或其他鸡就争相啄食。

其他：鸡啄食异物，如啄稻草、墙上石灰、粪便等。

【防治】 根据具体的病因，采取切实可行的防治措施。及时断喙，有啄癖的鸡和被啄伤的病鸡及时挑出，隔离饲养并治疗；检查日粮营养，及时补给缺乏的营养；加强饲养管理，消除各种不良诱因。

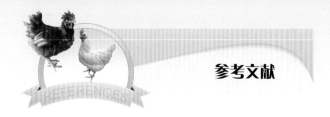

参考文献

[1] 张秀美.肉鸡标准化养殖教程[M].济南：山东科学技术出版社，2016.

[2] 杨慧芳.养禽与禽病防治[M].北京：中国农业出版社，2015.

[3] 黄炎坤.现代实用养鸡全书[M].郑州：河南科学技术出版社，2014.

[4] 刁有祥.鸡场用药手册[M].北京·金盾出版社，2014

[5] 刁有祥.禽病学[M].北京：中国农业科学技术出版社，2012.

[6] 刁有祥.鸡病诊治彩色图谱[M].北京：化学工业出版社，2012.

[7] 徐建义.禽病防治（第2版）[M].北京：中国农业出版社，2012.

[8] 臧素敏.养鸡与鸡病防治（第2版）[M].北京：中国农业大学出版社，2004.

[9] 李生涛.禽病防治（第2版）[M].北京：中国农业出版社，2009.

[10] 王丽丽.禽病防治 [M].北京：中国农业大学出版社，2013.

[11] 杨山，李辉.现代养鸡 [M].北京：中国农业出版社，2001.

[12] 甘孟侯.中国禽病学 [M].北京：中国农业出版社，1999.

[13] 黄炎坤，赵云焕.养鸡实用新技术大全[M].北京：中国农业大学出版社，2012.

[14] 陈大君，杨军香.肉鸡养殖主推技术[M].北京：中国农业科学技术出版社，2013.

[15] 张守然，刘健.肉鸡快速养殖技术[M].呼和浩特：内蒙古人民出版社，2009.

[16] 邱祥聘.养鸡全书[M].成都：四川科学技术出版社，2005.

[17] 郎丰功.山东家禽[M].济南：山东科学技术出版社，2000.

[18] 杨宁.现代养鸡生产[M].北京：北京农业大学出版社，1994.

[19] 王庆民.科学养鸡指南[M].北京：金盾出版社，2005.

[20] 林建坤.养禽与禽病防治（第2版）[M].北京：中国农业出版社，2014.

[21] 杨宁.家禽生产学[M].北京：中国农业出版社，2002.

[22] 陈国宏.中国禽类遗传资源［M］.上海：上海科学技术出版社，2004.